NETWORK FUNCTIONS
VIRTUALIZATION
(NFV)
with
A TOUCH OF SDN

网络虚拟化技术详解
NFV与SDN

[印] 拉金德拉·查亚帕蒂（Rajendra Chayapathi）

[巴] 赛义德·法鲁克·哈萨（Syed Farrukh Hassan） 著

[印] 帕雷什·沙（Paresh Shah）

夏俊杰 范恂毅 赵辉 译

人民邮电出版社

北 京

图书在版编目（CIP）数据

网络虚拟化技术详解：NFV与SDN／（印）拉金德拉·查亚帕蒂（Rajendra Chayapathi），（巴基）赛义德·法鲁克·哈萨（Syed Farrukh Hassan），（印）帕雷什·沙（Paresh Shah）著；夏俊杰，范恂毅，赵辉译.--北京：人民邮电出版社，2019.6（2022.9重印）
ISBN 978-7-115-50513-2

Ⅰ.①网… Ⅱ.①拉… ②赛… ③帕… ④夏… ⑤范… ⑥赵… Ⅲ.①通信网 Ⅳ.①TN915

中国版本图书馆CIP数据核字(2018)第291695号

版 权 声 明

- ◆ 著　　[印] 拉金德拉·查亚帕蒂（Rajendra Chayapathi）
　　　　　[巴] 赛义德·法鲁克·哈萨（Syed Farrukh Hassan）
　　　　　[印] 帕雷什·沙（Paresh Shah）
　　译　　夏俊杰　范恂毅　赵　辉
　　责任编辑　陈聪聪
　　责任印制　焦志炜
- ◆ 人民邮电出版社出版发行　　北京市丰台区成寿寺路 11 号
　　邮编　100164　电子邮件　315@ptpress.com.cn
　　网址　http://www.ptpress.com.cn
　　固安县铭成印刷有限公司印刷
- ◆ 开本：800×1000　1/16
　　印张：19.5　　　　　　　　2019 年 6 月第 1 版
　　字数：357 千字　　　　　　2022 年 9 月河北第 9 次印刷
　　著作权合同登记号　图字：01-2017-4859 号

定价：79.00 元
读者服务热线：(010)81055410　印装质量热线：(010)81055316
反盗版热线：(010)81055315
广告经营许可证：京东市监广登字20170147号

内容提要

　　本书是理解 NFV（网络功能虚拟化）基础架构、部署策略、管理机制及相关技术的入门级书籍，作者从基本的 NFV 概念讲起，讨论了 NFV 的优势及设计原则，分析了 NFV 的编排、管理及用例，同时还简要介绍了 SDN（软件定义网络）的基本知识，并讨论了 NFV 与 SDN 之间的相关性。通过本书的学习，读者应该可以理解并掌握 NFV 及 SDN 的技术动态及产品实现情况，为企业网络向 NFV 网络迁移做好规划、设计、部署等方面的知识储备。

　　本书适合对网络虚拟化领域相关技术感兴趣的网络工程师、架构师、规划人员以及运营人员阅读。

谨将本书献给所有对 NFV 技术感兴趣的朋友，是你们给了我写作本书的动力和灵感。同时也将本书献给始终支持和爱我的家人，没有你们的鼓励、支持和帮助，我不可能完成本书。感谢所有支持我写作本书的朋友们。

—Rajendra Chayapathi

谨将本书献给我的妻子和孩子，感谢你们的爱心、耐心，以及在我写作本书时给予的支持，使我在美好的家庭时间和周末时光中笔耕不辍。还要感谢我的父母，长期以来给予的无私支持与鼓励，感谢他们的睿智，指引我坚持正确的人生方向。

—Syed Farrukh Hassan

谨将本书献给我的家人、朋友和父母。特别感谢我的妻子，在我写作期间对孩子的精心照顾，让我能够全身心地投入到写作当中。感谢我两个可爱的女儿，谅解我写作期间无法陪伴她们。最后，感谢父母对我的无私支持，鼓励我独立思考并主动与他人分享知识，将这些知识转化为本书。没有他们的支持，我不可能完成本书。

—Paresh Shah

致谢

特别感谢本书的技术审稿员 Nicolas Fevrier 和 Alexander Orel，他们直面审稿及纠偏的重大挑战，并主动分享宝贵的专家意见，给予我们大量有用的写作建议。他们渊博的专业知识、极具价值的建议及意见，帮助我们保持正确的方向及合理的知识深度。感谢 Addison-Wesley Professional 出版社的 Brett 和 Marianne Bartow 在本书写作过程中给予的支持，帮助我们完成每个写作步骤。最后，衷心感谢众多同事和广大同行，让我们有机会通过本书分享知识。

关于作者

Rajendra Chayapathi 是 Cisco 专业咨询服务团队的高级解决方案架构师，目前的研究重点是 NFV、SDN、可编程性以及网络编排等新兴技术及其行业应用。Rajendra 在网络技术、客户沟通以及网络产品等方面拥有 20 多年的从业经验，主要关注网络设计与网络架构，此前曾在 Cisco 工程团队任职，参与过各种网络操作系统及产品的研发工作。在加入 Cisco 之前，Rajendra 曾为 AT&T 及金融机构提供 IP 核心网技术设计与部署等方面的咨询服务。Rajendra 经常在 Cisco Live、Cisco Connect 和 NANOG 等技术大会上发表演讲，持有路由和交换领域的 CCIE 证书（＃4991），拥有印度迈索尔大学电子与通信专业的学士学位以及美国凤凰城大学技术管理专业的工商管理硕士学位。

Syed Farrukh Hassan 拥有 15 年的网络从业经验，目前是 Cisco 专业咨询服务团队的高级解决方案架构师。Syed 曾与大量互联网及云服务提供商开展过项目合作，帮助他们采用各种创新网络技术来设计并部署新型网络架构。在目前的工作岗位上，Syed 长期为服务提供商、企业及数据中心客户提供 SDN 和 NFV 的应用部署以及未来发展战略和规划的咨询与指导。Syed 此前曾在 Cisco 工程团队任职，积极参加网络产品和解决方案的设计与创新。Syed 一直都是各种技术论坛及大会的常客，是公认的 Cisco Live 大会的杰出演讲嘉宾。Syed 持有服务提供商和数据中心技术的双 CCIE 证书（#21617）以及 VCP-NV（VMware 认证网络虚拟化专家）证书，拥有巴基斯坦 NED 大学的工程学士学位以及美国佛罗里达大学盖恩斯维尔分校的工程硕士学位。

Paresh Shah 拥有 20 多年的网络从业经验，目前是 Cisco 专业咨询服务团队的主管，负责将基于尖端技术及创新解决方案的新型重量级应用推向市场，进而成功部署到客户网络中。Paresh 在服务提供商市场负责大量全球性项目及客户群体，是高端路由、服务提供商、企业及云计算领域的资深专家。Paresh 于 1996 年开始其工程师职业生涯，开发了业界第一批高速多业务路由器，负责 MPLS、BGP、L2/L3 VPN 等技术以及 IOS-XR 等新型操作系统的使用，目前正在推动 NFV、SDN 以及分段路由等技术的咨询与部署工作，为希望采用这些新技术的云服务提供商、传统服务提供商以及企业打造极具创新性的解决方案。Paresh 善于把握行业脉搏，经常在 Cisco Live、NANOG 以及 SANOG 等行业大会上发表主旨演讲，拥有印度浦那大学电子工程专业的学士学位以及美国密苏里大学堪萨斯分校网络与电信专业的硕士学位。

关于技术审稿人

Nicolas Fevrier 是 Cisco 服务提供商团队的技术主管。作为一名资深网络专家，Nicolas 已经在 Cisco 工作了 12 年，先后承担过技术验证、咨询服务以及技术营销等工作，曾经在全球各地部署、支持并推广各种 IOS XR 路由平台，目前致力于推动和部署面向 IOS XR 产品的尖端技术。Nicolas 还积极提供网络服务方面的咨询与指导，如网络保护服务、分布式拒绝服务、攻击防护服务以及利用 Cisco 运营商级 NAT 技术开展网络迁移服务等。Nicolas 对 NFV 及 SDN 具有浓厚的兴趣，而且一直隶属 Cisco 服务提供商业务领域的技术营销团队，是各类技术大会的演讲常客，也是杰出的 Cisco Live 演讲者，持有路由和交换领域的 CCIE 证书（#8966）。

Alexander Orel 拥有 15 年的网络从业经验，曾在多供应商环境中为互联网服务提供商和网络咨询公司工作。目前 Alexander 在 Cisco 专业咨询服务团队担任解决方案架构师，与全球服务提供商及企业开展广泛合作，解决用户需求，帮助并支持他们规划和部署下一代网络产品和网络技术。Alexander 的专长是 IOS XR 平台以及 NFV 技术，拥有莫斯科物理与技术学院应用物理学的硕士学位，持有路由和交换以及数据中心 CCIE 证书（#10391），是 Cisco Live 和 Cisco Connect 等各种技术大会的常客。目前工作和生活在加拿大渥太华。

前言

NFV（网络功能虚拟化）正显著影响着网络世界并逐步改变网络的设计、部署及管理模式。

NFV 为广大网络服务提供商提供了更多更自由的选择，可以实现网络软件与硬件的分离，这种解耦不但能够大幅降低网络部署和网络运营成本、加快新型网络功能的按需配置，而且还能提升网络运营效率并增强网络的灵活性和可扩展性。这些优势为业界带来了更多的商业机会，允许人们更快地将新型服务推向市场，吸引了云和互联网服务提供商、移动运营商以及诸多企业的巨大兴趣。

本书对象

本书适合所有对网络虚拟化领域相关技术感兴趣的网络工程师、架构师、规划人员以及运营商阅读，要求读者具备一定的基本网络知识，本书是理解 NFV 架构、部署、管理及相关技术的一本入门级图书。

本书组织方式

与其他颠覆性技术一样，理解 NFV 对于最大限度地发挥其效益并加以有效应用来说至关重要。理解 NFV 不仅需要学习各种新概念和新技术，还涉及 NFV 的知识学习曲线，该曲线专为网络工程师、架构师、规划师、设计师、维护人员以及管理人员量身打造，本书的写作动机就是帮助广大读者完成 NFV 技术的学习愿望。

本书的目标是让读者全面掌握 NFV 技术及其功能模块，随着 NFV 的规模化应用，网络领域的各种角色也将发生重大变化。通过本书的学习，读者可以随时做好进入 NFV 时代的技术准备，为在各自网络中应用 NFV 技术做好设计、部署等方面的知识储备。

本书采用自下而上的写作方法，从基本的 NFV 概念开始，根据应用情况逐步讨论 NFV 的优势及设计原则，让读者了解 NFV 的编排、管理及用例，接着讨论 SDN（软件定义网络）的相关技术，最后讨论 NFV 的一些高级话题，并将前面所学的内容都整合在一起，融会贯通。全书共分 6 章，每章都提出相应的目标和任务。

第 1 章：开启 NFV 时代之旅

本章的目标是希望读者了解 NFV 的优势及其得到越来越广泛应用的市场驱动因素。在分析过去几十年网络演变的基础上，介绍了 NFV 的基础架构及相关组件，重点介绍了 NFV 的基础知识。

第 2 章：虚拟化概念

本章重点介绍了 NFV 的关键使能技术——虚拟化，目标是让读者熟悉虚拟化技术以及虚拟化与 NFV 之间的关系。

第 3 章：网络功能虚拟化

本章详细介绍了 NFV 网络的设计及部署要素，讨论了当前网络向 NFV 迁移时可能面临的各种技术挑战，最后还讨论了采用 NFV 技术的多种网络功能及服务。

通过前 3 章的学习，读者应该掌握部署 NFV 的规划方法、预见向 NFV 迁移时所面临的关键挑战和设计要素、评估这种迁移所带来的优势以及如何最大化这些优势。

第 4 章：在云环境中部署 NFV

由于前面的章节已经讨论了 NFV 的基础知识及设计挑战，因而本章将利用这些概念来编排、构建和部署 NFV 网络及服务。此外，本章还介绍了主流供应商及开源社区提供的各种可用的管理及编排解决方案。

通过本章的学习，读者应全面掌握当前用于部署和管理 NFV 网络的主流工具及技术。

第 5 章：SDN

本章讨论了一个新主题——SDN，介绍了 SDN 的基本原理以及 SDN 与 NFV 之间的相关性。

第 6 章：融会贯通

本章将前面各章节的内容整合在一起，重点讨论了 NFV 网络的一些关键注意事项，如安全性、可编程性、性能以及服务功能链等。此外，本章还探讨了未来可能会对 NFV 技术造成影响的一些重要发展方向。

资源与支持

本书由异步社区出品，社区（https://www.epubit.com/）为您提供相关资源和后续服务。

提交勘误

作者和编辑尽最大努力来确保书中内容的准确性，但难免会存在疏漏。欢迎您将发现的问题反馈给我们，帮助我们提升图书的质量。

当您发现错误时，请登录异步社区，按书名搜索，进入本书页面，点击"提交勘误"，输入勘误信息，单击"提交"按钮即可。本书的作者和编辑会对您提交的勘误进行审核，确认并接受后，您将获赠异步社区的100积分。积分可用于在异步社区兑换优惠券、样书或奖品。

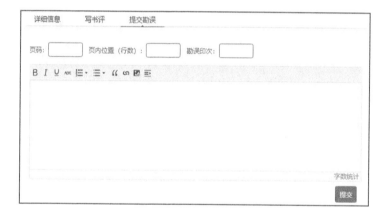

扫码关注本书

扫描下方二维码，您将会在异步社区微信服务号中看到本书信息及相关的服务提示。

与我们联系

我们的联系邮箱是 contact@epubit.com.cn。

如果您对本书有任何疑问或建议，请您发邮件给我们，并请在邮件标题中注明本书书名，以便我们更高效地做出反馈。

如果您有兴趣出版图书、录制教学视频，或者参与图书翻译、技术审校等工作，可以发邮件给我们；有意出版图书的作者也可以到异步社区在线提交投稿（直接访问 http://www.epubit.com/selfpublish/submission 即可）。

如果您是学校、培训机构或企业，想批量购买本书或异步社区出版的其他图书，也可以发邮件给我们。

如果您在网上发现有针对异步社区出品图书的各种形式的盗版行为，包括对图书全部或部分内容的非授权传播，请您将怀疑有侵权行为的链接发邮件给我们。您的这一举动是对作者权益的保护，也是我们持续为您提供有价值的内容的动力之源。

关于异步社区和异步图书

"异步社区" 是人民邮电出版社旗下 IT 专业图书社区，致力于出版精品 IT 技术图书和相关学习产品，为作译者提供优质出版服务。异步社区创办于 2015 年 8 月，提供大量精品 IT 技术图书和电子书，以及高品质技术文章和视频课程。更多详情请访问异步社区官网 https://www.epubit.com。

"异步图书" 是由异步社区编辑团队策划出版的精品 IT 专业图书的品牌，依托于人民邮电出版社近 30 年的计算机图书出版积累和专业编辑团队，相关图书在封面上印有异步图书的 LOGO。异步图书的出版领域包括软件开发、大数据、AI、测试、前端、网络技术等。

异步社区

微信服务号

目录

第1章

开启 NFV 时代之旅

网络功能虚拟化（Network Functions Virtualization，NFV）是一个新兴的技术领域，它正在极大程度地影响着网络世界。它改变了网络的设计、部署和管理方式，使得网络产业向更加接近虚拟化、远离定制的硬件和预装软件的方式进行转变。

本章将带您历览 NFV 之旅和它背后的市场驱动力。阅读本章，您可以了解到 NFV 的概念和 NFV 在标准化道路上的努力方向。本章是您了解网络产业向 NFV 方向转变的基础，它解释了这个行业如何从一个以硬件为中心的方式逐渐向以虚拟化和软件定义的方式进行转变——网络需要这样的转变，这样的转变是为了满足基于云的服务需求，即要求网络具备开放性、可扩展性、弹性和敏捷性。

本章主要内容如下。

- 从传统网络架构向 NFV 进行演进。
- NFV 标准化的努力方向与 NFV 架构概述。
- NFV 背后的效益和市场驱动力。

1.1 网络架构的演进

为了领悟网络产业向 NFV 快速迈进的动机和需求，纵览网络发展的历史并解决其面临的挑战，是很有必要的。随着时间的推移，数据通信网络和设备已经得到很大程度的发展和改良。然而，即便网络变得更快、更有弹性、容量更大，它仍然难以应对不断变化的市场需求。网络产业正面临一系列新的需求和挑战，主要来自基于云的服务，比如需要一个更好的基础架构去支持这些服务和需求，使得工作效率变得更高。用超大规模的数据中心去托管计算和存储资源、数据网络设备的阶乘数量级增加以及物联网（Internet of Things，IoT）应用就需要现有网络专注于提高吞吐并降低延时。

本节研究传统网络架构和网络设备，并阐述了它们无法适应新类型需求的原因。本节也笼统介绍了 NFV 为这些市场驱动的需求带来的一个全新的视角和与众不同的解决方案。

1.1.1　传统网络架构

传统的电话网络，甚至可能电报网络都是最早的数据传输网络的例子。在早期，网络的设计标准和质量基准的判断标志是延迟、可用性、吞吐量和以最小的损伤承载数据输送的能力。

这些因素直接影响了传输数据的硬件和设备（在这种情况下，数据是文本和声音）的发展和需求。此外，硬件系统被用于特定用例和针对性功能，运行在紧耦合的专有操作系统上，并只执行特定的功能。随着数据传输网络的出现，影响网络设计和设备效率的需求和因素却不曾改变（例如，网络设计时应以最小的延迟和抖动，在远距离传输时以最小的损失达到最大的吞吐）。

所有的传统网络设备，都被用于实现特定的功能，并且建立的数据网络都是为这些明确的功能量身定制的，以满足所需的效率和标准。运行在这些专门为客户定制化设计的硬件系统之上的软件或代码，与硬件紧耦合，并紧密集成可编程和定制化的集成电路，专注于为执行特定功能的设备而服务。

图 1-1 阐述了传统网络设备在当今部署上的一些特点。

随着对带宽需求的指数级增长（极大程度上由视频、移动和物联网应用推动），服务提供商正在不断寻找扩展网络服务的方法而最好不要有显著的成本增加。传统设备的特点使得这一需求很难得到满足，并造成了诸多制约，限制了网络的可扩展性、部署成本和运维效率。这样的情况迫使运营商考虑一种替代的方法以消除上述局限性。让我们来研究一下这些限制。

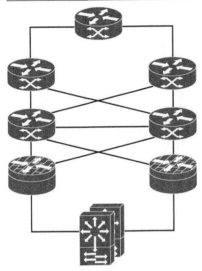

图 1-1 传统的网络设备

1. 灵活性限制

厂商基于通用需求设计和开发设备，并提供了特定硬件和软件相结合的功能。硬件和软件被封装为一个单元，仅受限于厂商的实现方法。它限制了可部署的功能组合和硬件性能的选择。这样的设计缺乏灵活性和定制化的功能，无法满足快速变化的需求，导致资源的利用率低下。

2. 扩展性限制

物理网络设备在硬件和软件的可扩展性上都有诸多限制。硬件需要电源供电和部署空间，这在人口稠密的地区就成为了一种制约因素，这些资源的缺乏可能会造成硬件在部署时的限制条件。在软件方面，传统设备可能无法跟上数据网络规模变化的节奏，比如路由路径或标签的数量。每个设备的设计都是为了处理有限的多维规模网络需求，一旦达到其能承受的最高限度，可供用户选择的处理方法就会非常有限，他们能做的只有升级设备。

3. 业务上线时间的挑战

随着时间的推移，需求也在不断增长和变化，而设备却无法一直紧跟这些变化。为了满足市场需求的转变，服务提供商经常推迟提供新的服务。实施新业务需要升级网络设备，这使得选择一个合适的迁移路径变得复杂起来，它可能意味着重新评估新设备、重新设计网络或选择新的厂商，以满足新的需求。这在向客户提供新的服务时增加了企业的成本，耗费了更长的时间，导致业务和收入的损失。

4. 可管理性问题

监测工具在网络中实现标准化监测协议，如简单网络管理协议（Simple Network Management Protocol，SNMP）、NetFlow、系统日志（Syslog）或其他类似的用于收集设备状态信息的系统。然而，为了监控特定于厂商的参数，仅仅依赖于标准的协议可能是不够的。例如，一个厂商可能会使用非标准的 MIB 或自定义的系统日志消息。对于这样深入的监测和控制级别，管理工具就变得非常特殊，并为厂商的实施而量身打造。无论这些管理工具是内置的还是由厂商直接提供，都有可能在某些时候无法与不同厂商的设备实现接口上的对接。

5. 昂贵的运营成本

因为在网络中部署不同厂商的特定系统时，都需要有经验丰富并受过培训的团队去支持，所以运营成本很高。因此，网络的设备往往会锁定为一个特定的厂商提供，因为部署和运维不同厂商的设备，意味着需要对管理人员再培训和改进操作工具，造成成本增加。

6. 系统迁移的考虑

每隔一段时间，设备和网络就需要升级或重新优化。这需要现场实施人员通过物理访问^①的方式部署新的硬件，重新配置物理连接，并在站点升级设施。这导致系统迁移和网络升级决策时的成本壁垒，延缓了新服务的上线时间。

7. 过量配置

短期和长期的网络容量需求是很难预测的，因此在网络建成后，过量的配置导致其容量往往比所需容量高出 50% 以上。未充分利用的网络资源和过量配置导致了较低的投资回报率。

8. 互操作性

为了更快地实现市场推广和部署，一些厂商尝试在设备完全标准化之前实现新的网络功能。在许多情况下，这种实现方法是厂商独有的，但是却带来了互操作性的挑战，需要服务提供商在将其部署在生产环境之前就验证其互操作性。

1.1.2 NFV 介绍

在数据中心，服务器虚拟化技术已经被广泛验证，独立的服务器硬件系统堆栈大多已经被运行在共享硬件上的虚拟服务器所取代。

NFV 与服务器虚拟化的概念如出一辙。它将概念扩展到服务器之外，网络设备也被包含在范围之内。它还允许生态系统去管理、提供、监视和部署这些网络虚拟化实体。

NFV 是一个缩略词，指代包含融合了软件组合和硬件设备的基础设施、管理工具和虚拟网络设备的整个生态系统。然而，我们更愿意将 NFV 定义为一种方法和技术，使您能够在取代物理网络设备与一个或多个软件程序执行特定的网络功能的同时，在通用的计算机硬件运行相同的网络功能。一个典型的例子就是使用基于软件的虚拟机取代物理防火墙设备。这个虚拟机提供了防火墙功能，运行与物理防火墙相同的操作系统，看起来与使用物理防火墙的体验相同，但是它是一种共享、通用的硬件。

有了 NFV，网络功能就可以在任何通用的硬件上实现，去提供基本的计算、存储和数据传输资源。虚拟化技术已经相当成熟，可以独立于物理设备，让使用商用产品（Commercial-Off-The-Shelf，COTS）的硬件去提供 NFV 的基础架构成为可能。

---

① 原文为 physical access，译者认为原文想表达的含义为"非远程接入"。——译者注

> **COTS**
>
> 商用产品（Commercial-Off-The-Shelf，COTS）指任何用于商用开发或商用销售的产品或服务。COTS 硬件指通用的计算、存储和网络硬件，可以在需要这些资源的时候进行构筑与销售。它不强制使用专有的硬件或软件。

图 1-2 阐述了从传统网络设备向 NFV 的过渡。

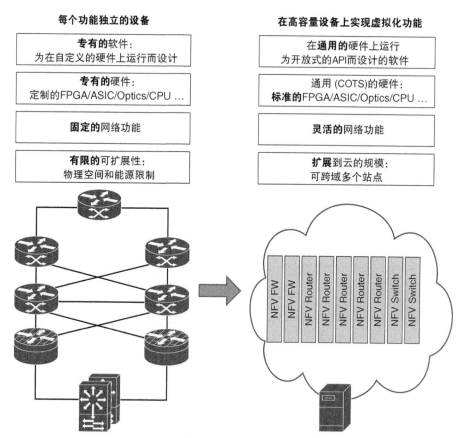

图 1-2　向 NFV 转型

　　在传统的网络架构中，厂商不关心他们的代码运行在哪个硬件上，这是因为这些硬件是为具体的网络功能开发、定制和部署的专用设备。对于设备硬件和运行在其中的软件，他们有完全的控制。这让厂商可以灵活地根据这些设备在网络中扮演的角色来设计硬件和性能因素。例如，为网络的核心部分而设计的设备会有较高的弹性等级，而为网络边缘而设计的设备则较为简单，不会提供高可用性，以控制成本。在这种情况下，这些设备的很多功能可能都是通过硬件和软件的紧密集成而实现的。这就是 NFV 带来的变化。

在虚拟化的网络功能环境中，对硬件提供的能力进行假设是不现实的，也不可能与裸机硬件紧密耦合。NFV 实现了软件和硬件的解耦，并拥有使用任何商用硬件来实现特定的网络功能虚拟化功能的能力。

网络虚拟化为网络的部署和管理带来了新的可能性，NFV 带来的灵活性、敏捷性、资本和运营成本的节约以及可扩展性，为创新、设计样式和进入全新的网络架构时代提供了可能。

1.2 NFV 架构

定义传统网络设备的架构使用的是相当基础的方式，因为硬件和软件是定制的且紧耦合。与之相反，NFV 允许厂商开发的软件运行在通用、共享的硬件之上，并创建多个用于管理的接口。

开发 NFV 架构，以确保这些接口被标准化定义，可以在不同厂商之间实现兼容。本节会全面讨论这个架构及其背后的原理。理解这个架构，能让读者对 NFV 所带来的灵活性和自由度有一个全面的认识。

1.2.1 架构需求

在 NFV 的术语中，网络功能的虚拟实现被称为 VNF（Virtualized Network Function）。VNF 意味着执行一种网络功能，如路由、交换、防火墙以及负载均衡等，想要结合使用这些 VNF，就可能需要让整个网段被虚拟化。

> **VNF**
> VNF（Virtualized Network Function）替代厂商的专用硬件，它可以执行相同的功能，但一般在通用的硬件上运行。

不同的厂商可能会提供不同的 VNF，服务提供商可以选择不同厂商提供的 VNF，对功能进行组合，以满足他们的需求。这种自由式的选择需要通过标准化的方法在 VNF

之间进行通信并在虚拟环境中进行管理。NFV 的管理需要考虑以下因素。

- 多厂商的 VNF 实现。
- 管理生命周期，让这些功能可以相互交互。
- 管理硬件资源分配。
- 监测使用情况。
- VNF 的配置。
- 完成虚拟功能的互通以实现服务。
- 与计费、业务支撑系统的交互。

为了落实这些管理角色，保持系统的开放性和非专有性，必须为标准化定义架构。这个标准架构应确保 VNF 部署不依赖于专门的硬件，也无须特别针对任何一种环境。它应该给厂商提供一套参考架构，使得厂商可以在实现 VNF 时，遵循一致性，使用相同的部署方法。此外，它还需要确保这些 VNF 的管理及其运行的硬件不依赖任何的厂商。在这个异构的生态系统中，实现网络功能时不需要进行特别调整。从本质上说，这个架构必须提供一种架构基础，允许 VNF、硬件和管理系统在定义的边界内无缝协同工作，

1.2.2   NFV 的 ETSI 架构

2012 年，在 SDN OpenFlow World Congress 大会上，NFV 被几个主要的电信运营商组成的联盟首次推出。他们提到了网络运营商所面临的主要挑战，特别是他们依赖于引进新的硬件，为其客户提供创新服务。这个小组强调了与下列概念有关的挑战。

- 新设备带来的设计上的改变。
- 部署成本和物理约束。
- 需要专业知识来管理和操作新的专有硬件和软件。
- 处理新的专有设备带来的硬件复杂度。
- 较短的生命周期会使得设备迅速被淘汰。
- 在资本支出和投资回报完全兑现前就会重新开始一个循环。[①]

这个小组提出，NFV 是应对这些挑战并提高效率的一种方法，该方法利用标准

[①] 原文为 "Restarting the cycle before the returns from the capital expenses and investments are fully realized"，译者认为这里的意思是：在 "在资本支出和投资回报完全兑现前，设备就已经过了生命周期，需要重新开始一个设备采购与投资的循环过程"。——译者注

的 IT 虚拟化技术，将多种网络设备类型整合到行业标准的高容量服务器、交换机和存储设备上，这些设备可以位于数据中心、网络节点和最终用户的场所[①]。

为了实现这一目标并定义一组规范，传统网络厂商和以网络为中心的方法论就有可能向 NFV 架构转型，其中 7 个领先的电信运营商，在一个被称为欧洲电信标准组织（European Telecommunications Standards Institute，ETSI）的独立标准化小组中，成立了互联网规范组（Internet Specification Group，ISG）。

这个小组于 2013 年初正式启动，致力于定义能够使得厂商定制硬件设备的网络功能以虚拟化方式实现的需求和架构。

这个小组使用了 3 个关键标准来提出他们的建议。

- **解耦合**：硬件和软件的完全分离。
- **灵活性**：自动化和可扩展的网络功能部署。
- **动态操作**：通过对网络状态的粒度控制和监控来控制网络功能的运行参数。

基于这些标准，一个整体架构就被建立了，如图 1-3 所示，它定义了架构中多个不同的焦点区域。

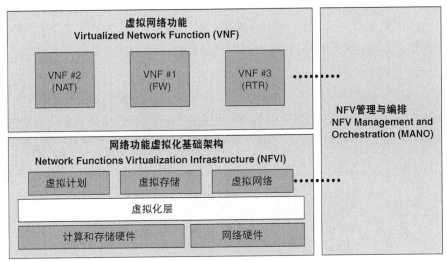

图 1-3　整体 ETSI NFV 架构

这个架构是标准化和开发工作的基础，通常被称为 ETSI NFV 架构。从整体上来看，它包含了 VNF 的管理、相互关系与相互依赖、VNF 的数据流和资源分配。ETSI

[①] 原文为"end user premises"，译者认为其意思为"最终用户的公司或住宅，只要有标准的硬件设备，就可以实现 NFV"。——译者注

ISG 将这些角色归类为 3 个主要的模块，即基础架构模块、虚拟化功能模块和管理模块。根据 ETSI 的定义，这些模块的正式名称被这样定义。

- **网络功能虚拟化基础架构（Network Functions Virtualization Infrastructure, NFVI）模块**：该模块是整体架构的基础。加载虚拟机的硬件、使得虚拟化成为可能的软件，以及虚拟化资源被归类到这一模块中。
- **虚拟网络功能（Virtualized Network Function, VNF）模块**：在 VNF 模块中使用 NFVI 提供的虚拟机，通过在这些虚拟机之上加载软件来实现虚拟网络功能。
- **管理和编排（Management and Orchestration, MANO）模块**：MANO 被定义为一个单独的模块，与 NFVI、VNF 模块交互。NFV 架构授权 MANO 层去管理所有基础架构层的资源，并可以对分配给其管理的 VNF 进行资源的创建、删除和管理。

1.2.3　理解 ETSI 架构

如果你研究了 ETSI 架构的构筑过程，就可以更好地理解其主要模块背后的设计思路。让我们从 NFV 的基本概念开始谈起，如虚拟出网络设备的功能。我们通过 VNF 去获取这些功能。

为了实现网络服务，VNF 可能以独立的实体被部署，也可能以多个 VNF 的组合被部署。网络功能在 VNF 中被虚拟化后，与这些功能相关的协议无须关注虚拟化底层的实现。如图 1-4 所示，VNF 实现了防火服务（FW）、NAT 设备（NAT）和路由（RTR）的相互通信，无须知晓它们是否物理相连或是否运行在专用的物理设备之上。

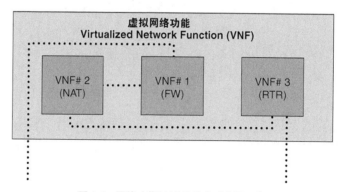

图 1-4　网络功能以 VNF 的方式共同工作

由于没有专用或定制的硬件来运行这些 VNF，因此通用的硬件设备就可以用来运行这些 VNF，这些通用的硬件之上一般有处理器（CPU）、存储、内存和网络接口。使用 COTS 硬件就可以实现 VNF 的运行。这样的实现方式并不只依赖于单一的 COTS 设备，它可能是一种集成的硬件解决方案，对硬件资源进行任意的组合，以运行这些 VNF。虚拟化技术可以在多个 VNF 之间共享这些硬件。这些技术（如基于 Hypervisor[①]的虚拟化或基于容器的虚拟化）都已经被用于数据中心并变得相当成熟。这些技术的细节将会在第 2 章中进行阐述。

硬件虚拟化为 VNF 的运行提供了一个基础架构。NFV 基础架构被称为 NFVI（NFV Infrastructure），它可以使用 COTS 硬件作为一个共有的资源池，并将资源切分为多个子集，按照 VNF 的分配需要，创建虚拟化的计算、存储和网络资源池，如图 1-5 所示。

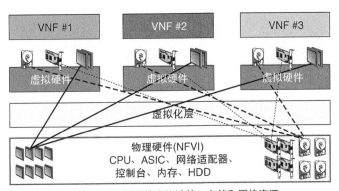

图 1-5　VNF 提供的虚拟计算、存储和网络资源

提供 VNF 的厂商建议为 VNF 所需资源提供使其可用的最低要求，但是无法控制或优化这些硬件的参数。例如，厂商可以推荐为运行 VNF 而需要执行的代码、存储空间和内存所需的 CPU 内核数，但是不再能够自由地为特定的需求设计硬件架构。虚拟化层可以使用物理硬件，以满足 VNF 的资源要求。在这个过程中，VNF 没有可视性，也就是说 VNF 并不关心与之共享物理硬件资源的其他 VNF 的存在。

在这样的虚拟化网络体系架构中，不同的层级有着多种资源来完成管理和操作。

---

① Hypervisor 是一种运行在物理服务器和操作系统之间的中间软件层，允许多个操作系统和应用共享一套基础物理硬件，可以翻译为"虚拟化管理程序"或"虚拟监视器"，但行业内一般不直接翻译，而是直接使用"Hypervisor"一词以保持其原汁原味的意思，本书在遇到该单词也不做翻译。——译者注

相比而言，现今的网络架构管理是厂商专有的，它们提供有限的管理接口和数据点[①]。当有新的需求或需要增强管理能力的时候，只有厂商可以提供支持。而有了 NFV，我们就可以用更高的管理力度来个别管理这些实体。因此，在这些层级上如果没有定义管理、自动化、相互协调和互联互通的方法去实现灵活性、可扩展性和自动化方式的功能模块，那么 NFV 的架构就是不完整的，

这样的需求就迫使我们在架构上增加另一个功能模块，令 VNF 和 NFIV 模块可以相互通信，并同时管理它们。如图 1-6 所示，在 COTS 硬件上，这个模块可以管理 VNF 的部署和互连，并且可以将硬件资源分配给这些 VNF。

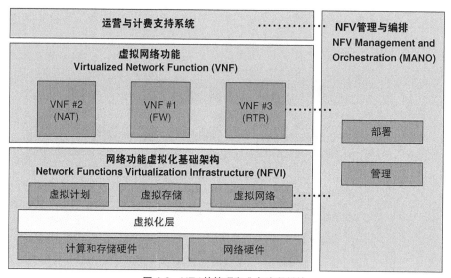

图 1-6　NFV 的管理和业务流程模块

由于 MANO 模块旨在实现对这些实体的完整的可视性，并且负责管理它们，因此 MANO 模块就可以完全知晓实体的利用情况、工作状态和使用统计。这使得 MANO 成为运营和计费系统上收集数据的最合适的接口。

现在，我们已经一步步完成对 3 个主要模块——NFVI、VNF 和 MANO 的理解，并且知晓了 ETSI 架构中，这些模块需要这样定义和配置的原因。

---

① 原文为 data point，在统计学中，数据点是一个或多个测量和分析数据的集合。例如，在研究货币需求的决定因素时，观察单位是个人，数据点可能是收入、财富、年龄、抚养人数等。在计算机世界中，数据点主要是指在命令行或图形化管理界面中能呈现出的对后台数据的统计和分析。——译者注

1.2.4　深入探讨 ETSI 的 NFV 架构

在 1.2.3 节，我们从宏观上介绍了 ETSI NFV 的架构及其基本模块。这个由 ETSI 定义的架构深入每个模块，定义了各个功能模块，赋予了它们清晰的角色和职责。因此，主要模块包含了多个功能模块。例如，管理模块（MANO）被定义为 3 种功能模块的组合：虚拟化基础架构管理（Virtualized Infrastructure Manager，VIM）、VNF 管理（Virtualized Network Function Manager，VNFM）和 NFV 编排器（NFV Orchestrator，NFVO）。

该架构还定义了各个功能模块在交互、通信和协调工作时的参考连接点。图 1-7 阐述了 ETSI 定义的 NFV 架构的详细视图。

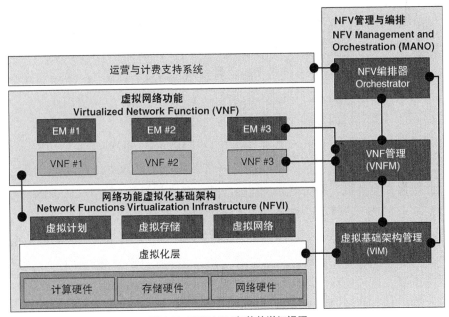

图 1-7　ETSI NFV 架构的详细视图

在本节中，你可以通过参考连接点深入了解这个架构，并回顾该架构建议的功能、每一个功能模块的相互作用和互联互通的模式。

为了便于理解，我们将这些功能模块进行组合并归为层级，在每个层级中进行 NFV 技术实现的一个方面的论述。

1. 基础架构层

VNF 依赖于虚拟硬件的可用性，通过软件资源在物理硬件上进行仿真。在 ETSI NFV 架构中，它由基础架构模块（NFVI）实现。这种基础设施模块包括物理硬件资源、虚拟化层和虚拟资源，如图 1-8 所示。

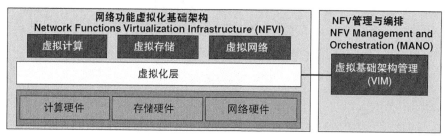

图 1-8　ETSI NFV 架构中的基础架构层

ETSI 架构将硬件资源分为三大类——计算、存储和网络。计算机硬件包括 CPU 和内存，可以使用集群计算技术在主机之间形成资源池。存储可以本地直连，也可以使用网络设备实现共享式①存储——如 NAS 或通过 SAN 技术连接的设备。网络硬件则包括了可以供 VNF 使用的网络接口卡和端口的资源池。这些硬件不会为独有的网络功能量身打造，而是被商用硬件（COTS）这样一般的可用硬件设备所取代。这些功能模块可以跨越多个设备或互连的站点并在它们之间实现横向扩展，并不局限于单一的主机、站点或入网点（Point Of Presence，POP）。

需要强调的是，在物理站点内网络硬件连接存储和计算设备，或是在站点之间相连（如交换机、路由器、光纤收发器、无线通信设备等），这也是 NFVI 需要考虑的部分。然而，这些网络设备并不属于为 VNF 分配资源的虚拟资源池的一部分。

虚拟化层是另一个功能模块，也是 NFVI 的一部分。这一层与硬件设备资源池直接交互，使硬件可以为 VNF 提供可用的虚拟机。虚拟机提供虚拟化计算、存储和网络资源，可以加载任何软件（VNF 就是一个例子），使得 VNF 在运行时，看起来就像专用的物理硬件设备一样。

> **VM**
> 虚拟机（Virtual Machine）或 VM 是虚拟化资源池中的常用术语，它在共享的硬件资源之上独立工作，且不同 VM 可以相互隔离。

---

① 原文为"distributed"，直译为"分布式"，但现在行业内分布式存储特指超融合架构中的技术，即利用以太网络使得多台主机的本地存储形成共享资源池，以 Nutanix 厂商的技术为典型代表，而这里提到的"NAS"和"SAN"并没有想表达这样的意思，因此译者在这里将其翻译为"共享式"。——译者注

总而言之，在虚拟化层之上，网络功能（即 VNF）通过软件从硬件解耦出来，并实现不同 VNF 之间的隔离。虚拟化层还是连接物理硬件的接口。

抽象化

实现硬件和软件层之间的解耦技术，在软件访问硬件资源时，通过提供一个共同的独立接口来实现。这个实现方式就叫作"硬件抽象"，或更简单地叫作"抽象"。

为了管理 NFVI，ETSI 定义了一个叫作虚拟化基础架构管理器（VIM）的管理模块。VIM 是 MANO 的一部分，ETSI 架构委派它去管理计算、存储和网络硬件，实现虚拟化层的软件和虚拟化硬件。因为 VIM 可以直接管理硬件资源，所以它就完全知晓硬件的使用情况，对其操作属性（如电源管理、健康状况和可用性）也有完全的可视化，同样也有能力监控其性能属性（如使用统计）。

VIM 还可以管理虚拟化层，并且控制和影响虚拟化层如何使用硬件资源。因此，VIM 负责控制 NFVI 资源，并与其他管理功能模块一起确定需求，再通过管理基础架构资源以满足这些需求。VIM 的管理范围可能与 NFVI 的入网点相同，也可能延伸并跨越到基础架构的整个域中。

举例来说，VIM 可能并没有被限制在一个单一的 NFVI 层级中。单一的 VIM 实现可能会控制多个 NFVI 模块。相反，该架构还允许多个 VIM 并行作用并控制几个独立的硬件设备。这种 VIM 既可以存在于单一的站点，也可以存在于不同的物理站点。

2. 虚拟网络功能（VNF）层

VNF 层负责实现网络功能的虚拟化，它包括 VNF 模块和 VNF 管理（VNFM）模块，其中 VNF 管理模块是用于管理 VNF 的。VNF 模块被定义为 VNF 和网元管理（Element Management，EM）模块的组合，如图 1-9 所示。

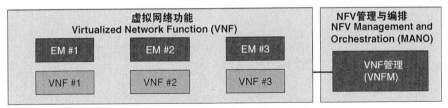

图 1-9　ETSI NFV 架构中的 VNF 层

实现网络功能虚拟化，就需要进行再开发，使得它可以运行在任何足以计算、存储和网络接口资源的硬件上。然而，虚拟化环境对于 VNF 来说是透明的，人们希望将其看成一个通用的硬件，而实际上运行它的是一个虚拟机。人们同样希望在实现虚拟化之后，VNF 的运行状态和外部接口与使用物理硬件实现的网络功能相同。

网络服务用虚拟化的方式来实现，可能通过单一或者多个 VNF 来完成。当一组 VNF 共同实现网络服务时，其中一些功能就可能会依赖于其他功能，在这种情况下，VNF 需要按照特定的顺序去处理数据。

当一组 VNF 没有任何依赖性的时候，该组 VNF 就被称为 VNF 集。这种情况的一个例子就是移动虚拟 vEPC（virtual Evolved Packet Core）[①]，这时，移动管理实体（Mobile Management Entity，MME）负责用户认证，并对服务网关（Service Gateway，SGW）作出选择。SGW 独立于 MME 运行，并转发用户数据包。这些 VNF 共同工作，但是各自独立实现自己的功能，这些功能都是 vEPC 功能的一部分。

然而，如果网络服务需要 VNF 以特定的顺序去处理数据包，则需要定义和部署 VNF，以确保它们互连，这被称为 VNF 转发流程图（VNF-Forwarding- Graph，VNF-FG）或服务链。在前面的 vEPC 示例中，如果你需要增加另一个提供封装数据网关（Packet Data Network Gateway，PGW）功能的 VNF，则这个 PGW VNF 就只会在 SGW 之后处理数据。如图 1-10 所示，SGW、MME 和 PGW 之间的逻辑连接，以特定的顺序为数据流实现了一个 VNF-FG。服务链在 NFV 世界中是非常重要的，需要更详细地探讨。在第 6 章中，我们会深入阐述这个主题。

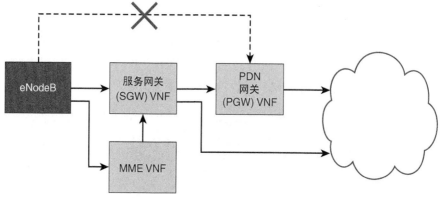

图 1-10　使用了 VNF-FG 的 vEPC

在 ETSI 的架构中，创建 VNF 并管理资源比例是 VNFM 的职责。当 VNFM 需要

[①] EPC 是在 4G LTE 网络上提供汇聚语音的架构。——译者注

实例化一个新的 VNF，或者需要为 VNF 增加或调整可用的资源（如增加 CPU 或内存）时，它就需要与 VIM 通信了。反过来，就需要虚拟化层调整对运行 VNF 的虚拟机的资源分配。由于 VIM 对整体资源具有可视性，因此它同样可以确定当前硬件是否可以满足这些增加额外资源的需求。图 1-11 说明了该事件流。

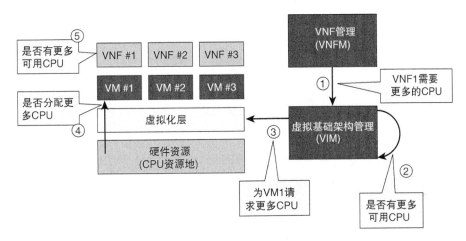

图 1-11 VNFM 对 VNF 资源进行纵向扩展

VNFM 同样负责 VNF 的 FCAPS。它通过与 VNF 通信或使用网元管理（EM）功能模块直接对其进行管理。

> **FCAPS**
> FCAPS 是 ISO TMN（Telecommunications Management Network）的 5 个主要管理参数的缩写：故障（Fault）、配置（Configuration）、审计（Accounting）、性能（Performance）、安全（Security）。

网元管理（EM）是 ETSI 架构定义的另一种功能模块，旨在实现对一个或多个 VNF 的管理功能。EM 的管理范畴类似于传统的网元管理系统（Element Management System，EMS），在网络管理系统和设备之间，提供一个交互层，使得网络功能得以实现。EM 通过独有的方式与 VNF 进行交互，并通过开放的标准与 VNFM 进行通信。如图 1-12 所示，它为 VNFM 在对 VNF 的运维和管理上提供了一个代理。FCAPS 仍然由 VNFM 管理，但它可以从 EM 处获得支持，以在这方面的管理[①]上与 VNF 进行交互。

---

① 原文为 for this aspect of management，译者理解为故障、配置、性能、审计、安全的管理。——译者注

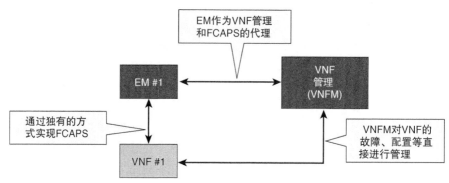

图 1-12　VNFM 直接管理 VNF 或通过 EM 管理 VNF

　　该架构并不限定单一的 VNFM 管理所有的 VNF。提供 VNF 的厂商也可以使用自己的 VNFM 去管理 VNF。因此，在 NFV 的部署上，可以是单个 VNFM 管理多个 VNF，也可以是多个 VNFM 管理多个 VNF，如图 1-13、图 1-14 所示。

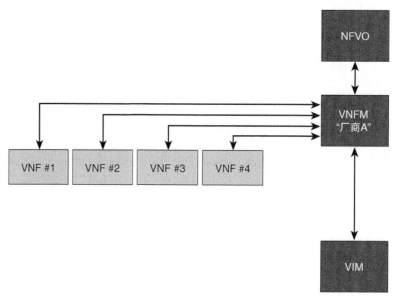

图 1-13　单个 VNFM 管理多个 VNF

3．运营和编排层

　　当网络架构从物理设备转向虚拟设备时，用户并不想对已经为运营支撑系统和业务支撑系统（Operational and Business Support System，OSS/BSS）部署的管理工具和应用加以改进。我们的架构并不需要在架构转型成 NFV 时对这些工具做任何改变。

它允许运维团队继续在网络运营和业务方面进行管理，并使用熟悉的管理系统，甚至也可以使用通过 VNF 实现的管理系统来替代[①]。虽然这样的实现方式可行且被期待，但是现有的 OSS/BSS 也有缺点，它没有充分获得 NFV 的优点，在设计上没有与 NFV 的管理功能模块——VNFM 和 VIM 进行通信。解决问题的捷径就是厂商可以加强并改进现有管理工具和系统，以使用 NFV 管理功能模块，并充分利用 NFV 的各种优势（如弹性、灵活性等）。有些时候，这是一种可行的方法，但有些时候，它并不可行，因为 OSS/BSS 可能基于传统的、封闭的架构，或是实现非常特殊的功能，这样的系统就无法管理诸如 NFV 这样的开放平台。

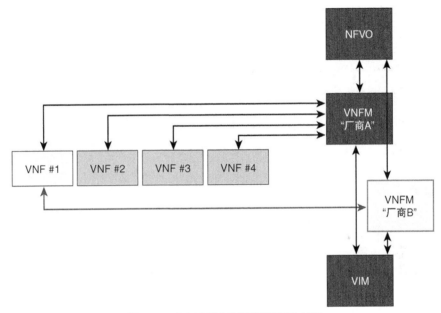

图 1-14　多个 VNFM 分别管理不同的 VNF

　　ETSI 架构提供的解决方案是使用另一个功能模块——NFV 编排器（NFV Orchestrator，NFVO）。它可以对现有 OSS/BSS 进行扩展，并对操作层面、VNFI 和 VNF 的部署进行管理。图 1-15 说明了架构中运营和编排层的两个组件。

　　乍看之下，NFVO 的作用并不明显，像是现有管理工具和 VIM、VNFM 之间的一个额外的模块缓冲。然而 NFVO 在整个架构中，却发挥着决定性的作用，它会忽略端到端的服务部署，从全局分析这些服务虚拟化，并与 VIM 和 VNFM 的相关信息

[①] 如果用 VNF 虚拟出管理系统，其实是改变了管理工具的。译者认为作者这里的意思是，无须额外购买管理系统，而是可以使用原有的管理系统，或者使用无须额外投资的 VNF 来实现。——译者注

进行通信，以更好地实现这些服务。

图 1-15　ETSI NFV 架构中的运营和编排层

NFVO 同样可以与 VIM 协同工作，知晓它们所管理的整个资源的状况。如前所述，可能会有多个 VIM，每一个 VIM 都只对自己所管理的 NFVI 有着可视性。由于 NFVO 可以从这些 VIM 中提取信息并实现集中，因此它可以通过 VIM 协调资源的分配。

资源编排（Resource Orchestration）
将 NFVI 资源分配、释放到虚拟机并进行管理的过程，就叫作资源编排。

同样，VNFM 独立管理 VNF，对于 VNF 之间的服务连接和 VNF 如何从终端融合到服务路径中，并没有任何的可视性。这时 NFVO 通过 VNFM 创造 VNF 之间的端到端服务。因此，NFVO 对于 VNF 为了实现服务实例而形成的网络拓扑有着可视性。

服务编排
服务编排是指通过 VNF 定义服务，并且这些 VNF 将相互连接，形成一个拓扑去实现定义的服务。

虽然 OSS/BSS 不属于架构向 NFV 转型的一部分，但现有的 OSS/BSS 仍然为系统管理带来价值，因此它在架构中仍然占有一席之地。架构定义了现有 OSS/BSS 和 NFVO 的参考点，并且将 NFVO 定义为 OSS/BSS 的扩展，用于管理 NFV 的部署，而无须用任何方式在当今的网络中取代 OSS/BSS。

4. NFV 参考点

ETSI 的架构定义了一种参考点，以识别功能模块之间必须发生的通信。识别和定义这些是非常重要的，它使得信息流在穿越不同厂商功能模块之间时确保一致性。它也有助于建立一种开放、通用的方式在功能模块之间交换信息。图 1-16 说明了 ETSI NFV 架构定义的参考点。

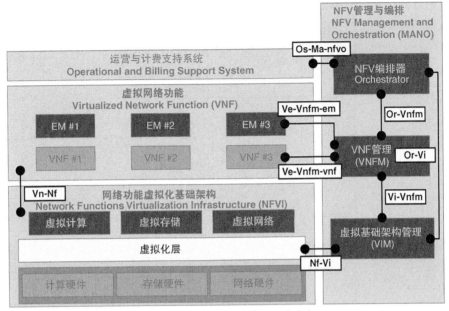

图 1-16 ETSI NFV 架构定义的参考点

下面更详细地解释了这些参考点，表 1-1 进行了总结。

- Os-Ma-nfvo：它最初被标记为 Os-Ma，定义了 OSS/BSS 和 NFVO 之间的通信。它是 OSS/BSS 和 NFV 管理模块（MANO）之间唯一的参考点。

- Ve-Vnfm-vnf：这个参考点之间定义了 VNFM 和 VNF 之间的通信。VNFM 使用它实现 VNF 的生命周期管理，并与 VNF 交换配置和状态信息。

- Ve-Vnfm-em：它最早与 Ve-Vnfm-vnf 共同被定义（标签是 Ve-Vnfm），但后来为 VNFM 和 EM 功能模块之间的通信又被分别定义。它支持 VNF 生命周期管理、故障与配置管理以及其他功能，仅当 EM 可以感知虚拟化时才会工作。

- Nf-Vi：这个参考点定义 VIM 和 NFVI 的功能模块之间的信息交换。VIM 使用它来配置、管理和控制 NFVI 资源。

- Or-Vnfm：NFVO 和 VNFM 之间的通信是通过这个参考点来完成的，如 VNF 实例化和与 VNF 生命周期相关的信息流。

- Or-Vi：这个参考点被定义为一种直接与 VIM 通信的方式，以影响基础架构资源的管理，如为虚拟化和 VNF 软件的添加预留资源。

- Vi-Vnfm：这个参考点定义 VIM 和 VNFM 之间信息交换的标准，如虚拟机运行一个 VNF 时的资源更新请求。

- Vn-Nf：这是唯一一个没有将管理功能块作为其边界连接的参考点。这个参考点实现的是 VNF 与基础架构模块之间的通信性能和可移植性需求。

表 1-1　　　　　　　　　　　　参考点的总结

参考点	边界	在架构中的作用
Os-Ma-nfvo	OSS/BSS <-> NFVO	服务描述和 VNF 软件包管理
		网络服务生命周期管理（实例化、查询、更新、扩展、终止）
		VNF 生命周期管理
		网络服务实例的策略管理（访问和授权等）
		从 OSS / BSS 查询网络服务和 VNF 实例.转发网络服务实例的事件、使用状况和性能至 OSS / BSS
Ve-Vnfm-vnf	VNFM <-> VNF	对虚拟机进行实例化、实例查询、更新、向上或向下扩展上、停止
		VNFM 与 VNF 之间的配置、与 VNF 的相关信息交换
		VNFM 与 VNF 之间的信息交换
Ve-Vnmf-em	VNFM <-> EM	对虚拟机进行实例化、实例查询、更新、向上或向下扩展上、停止
		VNFM 与 EM 之间的配置、与 VNF 的相关信息交换
		EM 与 VNFM 之间的信息交换
Nf-Vi	NFVI <-> VIM	对虚拟机进行分配、更新、迁移、停止
		创建、配置、移除虚拟机之间的连接
		将 NFVI 资源（物理、软件、虚拟）的故障事件、使用记录、配置信息告知 VIM
Or-Vnfm	NFVO <-> VNFM	VNF 的实例化、状态查询、更新、扩展、停止和软件包查询
		转发 VNF 的事件和状态信息
Or-Vi	NFVO <-> VIM	NFVI 资源预留、发布和更新
		VNF 软件镜像分配、回收和更新
		NFVI 与 NFVO 之间的配置、使用状况、事件和结果
Vi-Vnfm	VIM <-> VNFM	NFVI 资源预留、配置和发布信息
		VNF 使用 NFVI 资源时的事件、使用状况、测量结果等
Vn-Nf	NFVI <-> VNF	VNF 的生命周期、性能和可移植性

5. 将它们组合起来

让我们看一看这个模型如何进行端到端的工作，以一个简单的网络服务为例，研究在 ETSI 架构中定义的功能模块，如何交互工作并实现服务。图 1-17 阐述了其工作步骤。

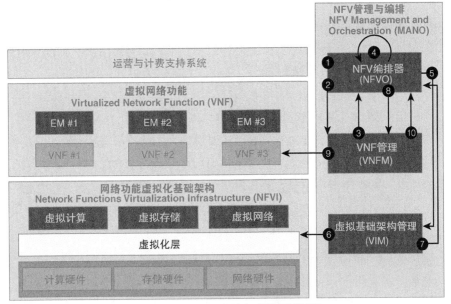

图 1-17 ETSI NFV 架构中端到端的数据流

下面详细描述了这个过程的执行步骤。

第 1 步 NFVO 对端到端的拓扑具有可视性。

第 2 步 NFVO 对有需求的 VNF 进行实例化，并与 VNFM 通信。

第 3 步 VNFM 决定虚拟机需求数量，以及每一个虚拟机的资源需求，并将结果返回 NFVO，提出可以完全满足 VNF 的创建的需求。

第 4 步 因为 NFVO 有关于硬件资源的信息，它会验证是否有足够的可用资源以满足虚拟机的创建。这时 NFVO 需要发起一个创建这些虚拟机的请求。

第 5 步 NFVO 将创建虚拟机和这些虚拟机所需资源分配的请求发送到 VIM。

第 6 步 VIM 要求虚拟化层创建这些虚拟机。

第 7 步 一旦虚拟机被成功创建，VIM 就会通知 NFVO。

第 8 步 NFVO 通知 VNFM：你所需要的虚拟机已经创建完毕并且是可用状态，你可以接管工作了。

第 9 步 VNFM 就可以使用任何特定的参数配置 VNF 了。

第 10 步 VNF 被成功配置，VNFM 告知 NFVO：VNF 已经配置完成并准备完毕，你可以随时使用它。

图 1-17 和上述步骤描述了一个简化流程，作为一个例子来帮助读者理解这个架

构。它没有对这个过程更多的相关细节以及可能的变化进行阐述。尽管在本书中没有涉及，读者也可以参考 ETSI 文档中的更多细节和场景。

1.2.5　NFV 架构总结

定义架构（更具体地说是定义单独的功能模块和参考点）的目的，是消除互操作性上的挑战和实现实施的规范化（或说是为了将挑战降至最低，或变得更加实际）。这些功能模块的目的和功能范围在架构中有很好的定义。同样，其相互依赖关系和通信路径被参考点所定义，是一种开放和标准化的方法。

厂商可以独自开发这些功能，并将其部署到其他厂商开发的相关功能模块中，从而顺利地工作。只要实现方式遵循架构定义的范围和角色，并在通过参考点与其他模块进行通信时使用了开放的标准，则网络就可以通过异构的方式部署为 NFV模式。这意味着服务提供商可以在不同功能模块的部署上，灵活地对厂商进行选择。与此形成对比的是，在传统网络的部署方式上，服务提供商往往被厂商的硬件（或厂商的限制性）或软件（包括适应其所有业务需求的挑战）所绑定，他们不得不处理不同厂商的网络设备之间的互操作性问题。NFV 则使得服务提供商拥有了克服限制的能力，可以使用硬件和通过任何厂商间的任意组合实现的 NFV 功能模块来部署可扩展的、灵活的网络。

然而，它不能消除可能由不同厂商实现的 VNF 之间的更高层协议之间的互操作性问题。举例来说，一个厂商提供的 VNF 实现了 BGP 功能，就可能在与其他不同厂商部署的 VNF 建立 BGP 的对等体（peer）时出现一些问题。对于这些类型的互操作性问题，标准化过程已经被制定，并将持续发挥作用。另外，NFV并不要求厂商提供开放和标准的方法去管理 VNF 的配置并实现监控。在 NFV 架构中，EM 弥补了这个功能。然而，为了更接近理想化的实现，运营支撑系统需要使用标准的方式与 VNF 协同工作。这就是通过一种并行技术，转向软件定义的网络（Software-Defined Networking，SDN）。虽然 NFV 和 SDN 没有相互依赖的关系，但它们相互补充彼此的优势。本书的重点是 NFV，但如果不讨论一些SDN 的内容和这两者（NFV 与 SDN）如何相辅相成，我们论述的内容就是不完整的。

虽然 NFV 架构已经建立完成，但是我们仍然需要在实现构筑 NFV 架构模块的标准化上继续努力。

1.3 NFV 的优势

我们之前已经在本章列举了使用传统网络设备带来的局限性。网络功能虚拟化直接解决了这些限制的绝大部分，并带来了诸多额外的好处。它提供了一个架构，彻底改变了网络的架构、部署、管理和运维方式，同时提供多层级的改善，增加它们的效率。图 1-18 列出一些 NFV 带来的优势，我们会在本节讨论这些优势。

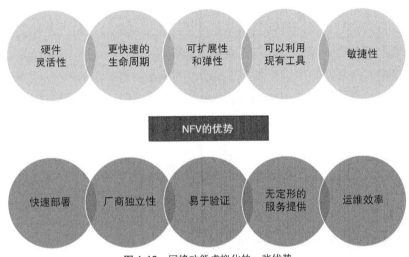

图 1-18　网络功能虚拟化的一些优势

1.3.1 硬件灵活性

由于 NFV 使用常规的 COTS 硬件，因此用户可以自行选择和部署硬件，以最有效的方式去满足他们的需求。

传统网络厂商提供的硬件在计算、内存、存储和网络能力上有很大限制，对硬件做出任何修改都会导致硬件升级，浪费用户的时间和金钱。有了 NFV，供应商[①]现在就可以在不同的厂商中做出选择，并且对其选择的硬件有很大的灵活性，可以优

[①] 本文中，“供应商”不同于厂商，它们自己本身不生产设备，但可以将单一或不同厂商的设备整合起来，提供融合解决方案。读者可以将其理解为“服务提供商”或“集成商”。——译者注

化其网络架构和规划。如果使用中的 Internet 网关不足以存储完整的 Internet 表，就需要升级内存，当前只有通过控制器升级或升级整个设备来实现这一点。而有了 NFV，供应商就可以为运行 VNF 的虚拟机分配更多的内存。

1.3.2　更快速的生命周期

有了 NFV，就可以更快地部署新的网络服务或特性，基于按需分配的模式，为最终用户和网络供应商带来好处。

VNF 可以随时被创建和删除，与物理硬件相比，VNF 的生命周期就会变得更短、更加活跃。这些功能可以按需增加，由自动化软件工具去完成而无须现场进行任何硬件升级或配置，一旦功能不再需要，还能将其删除以腾出资源空间。与之相反，在传统网络中，当一个新功能需要添加到现有网络中时，需要现场安装，这会浪费大量的时间和金钱。快速添加网络功能（灵活部署）是 NFV 的优势之一。现在，服务也可以通过单击一个图标的方式一键式上线或下线，而无须将新设备搬运到机房去安装和部署[①]，将部署时间从几周大大缩短到几分钟。

> **敏捷性**
> 能够实现 VNF 的快速部署、停止、重新配置或改变拓扑，通常被称为敏捷部署。

1.3.3　可扩展性和弹性

在当今的网络中，新的服务、对容量要求极高的应用[②]使得网络厂商（尤其是云提供商）需要满足日益增长的消费需求[③]。服务提供商一直在不断匹配这些需求，因为扩展传统网络设备的容量需要细致规划，并耗费时间和金钱。这个问题现在已经被 NFV 所解决，它通过一种方法扩大或缩减 NFV 使用的资源，以允许容量变化。如果有任何 VNF 需要额外的 CPU、存储或带宽资源，就可以由 VIM 提出需求，并通过硬件资源池分配给 VNF。在传统网络设备中，可能需要替换全部设备或升级设备以改变这些参数。然而，VNF 不受定制的物理硬件限制的约束，

[①] 原文为 "delivery truck"，原意为 "货运卡车"，译者在这里解释为 "将新设备搬运到机房去安装部署"。——译者注
[②] 原文为 "capacity-hungry applications"。——译者注
[③] 在网络世界中，"Consumer" 一般指的是整个应用层面，它是底层网络的 "客户" 或 "消费者"，可直译为 "消费"，而不是通常理解的人类世界的消费者。——译者注

它们提供了极大的弹性。因此网络不需要为适应容量需求的变化而被过多地超量配置。

　　NFV 中另一种实现弹性的方式是将一个 VNF 的工作负荷卸载，并剥离出一个新的实例去实现相同的功能，与现有 VNF 分别加载工作负荷。在传统网络设备中，这样的实现方式同样是不可行的。

> **弹性**
> 弹性是 NFV 环境中常见的词汇，是指 VNF 基于需求对资源进行扩展与延伸（或裁剪与收缩）的能力。这个词汇也会用来形容在创建或移除额外的 VNF 时，与现有 VNF 共承担工作负荷的情形。

1.3.4　可利用现有工具

　　由于 NFV 使用与当前数据中心相同的基础架构，因此它可以支持并重复利用数据中心使用的部署和管理工具。使用单一集中的窗格去管理虚拟网络和虚拟服务器为更快速地适应新的部署带来了优势，无须开发新的工具，从而不需要浪费时间、精力和金钱去部署、熟悉与使用新的工具集。

1.3.5　快速部署和厂商独立性

　　由于 NFV 提供了一种可以轻松部署融合了不同厂商解决方案的方式，而无须用高昂的成本来替换现有厂商的部署，因此用户不会再被一个特定的厂商所绑定。他们可以混合使用并匹配这些厂商和功能，从中基于其可用的特性、软件许可成本、售后服务模式、产品路线图等做出选择。

　　新的解决方案和功能可以快速投入生产，无须等待提供现有设备的厂商去开发和支持。如此快速的部署是通过使用 NFV 天然支持的开源工具和软件来进一步推进的。

1.3.6　新方案的验证

　　服务提供商通常希望在生产网络中使用解决方案、服务和功能之前，先进行测试，以验证它们。传统上，需要在内部测试环境中复制一部分生产环境，这增加了运营预算。有了 NFV，搭建和管理这种测试环境就变得更加经济和高效。基于 NFV 的测试环境易于动态扩展和改变，以满足测试和验证场景。

1.3.7　无定形的服务提供

基于 NFV 的部署并不局限于一次性设计和部署。它可以适应市场的具体需求，并提供针对性的服务以适应不断变化的需求。通过弹性和部署灵活性的结合，可以实现网络功能的位置快速漂移[①]和容量变化，并最终实现工作负载的移动性。例如，供应商可以通过基于白天时间的不断漂移的虚拟机，实现一种"跟随太阳网络"的策略，并且通过对 VNF 的扩展或延伸，以满足对服务和容量的网络需求在峰值和非峰值之间的用量变化，或在任何地理位置发生重大事件的情形[②]。

1.3.8　运维效率和敏捷性

使用通用硬件承载不同的 VNF，与业务相关的工作任务（如库存管理、采购流程）就可以集中起来。与使用不同的硬件设备分开部署不同网络的服务相比，就减少了运营开销。

NFV 本身就实现了自动化的架构，并可以通过使用机器对机器（Machine to Machine，M2M）工具带来更多好处。例如，我们可以使用一个自动化工具去监测设备，以确定在网络功能上是否需要更多的内存。有了 NFV，工具就可以先行处理内存分配需求，而不涉及任何人为干预。

通过减少可能的停机时间，网络维护相关工作同样可以极大地受益于 NFV。NFV 允许生成新的 VNF，以暂时改变 VNF 的工作负载，释放现有的 VNF 进行维护工作。这使得我们可以搭建一套支持在线升级（In-Service-Software-Upgrade，ISSU）且 7x24 小时不间断的自愈网络，减少由于网络中断而造成的经济损失。

[①] 译者认为这里指的是运行 VNF 的虚拟机的漂移。——译者注

[②] 原文为 For example, providers can implement a "follow the sun network" by using constantly moving virtual machines based on time of the day, and spinning up or expanding new VNFs to meet the network's requirements for services and capacity as they change during peak and off-peak usage or when major events take place in any geographic region., 译者认为这里的意思为"一种应用服于全球，这种应用在白天被人们使用，而不同国家的白天时间是不同的，在一天中的峰值、非峰值时间也不同，"虚拟机就可能或漂移或进行集群扩展以适应访问变化或不同地理位置的突发流量。——译者注

> **注意:**
> 升级新的软件是为了引入新的功能、实现扩展、修复原有 Bug 等。然后在传统网络中,保持较高的在线时间是一个很大的挑战,有时会使得网络服务提供商非常痛苦和烦恼。在网络边界设备上,这个问题变得更加关键,因为它们在物理部署上一般不实现冗余部署。在线升级(In-Service-Software-Upgrade,ISSU)一词是指一种由网络厂商提供的增强型升级程序解决方案,允许在升级过程中不影响设备功能。ISSU 的实现可能并不总是完全没有中断,它可能会造成极小的流量损失。然而,这种理论上的极小的流量损失有时是可接受的,与设备在升级时没有实现 ISSU 而造成极大损失相比,ISSU 是优选的解决方案。

1.4　NFV 的市场驱动力

　　NFV 不仅仅是一种革新技术。与很多新的技术会带来重大改变和新的利益一样,NFV 已经被市场所接受和适应。NFV 的市场驱动力是非常重要、明显且有前景的。这些都使得 NFV 在很短的时间内就超越了初期,被纳入主流的部署中。

　　互联网和全球数据服务的趋势正在为网络服务提供商创造一个非常大的市场。对现有的网络基础架构来说,规模和带宽需求已经变得紧张起来。升级传统网络基础架构需要耗费相当多的时间、金钱和供应商资源。这迫使供应商重新思考网络架构,并使用新的创新产品或架构,跟上新的云化和数字化的世界。一个主要的驱动力是利用成熟的技术,如虚拟化和 COTS 硬件,向云环境迁移。在当今,网络供应商会使用相同的云基础架构,如计算机(服务器)和存储设备,在这基础之上增加网络功能,为新的市场需求提供服务。这种方法节约了很多成本,能够更快速地为市场带来新的服务,并能够迅速适应市场环境的任何变化。

　　NFV 的市场驱动力带来了新的商机,使得用户乐意向 NFV 转型。图 1-19 列出了 NFV 的一些市场驱动因素,我们将在之后的部分详细描述。

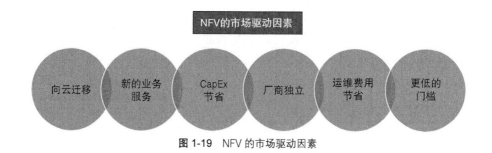

图 1-19 NFV 的市场驱动因素

1.4.1 向云迁移

随着新的智能设备[①]、对带宽要求极高的应用、新的设备连接方式、物联网技术的出现，网络的需求和使用量呈现指数级别的增加。这些变化创造了一种新的市场需求：服务需要在任何时间、任何地点、通过任何设备实现交付。为了适应这一市场变化，供应商正在寻求建立并提供基于云的服务，以满足新的需求。

经研究表明，在 2015～2020 年，NFV 市场份额将以 83.1%的年复合增长率（Compound Annual Growth Rate，CAGR），增长至超过 90 亿美金。这是一个容易被传统供应商错过的巨大市场，许多新的供应商则正在进入这个市场，如云提供商、服务提供商、企业、初创公司等。

1.4.2 新的业务服务

消费的增长使得网络资源的增长与需求密切相关。随着传统网络设备的使用，网络呈爆发式增长，这导致在最初部署时进行超量配置，之后又会发现网络容量部署不足，如图 1-20 所示。使用 NFV，避免了时间和资源的浪费，可以不断重复部署使用过的资源，并将过量的网络容量精简。

NFV 带来了一个新的商业机会——使用大规模服务器部署实现托管式网络和 IT 服务。这种类型的服务业务增长非常快，并且已经被证明是一种高收入业务。

在当今，很多企业不再选择投资网络和数据的基础架构，而是通过云服务提供商去实现这样的服务。这通常是指基础设施即服务（Infrastructure as a Service，IaaS）。

---

① 这里指的是智能手机、穿戴设备等，非数据中心机房内部使用的设备。——译者注

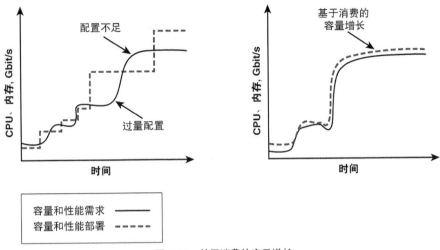

图 1-20　基于消费的容量增长

　　有了 NFV，供应商就可以按需提供服务，就像使用购物车一样，允许用户通过自服务门户（portal）增加或删除服务和设备。由于这些服务使用的是 NFV，因此新的服务就可以自动化部署，并迅速上线。在这样的情形下，如果用户想要为一个分支机构添加新的防火墙，就可以用这样的门户，单击几下鼠标购买这项服务，服务提供商的后端会生成一个新的虚拟机去部署其需要的防火墙 VNF，并为该分支机构将这个 VNF 连接至现有的设备上。

　　这只是几个 NFV 在短时间内按需提供新业务服务的例子。NFV 带来的新的服务模式已经非常流行，并在市场中被追捧。供应商也提供了新的业务模式，可以基于消费的增长按需部署、按增长付费、按使用的服务付费，更好地实现网络资源货币化。

1.4.3　节省资本费用（CapEx）

　　在传统网络中，硬件创新的代价是昂贵的，需要厂商去开发和生产。而新的设备市场小众，因此销量不高。这两个因素都体现在了最终用户的成本上。最重要的是，在事实面前，传统网络设备厂商为了保持高利润，提供给用户的替代方案非常有限[①]。NFV 使用标准的高容量硬件（如服务器、交换机和存储设备）对这样的状况进行了彻底的改变。

---

① 创新产品销量不高，研发投资得到的回报就不高，厂商就不愿意进行过多创新上的投入，造成用户可选的替代方案非常有限。——译者注

COTS 硬件设备已经在批量生产,价格也非常合理,在数据中心使用现成的设备来部署,保持了较低的开发成本和较高的竞争力。生产成本低,加上规模经济和效率经济,使得 COTS 硬件设备成本远远低于专用硬件成本。

1.4.4 节省运维费用

随着 NFV 对标准架构的推动,绑定了结合厂商专有硬件和软件的现有网络将被被淘汰或份额降低。NFV 在其功能模块及融合现有管理工具方面鼓励并支持使用开放标准。这使得 NFV 在服务器和数据中心,可以使用诸多现有厂商提供的独立工具对网络进行部署和运维,而不需要进行新的投资。

虚拟化网络可以在不同网络功能之间共享基础设施,以及运行在网络、数据中心和服务器上的应用集群。因此,基础架构所耗费的电力和空间可以被共享并更加有效地使用。

1.4.5 进入门槛

对于传统网络设备,新的厂商或服务供应商很难进入市场。厂商的开发成本和供应商搭建基础架构的成本成为了一种门槛,有很强的挑战性。NFV 通过开放的软件实现多种网络功能,并带来更低的硬件成本,这种门槛就被消除了。NFV 为新的厂商和供应商打开了进入市场的一扇门,带来了创新和挑战,可以使用更低的价格和更高的性能去实现网络功能,与当前厂商进行竞争。

1.5 本章小结

本章的目的是让读者了解 NFV 概念、标准和优势。我们探讨了 NFV 是如何改变网络产业的。本章描述了早期实现数据通信的网络是如何发展到今天承载语音、数据和视频流量的复杂网络。本章还讨论了传统网络架构的缺点和挑战,以及如何使用 NFV 的方式来帮助解决这些问题。本章介绍了 NFV 的架构,并与现今的网络进行对比,重点阐述理解 NFV 标准化过程的重要性。本章还详细研究了 ETSI NFV 架构。NFV 的主要优点和它背后的市场驱动力也在本章有所涉及。

1.6 复习题

下列习题可以用来复习本章学到的知识。正确答案参见附录。

1. 哪一个组织驱动了 NFV 架构的发展？

    a. European Telecommunications Standards Institute (ETSI)

    b. Internet Engineering Task Force (IETF)

    c. International Telecommunication Union (ITU)

    d. Open Network Consortium (ONC)

2. NFV 架构的 3 个主要模块是什么？

    a. VIM、NFVO 和 VNFM

    b. ETSI、MANO 和 VNF

    c. VNF、NFVI、和 MANO

    d. OSS、BSS 和 VNF

3. 以下哪一个是 VNFM 的职责？

    a. 管理硬件基础架构并控制其对 VNF 的分配

    b. 管理 VNF 的生命周期（VNF 实例化、扩展和收缩、停止）以及 VNF 的 FCAPS 管理

    c. 在 NFV 架构中部署端到端的服务

    d. 从 VIM 处搜集物理硬件的 FCAPS 信息，并将其传递到 NFVO，使得资源可以在 ETSI 架构的上层被适当管理

4. 哪种管理模块可以在相同的硬件上运行多个虚拟机 / VNF？

    a. Virtualized Network Function Manager (VNFM)

    b. Virtualization Infrastructure Manager (VIM)

    c. Element Manager (EM)

    d. Network functions virtualization Orchestrator (NFVO)

5. 不同的功能块之间的通信（如 VIM 到 VNFM、VNFM 到 NFVO）在 ETSI 架构中叫作什么？

    a. 通信终端

　　b．开放网络互连

　　c．FCAPS 数据点

　　d．参考点

6. NFV 与传统网络设备相比的 3 种优势是什么？

　　a．敏捷部署

　　b．以硬件为中心

　　c．弹性

　　d．厂商独立

7. 以下哪一条的缩写是 COTS？

　　a．custom option to service

　　b．commodity-oriented technical solution

　　c．commercial off the shelf

　　d．commercially offered technical solution

第 2 章

虚拟化概念

第 1 章讨论了 NFV 的基础知识，包括 NFV 的各种功能模块及 NFV 的价值。本章将深入探讨其中的一项关键技术——虚拟化，该技术是 NFV 的基础技术，也是 NFV 的使能技术。

NFV 基础架构的主要功能模块都是通过虚拟化技术构建的，因而掌握虚拟化知识对于深入理解 NFV 的部署及实现机制非常重要。

本章将讨论虚拟化的基本概念并着重描述与 NFV 密切相关的虚拟化知识，内容如下。

- 虚拟化的历史、分类及相关技术。
- 虚拟机的概念。
- 容器虚拟化（如 Linux 容器和 Docker）。
- 虚拟化环境中的多租户问题。

2.1 虚拟化的历史及背景

虚拟化并不是一个全新概念，最早可以追溯到 20 世纪 60 年代，为了在不同用户和应用之间实现时间和内存共享，IBM 开发了 CP-40 操作系统。虽然 CP-40 及其升级版 CP-67 并没有非常流行，但是却奠定了今天虚拟化概念的基础。

虚拟化

虚拟化是一种可以在一台物服务器上运行多个 OS（Operating System，操作系统）或应用程序的技术，为它们提供相应的硬件抽象视图，使这些应用程序或 OS 在运行共享相同硬件资源的同时实现隔离机制。

　　虽然虚拟化早在 20 世纪 60 年代就诞生了，但在其诞生后 10 年内的早期发展阶段，其理念并没有得到驱动。直到 20 世纪 70 年代末，大型机成为了主要的计算资源，在多个用户和应用程序之间共享大型机的计算能力才变得有意义起来——这是由虚拟化技术实现的，它本应前途光明。然而，随着价格相对低廉的 PC（Personal Computer，个人电脑）的出现，企业可以部署和管理自己的计算基础架构。这种改变是革命性的，并迅速被广大企业所采用。它的效率和收益也是非常明显的，与 PC 出现之前的计算机相比，获得硬件的渠道、企业的成本和操作系统都有一定的优势。然而，PC 上运行的原生应用和操作系统只能提供单用户环境，硬件本身没有足够的计算资源同时处理多个任务，运行多个应用程序。这创造了“每台服务器运行单一应用（one application per server）”的文化，或者说每台服务器只能作为单一租户的宿主。此外，企业内部不同部门和团队需要实现独立（例如销售和市场部门不希望与对方共享自己的数据），这使得不同团队使用独立且隔离的计算系统来运行不同应用的理念被广泛认同。在计算资源获取方式的巨大转变下，虚拟化没有成为一种主流技术。

　　20 世纪 90 年代，互联网革命带来了一种通过服务器集群来托管各类应用程序和数据库、执行各种基于互联网的服务（如网页浏览、电子邮件和文件托管）的普遍需求。

服务器集群（Server Farm）

服务器集群指的是由组织机构部署和管理的大量服务器，用于实现特定的计算功能及计算服务，其性能超越了单台服务器的能力。

　　同时，创新的硬件使得 CPU（Central Processing Unit，中央处理单元）的效率更高，内存访问速度更快，价格更低，存储容量更大，而且高速网络还能提供更高的吞吐量。随着硬件性能的提升，可以为应用程序使用专用服务器，并且这些应用的需求增长，企业开始在服务器集群中使用分离的服务器来部署应用，但这些服务器的利用率却相当低。服务器集群往往会运行成百上千的服务器，通常会消耗大量的电力，并占用大量的物理空间。这都会给空间、电力以及管理开销带来浪费，维护这些服务器也要面临相应的挑战，即更高的运营和采购成本。

如果能在共享服务器之上整合这些应用，就可以提高硬件利用率、减少电力消耗、节省空间并减少布线需求。在这样的背景下，虚拟化技术终于度过寒冬并重出江湖，它可以满足上述所有需求，在无须改写应用程序、无须改变终端用户使用习惯的情况下，实现成本节省。在那个时间段还出现了一些额外需求，如不同应用之间更严格的隔离、基于流量的负载均衡、应用的弹性和高可用性。虚拟化技术很快成熟起来并适应了这些新需求。

第一个在 x86 平台上实现的虚拟化产品是 VMware 公司在 1999 年发布的 VMware Workstation，2001 年很快又发布了用于服务器市场的 VMware ESX 产品。其他实现方式也如雨后春笋般涌现出来，如 Microsoft 的 Hyper-V、Oracle 的 VirtualBox 以及 Xen 和 KVM 等开源虚拟化解决方案。2005 年 Intel 和 AMD 公司相继发布了新的处理器，为硬件辅助虚拟化提供了 CPU 支持。Intel 的 VT-x 和 AMD 的 AMD-V 技术将虚拟化技术提升到了一个新的高度。图 2-1 总结了在计算资源需求和可用性驱动环境下的虚拟化技术的复兴历史。

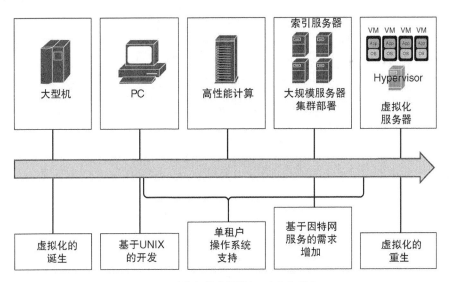

图 2-1　虚拟机技术的诞生、寒冬与重生

目前的虚拟化技术已成为服务器集群及数据中心的核心，使它们受益匪浅，并持续提供各种创新功能。

2.1.1   虚拟化的优势及目标

虚拟化的目标是提供一种机制，用来在共享的操作系统和硬件资源池上运行多个应用，而无须相互依赖或相互感知。每个应用都认为自己拥有硬件资源，但并不一定意识到这样的硬件是一个从更大的硬件资源池所抽象出来的子集。这些应用程序在其进程、磁盘和文件系统使用、用户管理以及网络连接之间存在隔离。

有了虚拟化技术之后，数据中心或服务器集群中的服务器数量急剧减少，少量服务器即可完成相同的工作，可以同时运行多个应用。由此产生的好处显而易见：电力、空间的节省，运营成本、企业总成本的降低以及业务的弹性扩展，如图 2-2 所示。

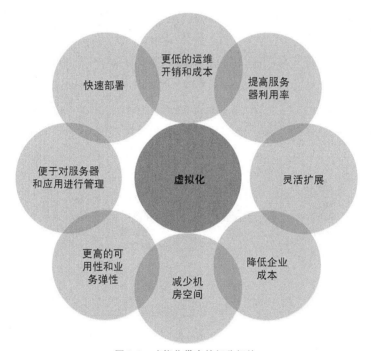

图 2-2   虚拟化带来的部分好处

2.1.2   服务器虚拟化、网络虚拟化与 NFV

目前讨论的虚拟化主要是服务器虚拟化，不过，随着虚拟化的概念逐渐扩展到服务器之外的其他领域（如网络和存储设备），需要根据不同的场景来理解虚拟化技术。本节将讨论 3 个更加宽泛的虚拟化领域。

- 服务器虚拟化。
- 网络虚拟化。
- 网络功能虚拟化（NFV）。

1. 服务器虚拟化

本章已经详细讨论了服务器虚拟化的相关内容，从图 2-3 可以看出，原先由多台物理服务器提供的电子邮件、数据库、管理以及 Web 服务，都可以虚拟化到少量物理服务器上。不过仍然需要考虑物理方面的冗余性，因为在同一台物理服务器上使用虚拟化方式实现主用和备用服务器并不是一个很好的设计和部署方式。

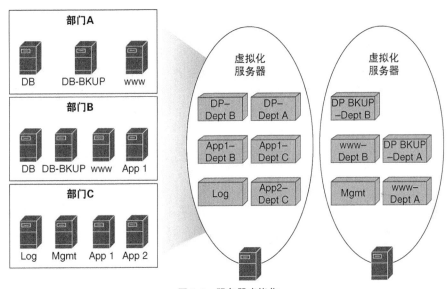

图 2-3　服务器虚拟化

目前服务器虚拟化已经是一种相当成熟的技术，它被证明是一种非常成功且高效的联合和管理资源的方式。业界已经开发了大量软件工具，用于快速便捷地部署虚拟化服务器，也使得管理人员能够管理和监控其性能并优化其利用率。

2. 网络虚拟化

网络虚拟化概念常常会与 NFV 相混淆。事实上，网络虚拟化早于 NFV，而且与 NFV 毫无关联。网络虚拟化与本章一直在讨论的虚拟化概念没有任何联系，在不同的上下文环境中,"虚拟"一词也与服务器虚拟化中的意思有所不同。网络虚拟化是一种将一个物理网络逻辑拆分为多个逻辑网络的方法,这些不同的逻辑网络共享底层基础设施,但是这种共享对于最终用户来说并不可见,人们通过协议和技术,使得这些逻辑网络看起来完全独立,分别运行在专有的基础设施之上。逻辑网络(或常常称为虚拟网络)可以在网络之间提供独立性、私密性以及网络级的隔离性。

最初的网络虚拟化案例可能算是 VLAN(Virtual LAN,虚拟局域网),从图 2-4 可以看出,VLAN 为园区网或办公网提供了将网络分割成多个虚拟网段的方法,这些虚拟网段相互之间共享交换能力与数据路径。

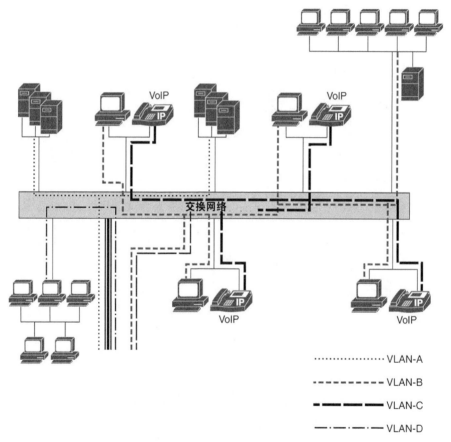

图 2-4　利用 VLAN 实现网络虚拟化

其他的虚拟网络技术还有 L3VPN(Layer 3 VPN,三层虚拟专用网)、虚拟可扩展局域网(Virtual Extensible LAN,VXLAN)以及 ATM SVC/PVC(Switch and Permanent Virtual Circuit,交换虚拟电路/永久虚拟电路)等,这些技术当中都有"虚

拟"一词，因为这些技术都提供了一种在物理网络之上叠加实现虚拟网络的方式。

　　对于 ISP（Internet Service Provider，Internet 服务提供商）来说，它们可以在共享的基础设施上通过叠加多个网络来提供多种服务，而无须为这些服务都专门部署分离的物理网络。网络虚拟化技术使得人们可以同时享受多种服务，如宽带上网、视频流、VoIP，这些服务都是在相同的物理网络之上通过逻辑分离的虚拟网络提供的，主要好处是可以显著降低基础设施的部署、管理以及维护成本。

　　对于企业来说，网络虚拟化可以让企业以更加经济和高效的方式来实现内部网段、小型办公室、远程办公员工的互连，只要通过 ISP 提供的互联网或 VPN 服务即可。

　　目前典型的 ISP 会在其网络基础设施之上运行多个相互隔离的叠加网络，如图 2-5 所示。

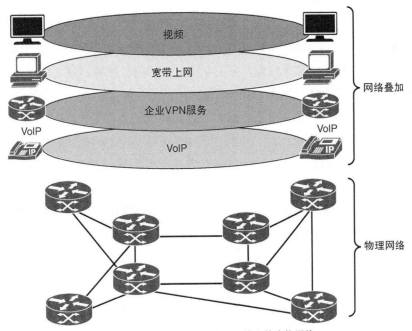

图 2-5　叠加在共享物理基础设施上的虚拟网络

　　在这样的多个虚拟网络之上实现流量（主要是数据流量）传输，物理网络基础架构必须提供足够大的带宽，并需要设计在拥塞或故障时不同服务的优先级别。这使得 QoS（Quality of Service，服务质量）、路由协议、流量工程等技术得到发展。虽然这些内容不在本书写作范围之内，但是它们对于区分网络虚拟化和 NFV 来说非常重要。网络虚拟化极大地影响了网络协议和网络的发展，而 NFV 则以另外一种方式影响着网络协议和网络的发展。

3. 网络功能虚拟化

NFV（Network Functions Virtualization，网络功能虚拟化）是服务器虚拟化概念的一种延展，即基于服务器虚拟化技术去执行特殊的网络功能。虚拟化的巨大成功吸引网络运营商考虑部署 NFV，最终推动设备厂商和制造商摆脱"一个设备就是一个运行自定义功能的硬件"的束缚，并且可以使得他们的网络运维系统也运行在虚拟化环境之上。最初提出 NFV 的白皮书，直接引入服务器虚拟化带来的成功，并建议对网络功能进行同样的处理，以达到类似的目的。

传统网络设备上的软件都是专有或定制的，硬件的组成则包括了从低端到中端的处理引擎、磁盘存储以及供数据 I/O（Input/Output，输入/输出）使用的大量物理接口。这些设备同样使用了专用 CPU 处理和转发网络流量，用专门的内存实现寻址，如 TCAM（Ternary Content Addressable Memory，三态内容寻址存储器）。处理数据包的 CPU 都是高度定制化的，实现转发、分类、队列、访问控制等网络功能，传统网络设备一般都通过专用的 ASIC（Application Specific Integrated Circuit，专用集成电路）来实现。

COTS 硬件并没有用于数据包处理和转发的专用 CPU 去实现高吞吐，也没有专门的内存去实现快速寻址，同样没有特别的软件和操作系统去实现网络功能。有了 NFV，部署在虚拟化环境之上的操作系统就可以运行在 COTS 硬件之上——在一台服务器上运行多个操作系统实例，计算、存储和网络接口资源都可以共享。为了弥补转发 CPU 和快速缓存的内存的不足，一些特殊的新型软件被开发出来，在使用通用 CPU 的同时实现了高性能。这些技术，如 Intel 的 DPDK（Distributed Packet Development Kit，分布式数据包开发套件）、Cisco 的 VPP（Vector Packet Processing，矢量数据包处理）将在之后的章节中讨论。

大规模使用虚拟化技术的服务器集群出现之后，带来了一项全新的架构设计，这些架构旨在实现容错。这些服务器相对便宜，运行在上面的应用程序需要 24 小时持续可用。基于软件的管理和部署工具可以对虚拟服务器实现动态部署、移除或迁移。容错架构可以实现故障的预测和管理，并对这些故障（如对受影响的服务进行重置、迁移或重连）进行规避。相比之下，传统意义上使用物理设备的网络实现高可用性时，都是通过叠加物理设备或超配来实现冗余，并额外配置冗余数据链路来确保正常运行。使用 NFV 技术之后，网络的设计及架构就可以采用与 IT 虚拟化相同的方式来实现上述容错功能。

由于网络功能虚拟化遵循相对成熟的服务器虚拟化技术，因此完全可以利用为此开发的大量工具，可用于 NFV 部署工作的常见服务器虚拟化工具包括 OpenStack、VMware vSphere 以及 Kubernetes 等。

2.1.3　虚拟化技术

虚拟化的最初发展阶段主要由软件在支持其发展演进。同时运行多个操作系统（表现为每个或每组应用都运行在一个独立的系统之上）并要求这些操作系统必须能够相互协作，或者引入一个中介（虚拟化层）来实现硬件共享，否则这些操作系统或其上运行的应用程序都会同时访问硬件资源并造成混乱。虚拟化提供了一种解决方案，使得硬件和操作系统之间实现分离，并增加一个虚拟化层作为它们之间的桥梁。该架构的实现技术和方法有很多，本节将讨论其中的常见实现方式。

为了深入理解这些方法，可以从宏观层面看一下典型的 x86 架构。该架构定义了 4 种特权级别来实现与硬件（CPU 和内存）之间的交互，级别越低，优先级越高，也就运行在更接近硬件的位置。一般来说，应用程序运行在特权级别 3 上，设备驱动使用特权级别 1 和 2，而操作系统则需要特权级别 0，这样才能与硬件进行直接交互，如图 2-6 所示。

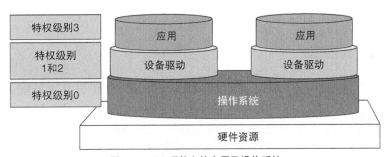

图 2-6　x86 硬件上的应用及操作系统

1.　全虚拟化

全虚拟化（Full Virtualization）技术中的操作系统位于更高层级，而虚拟化层则位于 Layer 0 并与硬件进行交互（见图 2-7），因而操作系统发布给硬件的指令首先由虚拟化层进行翻译，然后再发送给硬件。这种方法不但不需要开发或修改客户操作系统中的代码，而且现有应用及客户操作系统不需要进行任何更改就能运行在虚拟化层之上，因而全虚拟化技术实现了硬件和操作系统的解耦。常见的全虚拟化技术有 VMware 的 ESXi 以及 Linux 的 KVM/QEMU。

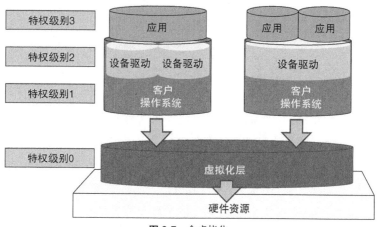

图 2-7 全虚拟化

客户操作系统

操作系统通常运行在专用服务器上。在虚拟化环境中，虚拟化层负责将硬件抽象出来，并允许多个独立运行的操作系统共享这些硬件资源。虚拟化术语将运行在虚拟化层所提供的抽象硬件上的操作系统实例称为客户操作系统（Guest Operating System）。

2. 半虚拟化

虽然全虚拟化技术相对独立，但是数据从操作系统到虚拟化层再到硬件的转换过程中不可避免地会产生一定的开销。对于某些应用来说，这种时延可能就是导致其效率低下的关键因素，而某些应用则可能需要与硬件进行直接通信。为了解决这些需求，操作系统可以利用 Hypervcall 技术与底层硬件进行直接交互以执行特定的功能调用，同时继续通过虚拟化层实现其他功能，这种虚拟化技术就是半虚拟化（Paravirtualization）技术。

"Para"一词源自希腊语，意为"旁边"。半虚拟化技术中的虚拟化层与客户操作系统运行在同一特权级别（layer 0），允许操作系统访问硬件以执行一些时延敏感型功能，如图 2-8 所示。

对于半虚拟化技术来说，运行在硬件上的所有客户操作系统都需要相互感知以共享这些硬件资源。由于半虚拟化技术中的客户操作系统需要与其他客户操作系统

以及虚拟化层进行交互，因而该环境中的开发重心位于客户操作系统侧。常见的半
虚拟化技术是 XenServer。

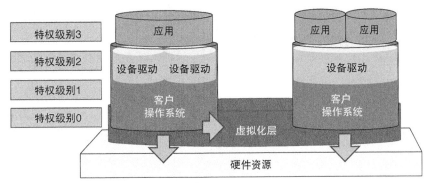

图 2-8　半虚拟化

3. 硬件辅助虚拟化

前面曾经提到，x86 硬件为了追上虚拟化的步伐，将虚拟化能力加入硬件本身，
使得硬件能够提供更高的性能和吞吐量。硬件辅助虚拟化（Hardware-Assisted
Virtualization）技术就是利用在硬件中内置虚拟化支持的技术，操作系统和虚拟化层
可以利用硬件辅助功能的调用来提供并实现虚拟化，如图 2-9 所示。

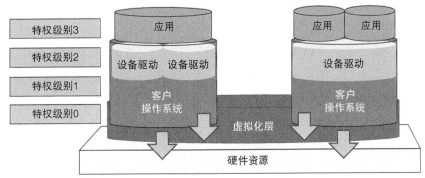

图 2-9　硬件辅助虚拟化

很多操作系统和虚拟化厂商都利用这种功能来提供更高的性能和容量。全虚
拟化技术的缺点是操作系统无法直接访问硬件，这个问题如今已经被硬件辅助虚拟化
所解决。因此，硬件辅助虚拟化与全虚拟化的结合是首选的部署技术。

4. 操作系统级虚拟化

操作系统级虚拟化（OS-Level Virtualization）技术与前面的几种虚拟化技术稍有

不同。在这种情况下，并不是在每个独立的客户操作系统上安装应用并运行在相同的硬件之上，而是不同应用直接运行在了单个公共的操作系统之上。在这种技术中，操作系统被修改，使得这些应用拥有自己的工作空间和资源。它确保了应用程序资源使用的分离，使得它们看起来像是仍然在独立服务器上运行一样。图 2-10 是操作系统级虚拟化技术的示意图，常见的操作系统级虚拟化技术主要包括 Linux 容器与 Docker，相关内容将在本章后面详细讨论。

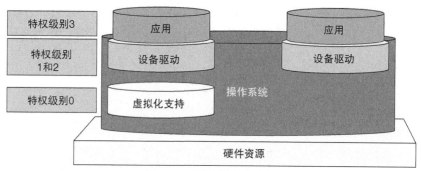

图 2-10   操作系统级虚拟化

5. 虚拟化与仿真

仿真技术和虚拟化有时可以互换使用，但这两者之间存在着显著而又微妙的差异。

仿真技术中的特殊软件（模拟器）充当运行在其中的应用程序的翻译，负责模拟运行应用程序的硬件。模拟器可以模拟的硬件（CPU、内存、磁盘、I/O）不会受底层操作系统的分配影响。使用模拟器的目的通常是让基于某种类型的操作系统（或 CPU）的应用程序可以运行在其他操作系统（或 CPU）上，模拟器不要求在其中运行模拟操作系统，而是从应用程序中调用相应的功能，并将它们转换成正在运行的操作系统可用的功能。来回转换不但会给性能带来一定消耗，而且还会受模拟器代码所定义的指令集的限制。此外，由于模拟器作为基础操作系统上的一个应用程序来运行，因此它依赖操作系统的资源共享及分配功能，模拟器并不会提供任何额外的机制以保证可用性或诸如存储或 I/O 这样的资源分离。

相比之下，虚拟化的基本功能就包含分离和隔离机制。无论使用哪种技术来实现虚拟化，应用或客户操作系统都可以独立工作并共享底层硬件，且不会相互影响。

仿真通常用于在较新或不同的操作系统或平台上，运行一个为其他操作系统或平台开发的应用程序。例如，可以使用模拟器在 Linux 操作系统上运行为 MS-DOS

编译的旧应用程序。虚拟化有一个非常不同的目标——旨在共享不同应用程序或不同操作系统之间的硬件资源。图 2-11 给出了两者的对比情况，重点突出了两者之间的区别。

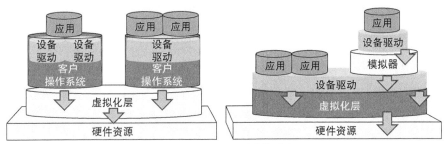

图 2-11 虚拟化与仿真的对比

2.2 虚拟机

如前所述，虚拟化技术为操作系统或应用程序提供了一种可以在其中运行的独离的虚拟硬件环境，这种硬件环境通常被称为虚拟机，有时也宽泛地称为虚拟容器、虚拟环境或简称为容器（因为其提供了一种"自包含"环境）。如果牵涉到这些术语的严格定义，那么虚拟机与容器还是有一些细微差别的，虽然两者均提供虚拟化环境，但实现方式有所区别，这一点可能会对达到的隔离级别及性能产生一定的影响。

2.2.1 虚拟机组件

虚拟机包括如下 3 个主要组件。
- 宿主操作系统（Host Operating System）。
- 虚拟机管理器（VMM 或 Hypervisor）。
- 客户操作系统（Guest Operating System）。

1. 宿主操作系统

宿主操作系统是直接运行在硬件上的操作系统，必须支持虚拟化，而且需要正确设置以顺利安装应用程序。

宿主操作系统对整个硬件资源具有可视性，并且可以将这些资源分配给虚拟机。由于虚拟机是在宿主操作系统上创建的，因此宿主操作系统的功能（如可寻址内存范围或可以支持的 I/O 设备）会对虚拟机的功能产生限制。

2. Hypervisor

最初人们用 VMM（Virtual Machine Manager，虚拟机管理器）来描述该功能，但是 20 世纪 70 年代早期，IBM 工程师创造了 Hypervisor（虚拟机管理程序）一词，因为虚拟化管理软件运行在被 IBM 称为 Supervisor 的操作系统之上。前面在讨论 NFV 架构中的虚拟化层时已经介绍了 Hypervisor 的基本功能，可以利用 Hypervisor 来完成虚拟机的创建、虚拟机资源的分配、虚拟机参数的修改以及虚拟机的删除等操作。

Hypervisor 主要分为两类，其类型名称并没有太多关于它们之间区别的信息，只是简单地称为 Type-1 Hypervisor 和 Type-2 Hypervisor。

（1）Type-2 Hypervisor

该类 Hypervisor 作为一款普通的软件应用运行在宿主操作系统之上。宿主操作系统可以是任何支持虚拟化功能的传统操作系统。Hypervisor 作为这个操作系统上的应用程序，与其他应用程序和进程一起运行，其被分配给特定硬件资源。

在 Type-2 虚拟化环境中，主机的作用非常小，仅仅为 Hypervisor 的运行提供一个平台。此外，由主机提供与设备、内存、磁盘及其他外围设备通信的接口。一般来说，宿主操作系统不会运行任何资源重消耗型应用，宿主操作系统应该是一个非常轻量级的层级，在实现操作系统基本功能的同时，主要为客户（即虚拟机）预留大量必需的资源。

（2）Type-1 Hypervisor

该类 Hypervisor 基于其底层主机仅扮演一个非常轻量级且基本的角色。Type-1 Hypervisor 将宿主操作系统的角色融入到 Hypervisor 代码中，此时 Hypervisor 直接运行在硬件上，不需要底层操作系统。该类 Hypervisor 还需要完成其他功能，因为它需要与物理设备进行通信并对其进行管理，同时将所需设备驱动程序加入到 Hypervisor 代码中。因而这类 Hypervisor 的代码显得较为复杂，开发时间也较长。但是与 Type-2 Hypervisor 相比，Type-1 Hypervisor 的通信开销较少。

由于 Type-1 Hypervisor 直接运行在硬件上，因此也将该实现方式称为裸机实现方式。

（3）Type-1 与 Type-2 Hypervisor 对比

图 2-12 列出了两类 Hypervisor 的主要信息，并提供了一些商用产品案例。Type-1 Hypervisor 是一种"自包含"架构，由于其直接与硬件交互，因此拥有较好地灵活性和安全性。此外，Type-1 Hypervisor 代码纯粹是为 Hypervisor 开发的功能，因此得到了更好的优化。由于 Type-1 Hypervisor 不存在通过主机 OS 与硬件通信所产生的开销和依存关系，因此其性能一般要高于 Type-2 Hypervisor。

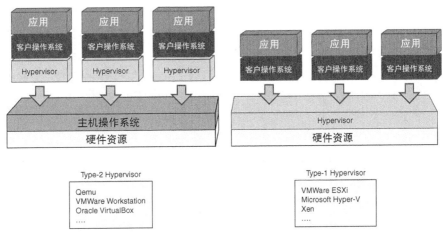

图 2-12　Type-2 与 Type-1 Hypervisor

另一方面，Type-2 Hypervisor 的开发过程更加简单、快速且更加灵活，这是因为它不需要为特定硬件进行开发或测试，正因为如此，才使得 Type-2 Hypervisor 成为 x86 架构的第一款可用 Hypervisor，而 Type-1 Hypervisor（最初的设想是用在大型机上）则需要针对 x86 平台进行较长时间的开发才能投放市场。Type-2 Hypervisor 支持多种硬件，不存在硬件依赖性。与硬件设备之间的所有处理均在宿主操作系统范围之外完成。只要宿主操作系统实现 Hypervisor 代码的兼容和验证，底层硬件的组件或驱动就可以与硬件协同工作，且无须关注 Hypervisor。

3. 客户操作系统

Hypervisor 承载虚拟机时，虚拟机不会从宿主操作系统继承任何软件组件，所创建的基础虚拟机看起来与普通服务器几乎完全相同，与传统服务器一样，虚拟机也需要一个操作系统来启动并管理设备，并在其中运行应用程序。

运行在虚拟机上的操作系统被称为客户操作系统，虽然客户操作系统可以是任意类型的操作系统，但是必须与 Hypervisor 提供的硬件资源相兼容。例如，基于 RISC（Reduced Instruction Set Computer，精简指令集计算机）架构的操作系统天生就无法运行在由 CISC（Complex Instruction Set Computer，复杂指令集计算机）CPU 资源来提供 Intel x86 架构的 Hypervisor 之上。

与运行在真实硬件系统上相似，客户操作系统无须进行任何修改，即可运行在虚拟机之上并查看虚拟机的状态，因而客户操作系统并不需要了解真实的物理资源，也不关心其他 Hypervisor 实例上的虚拟机。

客户操作系统内的用户可以运行任何该操作系统支持的应用。当应用（或客户操作系统本身）想要访问磁盘、内存或 CPU 资源时，Hypervisor 就会充当一个中介，将请求映射到由宿主操作系统管理的资源之上。这些请求的响应通过宿主操作系统上的 Hypervisor 传递回来，到达发起请求的客户操作系统，并打上一个标记，这时客户操作系统就可以与那些硬件实体进行直接对话了。

2.2.2　虚拟机资源分配

使用虚拟化的目的是共享硬件资源（如内存、CPU、接口和磁盘空间），使其发挥最大效能。Hypervisor 则可以将共享这些资源所造成的影响降至最低。最近几年，共享机制取得了突破性进展。本节将讨论一些共享主机资源的方法。

1. CPU 和内存分配

创建虚拟机时，Hypervisor 会将预定义的内存和 CPU 分配给虚拟机，分配给虚拟机的 CPU 资源会被客户操作系统视为专用物理 CPU。由于有些客户操作系统对于支持的 CPU 套接字有限制，因此较新版本的 Hypervisor 会根据 CPU 套接字的颗粒度及内核数量来提供 CPU 资源。可分配的 CPU 性能基于宿主操作系统级别的可用 CPU 资源，例如，如果宿主服务器使用的是 Intel Xeon E5-2680v2 CPU，该 CPU 具有 10 个内核/槽，并且是双线程，那么 Hypervisor 最多可以将 20 个虚拟 CPU 提供给虚拟机。这样的分配不会将任何 CPU（或 CPU 内核）与虚拟机相绑定，与此相反，Hypervisor 允许将一定比例的 CPU 循环分配给虚拟机。虚拟机的 CPU 请求被 Hypervisor 截获后，就在可用 CPU 内核上调度该请求，并将响应传递给客户操作系统。本章前面讨论的硬件辅助虚拟化技术对于在虚拟机上共享 CPU 资源来说起到关键性的作用。

为虚拟机分配内存也要使用共享技术。通过共享技术将内存分配给 Hypervisor

时，同样会让客户操作系统认为是在使用物理内存资源。类似内存页[①]和磁盘交换空间等技术会被用于虚拟机操作系统，分配的全部可用内存都由其独占使用。

2. I/O 设备分配

串行及其他 I/O 设备在虚拟机之间实现共享，是通过在同一时间内只将它们分配给一个虚拟机来实现的。这样一来，Hypervisor 就可以基于特定的触发条件来切换资源分配。例如在 ESXi 中，如果将键盘分配给虚拟机的控制台，ESXi 截取到 Ctrl+Alt 组合键之后，就会将键盘从控制台中分离出来并连接到其他虚拟机上。

3. 磁盘空间分配

初次创建虚拟机时，Hypervisor 会被告知分配给客户操作系统的磁盘空间大小。根据所使用的置备方法类型，可以在宿主操作系统上创建一个或一组文件。可以使用两种常用的磁盘空间置备方法——厚置备（Thick Provision）和精简置备（Thin Provision）。

（1）厚置备

采用厚置备方式为虚拟机分配磁盘空间时，均会在宿主操作系统上将分配给客户的所有磁盘空间进行预分配和预留，这是通过创建一个特定大小的文件（或多个文件的组合）来完成的。该方法的缺点是，如果客户没有充分利用分配给它的磁盘空间，那么从宿主操作系统的视角来看，就会认为该空间已被使用，而不再用于其他目的。该方法的优点也非常明显，为客户置备的磁盘空间大小总是精确的。

采用厚置备方式时，既可以擦除预分配给虚拟机的空间信息（称为快速归零厚置备，eager-zeroed thick provisioning），也可以选择直到客户真正需要空间去存储数据时再开始置备（称为延迟归零厚置备，lazy-zeroed thick provisioning）。最初为虚拟机分配磁盘空间的时候，快速归零厚置备需要更多时间，这是因为该方式会擦除整个分配的空间。另一方面，如果需要实现数据恢复，那么延迟归零厚置备可以更好地恢复到原始磁盘内容。

（2）精简置备

该置备方法可以节省磁盘空间，并通过仅预分配给客户操作系统所需的资源来防止资源浪费。该方法欺骗了客户操作系统，在宿主操作系统之上创建和预留的实际文件大小可能相对来说小得多，但客户操作系统却误认为分配了能实现全部能力的资源。当客户开始在预分配空间中进行"填充"时，Hypervisor 就会对分配的资源

[①] 在计算机虚拟内存的概念中，页、内存页或者虚拟页是指内存中的一段固定长度的块，这个内存块在物理地址和虚拟内存地址上都是连续的。——译者注

进行扩展，使得资源可以随需匹配实际置备。

这种优化磁盘空间的置备方法有轻微风险，如果客户操作系统的磁盘空间被过量分配，且所有客户操作系统均试图同时扩展资源，那么宿主操作系统就无法适应该情况，最终耗尽全部空间。

因配置虚拟机而创建的文件以某种受支持的格式进行打包，其中包含客户操作系统的全部文件系统。客户操作系统一旦无法感知磁盘被虚拟化，就会认为该磁盘是独立的，仅为自身提供资源。用于打包虚拟机磁盘空间的一些常用文件格式如下。

- VMDK（Virtual Machine Disk，虚拟机磁盘）：这是一种流行的虚拟机磁盘空间打包格式。该格式最早由 VMware 开发，目前已成为一种开放格式。
- VDI（Virtual Disk Image，虚拟磁盘镜像）：该格式主要由 Oracle 的 VirtualBox Hypervisor 所使用。
- VHD（Virtual Hard Disk，虚拟硬盘）：该格式最初是为 Microsoft 的 Hyper-V（而不是其前身 Connectix Virtual-PC）开发的，目前属于开放格式，任何厂商都可以选择支持该格式。
- QCOW2（QEMU Copy-On-Write Version 2，QEMU 写时复制版本 2）：该格式是 QEMU/KVM Hypervisor 的原生支持格式，是一种开源的磁盘镜像格式。QCOW2 采用 COW（Copy-On-Write，写时复制）方式，在任何基础镜像产生变量时，将其写入一个独立空间，而不改变原有空间分配。

2.2.3　网络通信

虚拟机在创建之后处于隔离状态，需要利用网络连接机制将虚拟机的数据传输到外部网络（运行这些虚拟机的物理服务器之外），或者让运行在同一服务器上的不同虚拟机之间可以实现数据通信。

物理机的 NIC（Network Interface Card，网络接口卡）可以实现该需求。与其他资源（如在虚拟机之间共享的 CPU 和内存资源）类似，虚拟机也要共享物理 NIC 以实现更高更优化的利用率。很多技术都能实现该共享机制，其中的一种常见技术就是由 Hypervisor 创建 vNIC（virtual NIC，虚拟 NIC）实例，并以 NIC 方式呈现给客户操作系统。不过，该实现方式中的 Hypervisor（在 Type 1 情况下）或宿主操作系统（在 Type 2 情况下）需要将多个 vNIC 映射给一个或多个物理 NIC，这一点与硬件交换设备在常规网络中执行的功能角色一致。对于虚拟化环境来说，则由 vSwitch

（Virtual-Switch，虚拟机交换机）来实现 vNIC 到物理 NIC 的连接。

对于基于 Linux 的 Hypervisor 来说，如果虚拟机的宿主是单台主机，而且虚拟机之间不需要实现冗余，那么 Linux 网桥应用就能满足这些需求。可以为这类网桥定义 vNIC 以及连接在 vBridge（虚拟网桥）上的物理 NIC。从例 2-1 的 Linux 命令输出结果可以看出，VLAN100 和 VLAN200（分别属于 VM1 和 VM2）不但可以相互传输数据，而且还可以将数据传输到外部接口（通过 eth2），实现方式是让它们成为名为 sample_bridge 的虚拟网桥的成员，如图 2-13 所示。

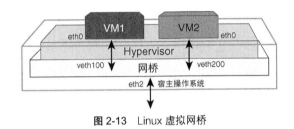

图 2-13 Linux 虚拟网桥

例 2-1 Linux 虚拟网桥的虚拟/物理以太网成员

```
linux-host:~$ brctl show sample_bridge
bridge name  bridge id            STP enabled    interfaces
sample_bridge        8000.72466e3815f3    no                eth2
                                          veth100
                                          veth200

linux-host:~$
```

与此类似，作为 Type 1 Hypervisor 的 ESXi 在 Hypervisor 中也内嵌了一款 vSwitch，可以通过类似的方式使用它，将虚拟机上以虚拟方式创建的 NIC 映射到物理网络端口，从而实现与外部网络的连接，如图 2-14 所示。

对于一组独立的 vNIC 与物理 NIC 映射来说，可以定义一个额外的虚拟网桥或 vSwitch。

虽然基本的 Linux 网桥可以为单台主机上的少量虚拟机提供连接服务，但是如果要支持多服务器虚拟化部署环境（属于常见场景）或需要虚拟机冗余的场景，那么就需要使用更加复杂的交换机。如果出于负载均衡、冗余性或物理距离等目的，虚拟机需要从一台物理主机迁移到另一台物理主机（或者在同一台主机内），那么该虚拟机所连接的新虚拟端口以及交换机可能需要复制原虚拟端口的配置信息（如 VLAN、QoS 以及其他功能特性）。此外，为了确保连续性和管理简易性，多服务器环境可能还需要部署集中式控制器，以管理交换机的策略及配置。这些需求导致人们为 Linux 环境

开发了 OVS（Open vSwitch，开放式虚拟交换机），OVS 是一种具备大量功能特性的
开源交换机，如支持主机之间的虚拟机迁移、支持 SDN（Software-Defined Networking，
软件定义网络）控制器实现集中式管理的 OpenFlow 协议以及优化交换性能等。

图 2-14　ESXi vSwitch

对于基于 ESXi 的 Hypervisor 来说，上述需求都是由被称为 DVS（Distributed vSwitch，
分布式虚拟交换机）的 ESXi 标准交换机来完成的，DVS 不但提供了配置管理和故障排
查功能，而且还可以监控部署在多台分布式物理主机上的所有虚拟机，如图 2-15 所示。

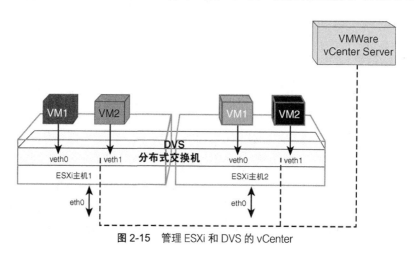

图 2-15　管理 ESXi 和 DVS 的 vCenter

其他网络供应商也开发了一些 vSwitch 解决方案来满足各种 Hypervisor 的需求，如 Cisco Nexus 1000v、HP 5900v 和 NEC PF1000。表 2-1 列出了一些常见 Hypervisor 的可用 vSwitch，虽然列表信息并不完整，但是可以为大家提供一些常见的可用选项视图。

表 2-1   常见 Hypervisor 的可用虚拟交换机

Hypervisor	原生 vSwitch	第三方 vSwitch
Linux KVM	Linux 网桥	Cisco Nexus 1000v OVS
VMware ESXi vSphere	标准 vSwitch 分布式 vSwitch	Cisco Nexus 1000v Cisco Application-Centric Virtual Switch (AVS) IBM DVS 5000v HP Virtual Switch 5900v
Microsoft Hyper-V	原生 Hyper-v 交换机	Cisco Nexus 1000v NEC FP1000
Xen	OVS	OVS

需要说明的是，也可以将物理接口直接分配给虚拟机，此时 vSwitch 执行的是 1:1 映射，对于某些 Hypervisor（如 KVM）来说，可以将物理交换机直接传递给虚拟机，称为以太网直通（Ethernet Pass-Through）。图 2-16 显示了直通方式与共享 vSwitch 方式的对比情况，直通方式对物理资源的利用率不是最优的，因为它无法共享。但是，如果需要专用并保证带宽或者对吞吐量性能敏感（如承载数据路径流量的接口），那么就可以使用直通方式。

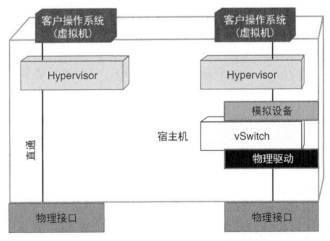

图 2-16　使用直通方式和 vSwitch 方式的网络连接

> **以太网直通**
>
> 如果将主机的物理接口直接映射并专用于该主机上运行的虚拟机，使得虚拟机能够直接非共享访问该网络接口，那么就称为以太网直通。

2.2.4　打包虚拟机

前面讨论的磁盘映像格式主要用于存储已部署的虚拟机文件，表示正在运行的系统的磁盘空间。但是，有时也将其用于打包虚拟机，从而实现虚拟机的跨主机传送，因为这些文件包含了客户操作系统的全部文件系统以及在其中运行的所有应用程序。目前业界提供了很多实用工具，可以将虚拟机文件从一种格式转换为另一种格式。因此，如果新主机使用了不同的 Hypervisor，那么一般都可以利用这些工具转换成该 Hypervisor 所支持的格式。

另一种分发虚拟机的方式是将虚拟机的源镜像打包成 ISO（International Organization for Standardization，国际标准化组织）文件格式。ISO 文件系统格式最初是为光盘制定的，已经使用了很多年。ISO 文件包含了整个光盘的镜像，所有的常见操作系统都支持多种工具，可以将 ISO 文件安装为虚拟磁盘，进而模拟成真实光盘。利用这个思路就可以打包和传输虚拟机镜像，此时的 ISO 镜像将包含完整的操作系统（客户虚拟机操作系统）并创建成可启动介质。从图 2-17 显示的 ISO 文件内容可以看出，该 ISO 文件包含了基本的引导信息以及相应的文件结构，以表示其所携带的镜像磁盘。由于该 ISO 文件是单个文件，因此可以将该 ISO 文件从一台主机移植到另一台主机并进行安装。常见做法是让新创建的空白 VM 磁盘（可能创建为 VMDK 文件）从充当可引导安装驱动器的 ISO 镜像进行安装和引导，并在虚拟机的磁盘镜像（如 VMVK File）上创建所需的文件结构，虚拟镜像文件有各种用途，而 ISO 文件则提供了一种移植机制。

虽然这些格式可以轻松地将虚拟机镜像从一台主机移植到另一台主机，但它们并不是移植虚拟机的最佳格式，因为这些格式都不包含需要在新位置分配给虚拟机的资源的类型信息。当利用 VMDK 等格式复制、共享或迁移客户操作系统时，就得单独传达该虚拟机所需要和期望部署的资源信息。ISO 格式也有相同的缺陷，因而利用 ISO 文件打包源文件以创建虚拟机时，得到的文件也不包含虚拟机所需资源的任何信息数据，这些信息都需要通过其他方式单独传达。

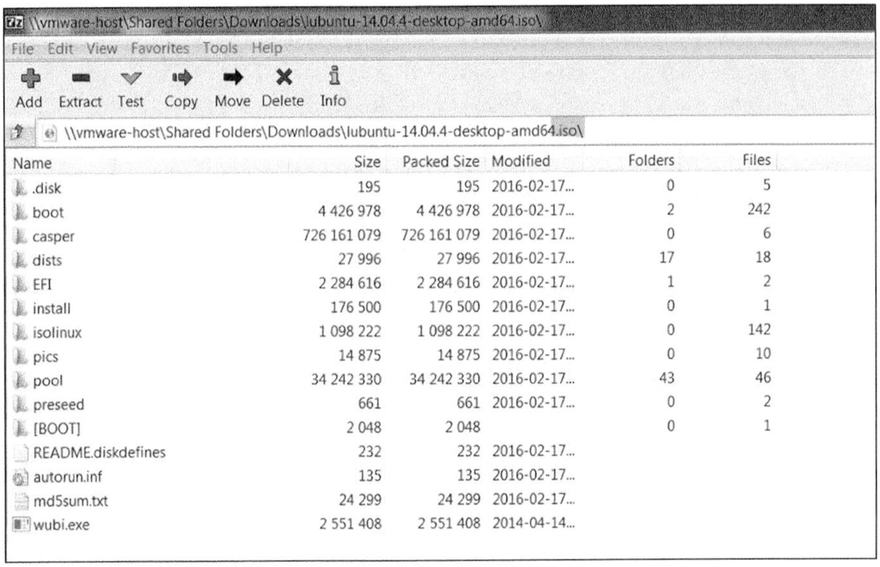

Name	Size	Packed Size	Modified	Folders	Files
.disk	195	195	2016-02-17...	0	5
boot	4 426 978	4 426 978	2016-02-17...	2	242
casper	726 161 079	726 161 079	2016-02-17...	0	6
dists	27 996	27 996	2016-02-17...	17	18
EFI	2 284 616	2 284 616	2016-02-17...	1	2
install	176 500	176 500	2016-02-17...	0	1
isolinux	1 098 222	1 098 222	2016-02-17...	0	142
pics	14 875	14 875	2016-02-17...	0	10
pool	34 242 330	34 242 330	2016-02-17...	43	46
preseed	661	661	2016-02-17...	0	2
[BOOT]	2 048	2 048		0	1
README.diskdefines	232	232	2016-02-17...		
autorun.inf	135	135	2016-02-17...		
md5sum.txt	24 299	24 299	2016-02-17...		
wubi.exe	2 551 408	2 551 408	2014-04-14...		

图 2-17 ISO 文件内容

对于虚拟机的传输和共享操作来说，更适合的打包方法是将整个环境和资源需求细节都与虚拟机镜像打包在一起。虽然使用的仍然是前面描述的格式，但此时需要增加必需的附加信息并进行重新打包。常见的可用格式如下。

1. OVF

OVF（Open Virtualization Format，开放虚拟化格式）是一种专门打包虚拟机镜像的开放格式，不依赖于任何特定 Hypervisor。OVF 弥补了 VMDK、VHD 以及 QCOW2 等运行时格式的不足，与这些格式不同，OVF 包含了资源参数的信息，这些信息都是虚拟机所希望分配的资源参数。OVF 通常是一组文件，其中的.OVF 文件包含的是部署信息，同时还有一个单独的镜像文件。OVF 通常还包含一个具有所有文件 MD5 密钥的清单文件（.MF）。将这些 OVF 文件打包到一起（作为 tar 文件）之后，就称为 OVA（Open Virtualization Appliance，开放虚拟化设备）。例 2-2 给出了利用 Linux tar 命令查看 OVA 文件内容的一种简单方法。

例 2-2 OVA 文件内容

```
linux-host:~$ tar -tvf ubuntu32.ova
-rw------- someone/someone 13532 2014-11-12 09:54
Ubuntu-32bit-VM01.ovf
-rw------- someone/someone 1687790080 2014-11-12 10:01
```

```
Ubuntu-32bit-VM01-disk1.vmdk
-rw------- someone/someone 45909504 2014-11-12 10:05
Ubuntu-32bit-VM01-disk2.vmdk
-rw------- someone/someone    227 2014-11-12 10:05
Ubuntu-32bit-VM01.mf
```

2. Vagrant

Vagrant 是一种基于标准模板设置和移植虚拟机环境的新方法。Vagrant 将包含虚拟机的 Vagrant Box（Box 就是虚拟机模板）用作 VMDK 文件，同时还需要一个说明虚拟机设置方式的配置文件。Vagrant 包装器可以利用该 Box 文件及其内容在不同的环境中快速创建虚拟机并将完成相应的使用设置。在不用的主机之间移植 Vagrant Box 也非常简单，可以利用一组简单的命令来增加、删除或建立一个新的 Vagrant 环境。

2.2.5   常用 Hypervisor

虽然对 Hypervisor 进行详细讨论及对比更适合虚拟化方面的图书，不在本书写作范围之内，但是简要回顾一下常用 Hypervisor 对于部署虚拟机（包括 VNF）来说非常有用，因而本节将简要介绍一些常用 Hypervisor 的基本知识。

1. KVM/QEMU

KVM 和 QEMU 可能是 Linux 中流行且常用的 Hypervisor。由于 KVM 和 QEMU 都是开源的免费软件，因此它们通常都是 Linux 主机上的虚拟机的默认选择。QEMU 是 Quick Emulator 的缩写，是一款开源的虚拟机模拟器。QEMU 与 KVM（Kernel-based Virtual Machine，基于内核的虚拟机）结合使用，也可以用作 Hypervisor。KVM 是 Linux 内核提供的虚拟化架构，可以让 QEMU 使用硬件辅助的虚拟化技术。KVM/QEMU 允许客户操作系统直接访问虚拟化硬件并获得几乎与直接访问硬件相同的性能（如果该客户操作系统运行在物理机之上）。

2. ESXi

ESXi（据传是 Elastic Sky X-integrated 的首字母缩写）是 VMware 的旗舰级 Hypervisor 产品，是一款直接运行在裸机上的 Type-1 Hypervisor，截至本书写作之时，

ESXi 是业界主要且部署较为广泛的 Hypervisor。ESXi 是一款商业产品，VMWare 围绕 ESXi 架构（如 vMotion 和 vCenter）提供了大量支持和实用工具，这些工具是 ESXi 大获成功的重要基础。

ESXi 使用被称为 VMkernel 的小型内核，该内核能够满足虚拟机的管理以及与硬件之间的交互需求。VMware 提供了 vSphere、vCenter 等管理工具在 ESXi 上部署、监控和管理虚拟机。

3. Hyper-V

Hyper-V 是 Microsoft 提供的 Windows Server 虚拟化解决方案。Hyper-V 使用术语分区（而不是虚拟机）来表示隔离环境，并使用父分区或根分区来管理其他分区（称为子分区）。虽然 Hyper-V 是 Windows Server 中的一个可安装组件，但 Hypervisor 却直接运行在裸机上，因此它被归类为 Type-1 Hypervisor。图 2-18 描述了 Hyper-V 的体系架构。

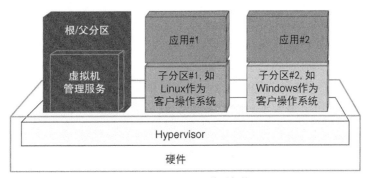

图 2-18 Hyper-V 体系架构

4. XEN

XEN 是一款开源虚拟化软件，属于 Type-1 Hypervisor。XEN 采用了与 Hyper-V 类似的父分区概念，XEN 使用被称为 Dom0（Domain 0，域 0）的虚拟机，Dom0 负责管理系统上的其他虚拟机，这些虚拟机被称为 DomU（Domain U，域 N）。

XEN 采用半虚拟化技术，客户虚拟机要求将硬件资源按需发送给 Dom0。由于客户操作系统需要与 Dom0 进行交互，因此客户操作系统必须支持特殊的设备驱动程序。

XEN 中的 Dom0 不但要运行虚拟化的应用程序，而且还能直接访问硬件并管理硬件上的设备驱动程序。图 2-19 显示了 XEN 的体系结构。

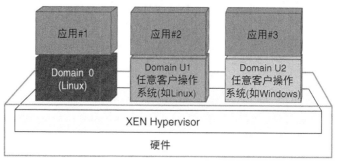

图 2-19 XEN 体系架构

2.3 Linux 容器与 Docker

上一节描述的虚拟机提供了一个非常孤立且自包含的环境。虽然硬件辅助虚拟化和全虚拟化技术让虚拟机的实现非常高效，但模拟虚拟硬件所需的开销会带来一定程度的性能和资源代价。不过，有时并不真正需要虚拟机级别的隔离机制，为了降低基于 Hypervisor 的虚拟化实现导致的性能劣化，也可以接受相对较低的隔离级别，此时就可以采用更为简单的虚拟化技术，即基于容器的虚拟化技术。

基于容器的虚拟化采用的是操作系统级虚拟化技术，可以为操作系统内的应用程序提供一种封闭、受限且隔离的环境，该环境被称为容器，应用程序可以在容器中独立运行。

容器化（Containerization）
为了更好地区分基于容器的虚拟化与基于虚拟机的虚拟化，有时也使用术语容器化（而不是虚拟化）来指代基于容器的虚拟化。

与虚拟机相比，通过容器方式实现的虚拟化有一些差异。与虚拟机不同，容器可以在没有任何客户操作系统的情况下独立运行应用程序。本节稍后将对这两种方式做进一步对比。

基于容器的虚拟化技术源于 UNIX / Linux 内核，该虚拟化能力是为应用程序提供内核级隔离能力的直接结果。由于存在如此紧密的关系，因此有时也将容器称为 LXC（Linux Container，Linux 容器），即使并非所有的容器都是 LXC。

> **LXC**
>
> LXC 是 Linux Container 的缩写形式，是一组与应用程序进行编程交互的函数和协议（也称为 API[Application Programmable Interface，应用编程接口]）。LXC API 为 Linux 内核的容器特性提供了一个接口。人们使用该缩写形式时通常指的是 Linux 中实现的所有容器，而并非是其最初的含义。有时，人们为了将其与基于 Hypervisor 的虚拟机虚拟化方式进行区分（LXC 与虚拟机），也将其宽泛地称为基于容器的虚拟化。

与词典中的"容器"一词含义一样，LXC 容器提供的也是一种隔离环境，但 LXC 容器无法实现"容器"一词的另一面，即可移植性，这就是 Docker 的用武之地。简而言之，Docker 就是一种打包容器并实现容器可移植性的技术。本节稍后将详细讨论 Docker，在讨论 Docker 之前，需要先了解基于容器的虚拟化方式及其实现技术，以及基于容器的虚拟化与虚拟机虚拟化之间的差异。

2.3.1　容器概述

容器可以通过操作系统级虚拟化技术提供轻量级虚拟化，为此需要利用 Linux 内核的一些内置功能，如 Chroot、AppArmor 等，其中两项重要的功能就是命名空间隔离（Namespace Isolation）与控制组（Control-Group）功能，因而有些人也将容器或 LXC 简单地视为这两种内核功能的组合。

1. 命名空间隔离

Linux 内核实现的命名空间隔离（或简称为命名空间）功能是为了限制进程使用的某些资源的可见性，而且不允许使用相互隔离的命名空间的进程查看彼此的资源。例如，某应用程序（运行为 Linux 内核下的一个进程且使用自己的进程命名空间）可以在自己的命名空间中生成多个进程，这些进程及进程 ID 对于其他未使用相同命名空间的应用程序来说是不可见的。与此类似，可以创建网络命名空间（通常称为 Netns）并将其分配给应用程序，使得进程维护自己的路由及网络协议栈副本。因而在使用特定网络命名空间的应用程序中创建的接口或路由，对于同一主机上的其他应用程序不可见（如果这些应用程序未共享该网络命名空间）。

命名空间隔离功能是为少数 Linux 内核资源实现的，虽然提出了很多类型的命名空间隔离功能，但目前 Linux 内核仅实现了其中的 6 种。

表 2-2 中给出了这 6 种命名空间的简要信息，对于不熟悉 UNIX / Linux 术语的读者来说，这些信息看起来可能会不明所以，但这里列出这些信息的目的是希望从高层视角来展现命名空间功能实现的隔离类型，对于 NFV 的部署工作来说，并不需要了解这些细节信息。

表 2-2   Linux 命名空间

命名空间类型	作用
用户（User）命名空间	用户命名空间为进程提供了一种创建隔离的用户组以及组 ID 的方法
UTS（UNIX Time-Sharing，UNIX 时间共享）命名空间	UTS 命名空间可以为应用程序主机名和域名创建隔离视图，使用隔离的 UTS 命名空间的应用程序所做的任何变更都不会反映到其他进程中
IPC（Inter-Process Communication，进程间通信）命名空间	管道和消息队列等 IPC 用于进程之间的通信，进程可以利用隔离的 IPC 命名空间创建自己的 IPC 命名空间（如果该进程希望与其他进程实现受限通信，那么也可以与该进程共享 IPC 命名空间）
挂载（Mount）命名空间	如果进程拥有自己的挂载文件系统视图，那么就可以使用自己的挂载命名空间。挂载命名空间会继承先前存在的（创建命名空间时）所有挂载点，但是该命名空间中的任何挂载和卸载对于在同一主机上运行的其他应用程序来说都是不可见的（因此对于拥有该命名空间的进程来说可以保持私有性）
PID（Process ID，进程 ID）命名空间	通过 PID 命名空间可以与主机上运行的其他应用程序的 PID 实现隔离。例如，使用隔离 PID 命名空间的应用程序可以衍生多个子进程，这些子进程可以使用与主机上现有 PID 相同的 PID，但由于命名空间的隔离性而不会产生冲突，使用不同 PID 命名空间的其他进程根本看不到这些 PID
网络（Network）命名空间	与前面提到的其他命名空间相似，网络命名空间提供了一种为网络接口、路由表等创建隔离视图的方法，该视图仅对使用该命名空间的进程可见

2. 控制组

使用命名空间的目的是为不同的进程创建不同的系统资源视图，虽然这种方法提供了一定程度的资源隔离（也是虚拟化的先决条件之一），但是它并不限制资源的使用，如挂载命名空间并不会限制进程可能使用的最大磁盘空间。控制组功能则可以解决这方面（即资源分配）的问题。控制组（CGroup）项目发起于 2006 年，旨在为 Linux 内核提供资源管理和记账方法。从 Linux 2.6.24 版（2008 年初发布）开始，CGroup 就成为 Linux 内核的一部分。CGroup 功能可以控制 CPU、内存、磁盘 I/O 等资源，可以设置资源优先级或限制这些资源的使用。例如，CGroup 可以为某些进程分配较高的 CPU 级别（或限制使用 CPU），也可以限制某进程能够使用的系统内存量。此外，CGroup 还可以度量特定进程使用的资源量。

3. 控制组与命名空间

控制组与命名空间互为补充，两者的关系类似于露营地，所有的露营者都可以自由选择自己的帐篷颜色，燃起自己的篝火（或者不燃篝火），改变自己帐篷周边的区域。虽然露营者正在共享露营地，但是对于露营者来说，帐篷周边的区域完全可以展现自己的个性。不过，露营地并没有任何方式限制露营者使用的公共淋浴区的水量，或者限制露营者燃起篝火的大小。如果没有这些限制，那么露营者就可以随意跨过并侵犯其他露营者的空间，从而影响整个露营地。解决方案就是设置限制措施并通过调整营地资源的使用来定义边界，这样就可以保证露营者们都能更加合作地使用露营地资源，虽然露营者们仍在共享营地的资源，但是完全可以在限定范围内保持个性自由。这就是 CGroup 在 Linux 内核中的作用，也就是说，CGroup 能够强行限制进程可以使用的资源量。另一方面，命名空间允许进程保持独立性，并构建隔离的系统资源私有视图。LXC 将控制组与命名空间结合起来（同时还使用其他一些功能特性），就可以实现虚拟化。

2.3.2 容器与虚拟机

利用容器实现的虚拟化级别与虚拟机有所不同。容器化机制不会通过模拟真实硬件而在宿主操作系统中创建新的（虚拟）机器，容器提供的是对系统资源的隔离使用机制，而且对系统资源的使用定义了相应的限制措施。出于这个原因，为了更好地区分容器与虚拟机，有时人们也将容器称为虚拟环境。

需要注意的是，人们通常可能会混用术语虚拟环境、虚拟机以及容器，需要在具体的虚拟化级别环境中正确理解这些术语的真正含义。

这两种虚拟化方法的主要区别如下。

- 共享内核与使用 Hypervisor。
- 与虚拟机相比，容器较为节省系统资源。
- 与虚拟机相比，容器对应用程序的支持有限。
- 容器的性能更高。
- 与虚拟机相比，容器的安全性较低。

1. 共享内核与使用 Hypervisor

容器场景下的宿主操作系统的内核由所有容器共享，而且虚拟化是通过前面提到的内核功能（如命名空间、CGroup）在进程级别进行的。容器无须 Hypervisor，而是利用 API 来访问所需的内核功能（如 LXC），虽然可以将 API 层视为容器的 Hypervisor，但是与 Hypervisor 不同，API 非常轻量级且与内核进行直接交互。

2．比虚拟机节省系统资源

由于容器使用宿主操作系统，因此不需要在其中运行新的操作系统，这样就允许容器直接在其中运行应用程序，这一点与虚拟机正好相反，对于虚拟机来说，必须在其中运行操作系统之后才能运行应用程序。由于虚拟化的应用程序可以与宿主操作系统使用相同的内核、库以及二进制文件，因而可以节省系统资源。

3．比虚拟机有更多的应用程序限制

虽然共享宿主操作系统内核、库以及二进制文件可以节省资源，但是与虚拟机实现的虚拟化相比，容器也存在一些缺点。如果应用程序需要不同的操作系统，那么就无法放入该主机的容器中。相比之下，虚拟机在运行方面更加灵活，虚拟机可以运行任意类型的应用程序，也可以运行在任何需要与宿主拥有相同硬件体系架构的客户操作系统上。此外，由于容器之间需要共享内核，因此存在一个容器的行为可能会对其他容器造成影响的问题。

4．容器的性能较高

在虚拟机中使用 Hypervisor（本质上也是一种应用程序），会对应用程序（或客户操作系统）与主机/硬件虚拟化能力之间的接口性能产生影响，而容器创建的轻量级虚拟化环境则没有与虚拟机相关的开销，因为容器并不使用 Hypervisor。因此，与虚拟机相比，容器可以提供更高的读/写操作吞吐量或 CPU 利用率。在大多数情况下，容器都能实现与宿主系统相近的原生性能。

5．比虚拟机的安全性低

由于共享内核和共享库会降低隔离级别，因此与虚拟机相比，容器提供的安全性相对较低。此外，宿主操作系统与容器的应用程序之间的隔离程度不高，如宿主操作系统可以看到正在容器中运行的进程。

容器虽然提供了一些限制措施（如通过 CGroup 实现的限制措施）来实现安全性和隔离性，如一个容器不能独占整个宿主机的 CPU 资源。但是，仍然存在一个容器

的行为可能会影响其他容器的可能，例如，如果容器的应用程序导致内核崩溃，那么就会影响该宿主机上运行的其他容器。

表 2-3 总结了基于虚拟机的虚拟化与基于容器的虚拟化之间的差异情况，两者之间的架构实现对比情况如图 2-20 所示。

表 2-3　　　　　　　　　　虚拟机与容器的比较

虚拟机	容器
分配硬件资源块以创建虚拟机	进程级虚拟化不分配硬件，但是限制资源的使用并提供硬件的隔离视图
虚拟机中需要操作系统	可以独立运行应用程序（将宿主操作系统用作自己的操作系统）或者运行其他操作系统（客户操作系统）
可以在另一个操作系统（宿主操作系统）之上运行任何操作系统（客户操作系统）	客户操作系统或应用程序必须在与宿主操作系统所运行的内核版本相同的内核上运行
提供高级别的隔离性和安全性，虚拟机中的应用程序不太可能影响其他虚拟机或宿主机	不提供纯粹的隔离机制，因为很多组件（包括内核本身）都是共享的。一个容器的应用程序可能会影响整个宿主机或其他容器
由于需要通过 Hypervisor 仿真硬件，因此会产生性能影响（通常是变慢）	由于没有中间层（虚拟化层或 Hypervisor），因此接近本机性能
资源开销：如果客户操作系统与宿主操作系统运行的内核相同，那么客户机使用的资源（磁盘空间、内存等）就浪费了	不存在资源开销，因为使用了内核的内置功能

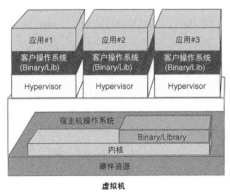
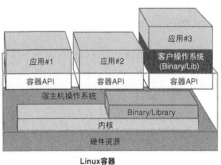

图 2-20　虚拟机与 Linux 容器

2.3.3　应用程序容器与操作系统容器

容器中运行的应用程序可以是独立的应用程序，也可以是作为客户操作系统运行的其他操作系统。根据应用程序的不同，可以将容器分为以下两类。

- 操作系统容器。
- 应用程序容器。

1. 操作系统容器

如果容器中的应用程序是操作系统，那么该容器就被称为操作系统容器。与虚拟机一样，运行在虚拟化空间中的操作系统也被称为客户操作系统，可以在该客户操作系统中运行应用程序。

为什么要在容器内运行客户操作系统而不是直接运行应用程序呢？这是因为容器中的应用程序使用的是宿主操作系统的内核、库以及二进制文件，而应用程序可能需要更多的独立性，如在使用相同内核时需要不同的库或系统二进制文件集。对于操作系统容器来说，运行在客户操作系统中的应用程序使用的是该客户操作系统的库和系统二进制文件，这就消除了对宿主操作系统的库和二进制文件的依赖性，不过客户操作系统与宿主操作系统仍共享内核。使用操作系统容器的另一个原因是可以为容器化应用程序提供更好的隔离性、安全性和独立性。

操作系统容器看起来有点类似于虚拟机，但使用的是容器 API 而不是 Hypervisor。由于存在额外的操作系统（客户操作系统）及其库/二进制文件，因而这类容器会对性能和资源造成少量影响。此外，由于宿主操作系统与客户操作系统共享内核，因而客户操作系统需要与宿主机的内核相兼容，如 Windows 操作系统就无法运行在 Linux 内核上。

2. 应用程序容器

应用程序容器（App 容器）就是直接运行应用程序的容器。应用程序使用的库和二进制文件来自宿主操作系统，而且使用的内核与宿主操作系统完全相同，不过应用程序拥有自己的网络及磁盘挂载点命名空间。应用程序容器旨在每次运行单个服务。

由于容器是一种非常轻量级的虚拟化技术，因而使用应用程序容器能够隔离宿主操作系统中运行的各种服务，实现这些服务的容器化，从而创建出一组应用程序容器，每个容器都提供一种服务。这种软件体系架构方法近年来大受欢迎，人们将其称为微服务。

在更简单的 Linux 部署环境中，这些服务均作为主机中的进程（如 Apache 守护进程、安全外壳、SSH 守护进程或数据库服务器）运行并共享 CPU、内存以及命名空间，将它们变成容器化的微服务之后，这些应用程序就可以执行相同的任务，但资源使用受到控制，并且通过使用各自的命名空间来实现彼此隔离。

图 2-21 给出了这两种容器的差异情况。

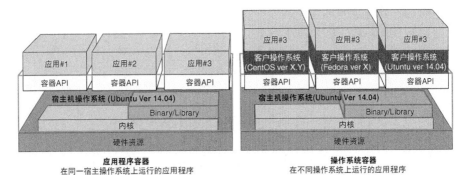

图 2-21   操作系统容器与应用程序容器

> **微服务（Microservice）**
> 术语微服务表示一种软件架构，其中的应用程序根据它们所提供的服务而隔离运行。每个服务都独立运行，可以独立扩展，可以有供自己使用的资源，可以在不影响其他服务的情况下进行更改或升级，而且还能通过 API 进行相互通信。与所有服务均绑定在一起的单一应用架构相比，微服务架构更加模块化，微服务可以实现更好的隔离性、扩展性和弹性能力。轻量级容器技术的应用能够更加容易地创建微服务架构。

2.3.4 Docker

由于容器为应用程序提供了虚拟化环境，而且与宿主操作系统共享文件，因此将容器从一台主机复制、移植到另一台主机时需要进行特殊考虑。容器通常包括如下组件。

- 通过定义其环境来配置文件。
- 磁盘上表示其挂载命名空间的一组文件。
- 属于该应用程序的可执行文件和库。

此外，容器假定存在某些宿主机系统库和二进制文件，因而移植容器并不像仅移动配置文件和应用程序二进制文件那么简单。LXC 没有提供将容器文件和环境打包在一起的方法。

这就是 Docker 的用武之地。Docker 在 2013 年初最初使用的名称是 Dot-Cloud，旨在提供一种容器打包方法，以实现容器的可移植性、复制以及版本控制。Docker 作为一个名为 Docker 引擎的进程运行，并与 Docker 镜像文件一起使用。从图 2-22 可以看出，Docker 镜像文件将应用程序、必需的所有二进制文件及其依赖项打包在一起，形成便于移植和复制的单个镜像文件。

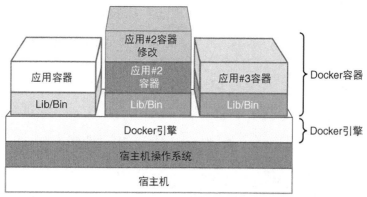

图 2-22   Docker 架构及镜像文件

Docker

Docker 是一种通过与操作系统直接交互来提供容器功能的应用程序，提供了一种便于打包、复制、移植和备份操作的容器创建方法。按照 Docker 社区的说法："Docker 是一种构建、发布并运行分布式应用程序的平台"。

1．Docker 镜像

Docker 的标志是一堆由鲸鱼运输的集装箱，形象地反映出 Docker 是以差量方式传送容器的能力，而不是为每次变更都传送一个巨大的容器。Docker 客户端创建了容器之后，就可以将其发布到名为 Docker Hub 的 Docker 仓库。运行在不同主机上的其他 Docker 客户端都能从该 Docker 仓库下载和使用这些容器，这是因为 Docker 已经将应用程序及其所需的依赖项、环境、库以及二进制文件打包在了一起。如果后续该 Docker 客户端对该 Docker 容器做了一些变更，那么就可以将这些变更推回 Docker 仓库。Docker 利用 COW（Copy-On-Write，写时复制）（与 QEMU 使用的 QCOW 类似）来跟踪变更信息，而且仅将该变更的差量（diff）推回仓库，其他 Docker 客户端所做的后续变更以及推回的变更差量都作为新容器（携带变更差量）存储在仓库中，并维护一个去往上一组差量的链接。任何 Docker 客户端要想复制最终的容器环境，都可以下载基础容器（Base Container）以及所有的差量容器（Diff Container），相应的工作原理如图 2-23 所示。

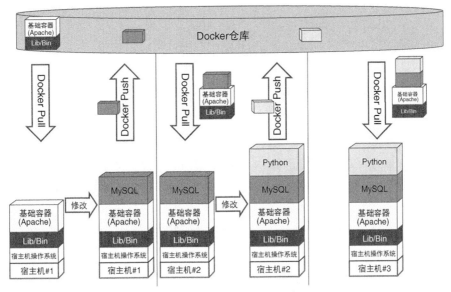

图 2-23 Docker 镜像栈及仓库

从图 2-23 可以看出，首先利用自定义 Apache 服务器构建了一个容器，并将其作为基础容器（拥有所有必需的依赖包）发布到仓库中。此后其他主机（如宿主机#1）可以下载和修改该容器（如添加 MySQL），然后宿主机#1 会将这些变更差量推回仓库。接着另一台主机（宿主机#2）继续修改该容器（如添加 Python 库），并将变更差量推回仓库。新主机（宿主机#3）既可以下载整个镜像栈以获得该容器的最终版本的副本，也可以有选择地下载部分差量（如仅 Apache + MySQL），并加以修改或使用。

2. Docker 与 LXC

早期的 Docker 版本构建在 LXC 之上，使用 LXC API 调用，而且仅增加了移植和打包功能。后来 Docker 开发团队在更高的版本（从版本 0.9 开始）中删除了对 LXC 的依赖性，并且重写了内核接口 API，由这些 API 负责 Docker 容器的创建、修改和删除。为了与 LXC 使用的 Libvirt 内核工具包相区分，Docker 将其称为 Libcontainer，后来随着时间的推移，Libcontainer 又逐渐转变为目前的 RunC。

虽然 LXC 和 Docker 都使用容器进行虚拟化，但两者之间存在很大的差异，因而通常会加上术语 LXC 或 Docker 来区分所引用的容器类型。

Docker 开发了大量衍生工具及应用程序，已成为 LXC 容器的强大替代方案。两者的主要差异有以下 4 种。

- 便携性和易于共享。
- 面向应用程序容器化。
- 版本控制能力。
- 可重用性。

（1）便携性和易于共享

Docker 定义的文件格式将所有必需的应用程序文件、配置文件（如网络、存储）、各种依赖项（Linux 发行版本、库以及主机二进制文件）及其他信息都打包到单个 Docker 包中，利用该 Docker 包可以非常轻松地将容器移植到新主机上，并利用 Docker 客户端在新主机上运行该容器。

这种提取容器所需全部细节信息以移植容器的能力就是 Docker 从一开始就坚持不懈的主要推动力。

（2）面向应用程序容器化

LXC 容器更适合在容器中运行多个应用程序（如操作系统容器），而 Docker 的设计理念则是在 Docker 容器中运行单个应用程序。

由于 LXC 可以运行为应用程序容器，因而这并不是限制条件，Docker 容器也可以有客户操作系统。不过，由于 Docker 将库和主机二进制文件都打包在了 Docker 容器中（这是在容器中运行客户操作系统的主要动机），因而 Docker 容器更适合作为应用程序容器。

（3）版本控制能力

由于 Docker 容器具备 COW 功能，而且能够跟踪容器前后版本之间的差异，因而 Docker 容器隐含具备版本控制能力。对基础容器以及后续容器所做的任何变更都保持堆叠在一起，而且可以在任何时候将当前视图回滚到该镜像堆栈的先前状态。此外，Docker 还提供了相应的工具来比较两个版本之间的差异、跟踪容器的历史信息以及将容器更新到最新版本。

（4）可重用性

该特性支持可移植性，能够携带任何容器（可以是修改原始基础容器得到的容器），而且可以将这些容器作为新的基础容器并进行进一步调整。以图 2-23 为例，Apache + MySQL + Python Docker 容器可以成为新主机的基础容器，重用该镜像堆栈、增加一些额外工具并加以调整之后，就可以供自己使用。

2.3.5 除了 Docker 之外的其他容器打包方法

虽然 Docker 是目前常用的容器打包和移植方法，但是在写作本书时也出现了一些处于发展阶段的其他容器打包标准。为了完整起见，下面将加以简单介绍。

1. Rocket

Rocket（或缩写为 Rkt）提供了一种在 Linux 中运行应用程序容器的支持机制。Rocket 最初由 CoreOS 团队提出，后来由于在 Docker 环境中的安全性、开放性以及模块化等实现方面存在差异，因而 CoreOS 将其与 Docker 的发展路径进行了区分。CoreOS 建议采用开放式规范对容器进行打包，并将其称为 App Container，缩写为 AppC（请注意，不要将该术语与运行应用程序的容器类型相混淆，后者也称为 App Container）。AppC 定义了一种打包容器的镜像格式，称为 ACI（App-Container-Image），ACI 使用 Tarball 来打包所有需要的文件和信息，就像 Docker 为其镜像格式所做的那样。Rocket 支持 AppC 规范。

2. OCI

OCI（Open Container Initiative，开放容器倡议）是一个非常新的旨在开发开放式通用容器技术（包括通用的镜像格式）标准的论坛。OCI 得到了 Docker、CoreOS 等的大力支持，截至本书写作之时仍处于初期阶段，至于 OCI 格式是否能够取代 Docker 和 AppC 格式，是否能够提出一种普遍接受的、所有容器工具都能使用和适应的格式，还有待进一步观察。

2.4 单租户与多租户环境

从服务器所有权的共享角度来看，虚拟化功能带来了两类客户部署架构，即单租户架构和多租户架构。如果是无虚拟化的独立场景，那么只有一个租户拥有并控制整台服务器，该租户可以灵活地修改该服务器的硬件以及运行在服务器上的软件，因为该租户是唯一的所有者。该租户所做的任何变更都不会影响其他服务器上的其他用户，此时就称为单租户（Single-Tenancy）。

> **租户（Tenant）**
> 从字典的定义来看，租户指的是在有限时间内使用某基础设施的用户。对于服务器部署架构场景来说，租户指的是正在使用服务器的硬件/软件资源的客户。

有了虚拟化技术之后，就可以在很多租户之间共享服务器。这些租户共享服务器的硬件和软件资源，某个租户对共享资源所做的任何变更都会对其他租户产生影响。因此，未经其他租户的同意，任何租户都不能自由修改系统，此时就称为多租户（Multi-Tenancy.）。

打个比方，这里说的单租户系统就像独栋住宅的租户一样，独栋住宅租户的任何动静都不会影响其邻居，而且租户可以在家中自由地做出各种改变。相比之下，多租户系统就类似于多层共享公寓中的租户，其中某个租户的行为可能会对共享公寓基础设施及资源的邻居造成影响。这两种租户模型之间的对比情况如图 2-24 所示。

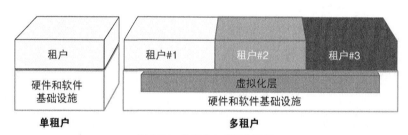

图 2-24　单租户与多租户环境

虽然多租户继承了虚拟化的好处，但是却降低了租户之间的隔离等级，因而与单租户架构相比，多租户架构降低了安全等级，而且存在更多的漏洞。这些优缺点成为人们是否采用虚拟化机制的关键决策因素。由于多租户架构存在前面讨论过的诸多好处，因而业界普遍倾向于采用多租户和虚拟化机制。但有时多租户架构的缺点也可能成为关键决策因素（通常出于监管要求），决定了采用单租户部署架构还是多租户部署架构。目前不断进步的虚拟化技术正逐步减少或消除上述缺点。

2.5　虚拟化与 NFV

NFV 是在网络中部署服务器虚拟化技术的结果，本章详细介绍了虚拟化的相关基础知识，这些知识都是 NFV 架构的核心内容。从前面讨论过的 ETSI NFV 架构可以知道，NFVI 模块拥有虚拟化层，它是通过 Hypervisor（如果使用 VNF 作为虚拟机）或 LXC/Docker（如果使用容器来部署 VNF）来实现的。本章讨论的这些概念对于 NFVI 功能模块的虚拟化层来说也同样适用。

服务器虚拟化的发展演进直接影响了 VNF 的部署和实现方式。例如，人们正探索利用微服务和容器来进一步优化 NFV 的部署效率，因为容器的重新加载和删除时间非常短。从长远角度来看，这种优化选项可能会证明在 NFV 中使用容器（而不是虚拟机）是一个很合理的发展趋势。

同样，由于 NFV 的使用，某些增强型功能也逐渐引入到虚拟化当中，如 VNF 互连使用的工具就与虚拟化原来互连虚拟机或容器的工具相同。这些都进一步推动业界开发出更高效的虚拟交换机以及更优化的内核级和 NIC（Network Interface Card，网络接口卡）级分组处理技术，如 Intel 的 DPDK（Data Plane Development Kit，数据平面开发套件）。

2.6　本章小结

本章重点讨论了虚拟化技术、类型及方法，这些知识对于理解 NFV 的实现非常重要，其中的某些技术还处于非常早期的阶段（如 OCI），未来可能会对 NFV 的部署发挥重要作用。

本章首先描述了虚拟化的发展历史以及虚拟化成为近年来服务器部署方式的事实标准的原因。接着讨论并比较了虚拟化技术及其优势，深入探讨了基于虚拟机的虚拟化和基于容器的虚拟化两种主要虚拟化方式，分析了这两种虚拟化方式的优缺点以及各种实现工具。

虚拟化的内容非常多，完全可以单独写一本书，本章讨论虚拟化的主要目的是介绍 NFV 的基本原理以及在后续章节更深入地讨论 NFV 的高层概念。

2.7　复习题

为了提高学习效果，本书在每章的最后都提供了复习题，参考答案请见附录。

1. 什么是服务器集群？
   a. 术语服务器集群指的是由组织机构部署和管理的大量服务器的集合，用于提供超出单台服务器能力的特殊计算能力及服务。
   b. 术语服务器集群指的是部署在先前用于集群的空间上的大量服务器的集合。
   c. 术语服务器集群指的是由多个组织机构拥有并安装在单个物理位置中的大量硬件的集合。
   d. 术语服务器集群指的是大量数据中心的集合，这些数据中心可以承载分布在大量存储服务器上的用户信息。

2. 虚拟化至少有哪 4 个好处？
   a. 硬件和软件集成
   b. 降低运营成本
   c. 提高磁盘空间利用率
   d. 快速配置
   e. 裸机吞吐量
   f. 高可用性
   g. 减少空间需求

3. Type 1 和 Type 2 Hypervisor 的区别是什么？
   a. Type 1 Hypervisor 需要宿主操作系统，在宿主操作系统上作为应用程序运行。Type 2 Hypervisor 运行在裸机上，不需要宿主操作系统。
   b. Type 1 Hypervisor 不需要宿主操作系统，运行在裸机上。Type 2 Hypervisor 使用运行在裸机上的宿主操作系统，该 Hypervisor 在宿主操作系统中作为应用程序运行。

c. Type 1 Hypervisor 使用 Linux 容器进行虚拟化。

　Type 2 Hypervisor 在宿主操作系统之上使用 KVM 进行虚拟化。

d. Type 1 Hypervisor 不需要客户操作系统，运行在服务器组上。

　Type 2 Hypervisor 使用宿主操作系统，该宿主操作系统也充当运行在裸机上的客户操作系统，Hypervisor 则在宿主操作系统中作为应用程序运行。

4. 与虚拟机相比，基于容器的虚拟化有哪 3 个优点？

a. 节约资源

b. 高隔离等级

c. 能够在 Linux 上运行 Windows 容器

d. 更好的性能

e. 应用独立性

f. 更快的故障恢复能力

5. 虚拟机与容器相比的两个优点是什么？

a. 高隔离等级

b. 更安全

c. 能够在 Linux OS 上运行 Windows 容器

d. 更快的故障恢复能力

e. 更好的性能

6. 下面哪一项是常用的打包容器镜像的工具？

a. ISO

b. VMDK

c. Docker

d. LXC

7. 应用程序容器与操作系统容器之间有何区别？

a. 操作系统容器直接在容器中运行应用程序，因而使用宿主操作系统的库及二进制文件等，用于单一服务场景。

　应用程序容器运行客户操作系统，客户操作系统可以托管多个应用程序。

　应用程序容器更适合多服务场景或者无法使用宿主操作系统库运行的应用程序。

b. 应用程序容器直接在 Hypervisor 上运行应用程序，而不使用宿主机的二进制文件。

操作系统容器在 Hypervisor 上运行客户操作系统，该客户操作系统使用宿主操作系统的二进制文件。

c. 操作系统容器直接在 Hypervisor 上运行应用程序，不使用宿主机的二进制文件。

应用程序容器在 Hypervisor 上运行客户操作系统，该客户操作系统使用宿主操作系统的二进制文件。

d. 应用程序容器直接在容器中运行应用程序，因而使用宿主操作系统的库及二进制文件等，用于单一服务场景。

操作系统容器运行客户操作系统，客户操作系统可以托管多个应用程序。

应用程序容器更适合多服务场景或者无法使用宿主操作系统库运行的应用程序。

8. ETSI 架构中的哪个功能模块负责虚拟化功能？

a. 虚拟化基础设施管理器（VIM）模块

b. 虚拟化网络功能管理器（VNFM）模块

c. NFV 基础设施模块，更确切地说是虚拟化层

d. Hypervisor 和容器模块

第 3 章

网络功能虚拟化

第 1 章与第 2 章分别阐述了 NFV 与虚拟化技术的基础原理。这两章内容有助于读者理解 ETSI（欧洲电信标准协会）提出的虚拟化基础设施各模块的功能与实现。这些模块所构建的基础设施层用于承载 VNF（虚拟化网络功能）。本章在前两章基础之上，聚焦于 VNF，并详细阐述了基于 VNF 设计和部署网络等相关内容。

本章重点介绍了当前业界一些典型的网络功能虚拟化应用案例。通过这些案例，读者将再次感知 NFV 的技术优势，并从这些多样的网络服务场景中真正体会到 VNF 带来的益处。

本章主要内容如下。

- NFV 网络的设计、部署及转变。
- 实现 NFV 网络所面临的挑战与思考。
- 各类网络功能虚拟化示例及其带来的创新网络服务。

3.1 NFV 网络设计

IP 网络源于对数据流量的传输需求。当前，诸如语音、视频、移动等各类应用服务也都开始承载于 IP 网络之上。上述这些服务以往都由相互独立的网络分别承载，但近年来，将这些独立的承载网络进行融合，并将各类业务流量迁移至基于 IP 的通用网络趋势凸显。

网络融合的主要动力源于两方面，其一是对提供新型服务的能力需求，其二则是对部署和运营成本的缩减需求。然而，融合后的网络会出现愈加复杂、不够灵活的问题，这是由于每种业务在其网络设计阶段都存在一些附加的约束条件。例如，IP 语音（VoIP）流量要求网络抖动保持在 50ms 以内，端到端时延应低于 150ms。这就要求底层 IP 网络应具备较高的 QoS 保障，而在仅承载 Web 业务的 IP 网络中并不特别关注这两项性能指标。随着时间推移，为了适应不断产生的新业务需求，底层网络经历着规模扩展、局部重建、阶段演进的过程，使得当前的网络更像是一张为实现短期目标而拼凑起来的混合网络。其后改进型网络并未达到运维简化、成本降低的预期效果，也没有很好地解决可伸缩、易迁移与互操作性等方面的问题。这种如同意大利面般错综复杂的网络已不再是一张具有最佳成本效益的网络，更加缺乏对当今市场快速变化需求的敏捷性。

NFV 是应对上述挑战的一种全新技术，由它带来的解决方案可以有效地简化、优化及转换现有网络，并提升其成本效益与灵活性。相较于传统基于硬件设备构建网络的设计方法，NFV 网络的设计方法必须做适当演进与变化，如此才能最大限度获得 NFV 网络带来的优势与效益。应强调的是，网络 NFV 化不只是物理网元向虚拟网元的形态转变，它更需要在网络构建中进行范式转变[①]。这就要求我们在传统网络设计原则上扩充 NFV 相关内容，例如 VNF 网元的布局与基础设施的设计。

以下章节将进一步阐述构建 NFV 网络的设计目标与注意事项，随后的设计讨论部分将强调设计原则变化所带来的全新挑战。

3.1.1   NFV 网络设计注意事项

传统网络的设计遵循以硬件为中心，这导致网络设计需求受限于既定的网络设备范围。如果设计需求与供应商提供的设备不匹配（例如功能、性能或规格等方面的差异），设计就必须进行调整以适应有限的可选项。这使得网络设计只能紧紧围绕硬件设备及其功能而进行，这种僵化的网络难以适应将来因新型业务引入而产生的任何变化。即使可以改变，也需要对物理层做出调整并耗费较多的人工成本。基于

---

① 原文为 "It needs a paradigm shift in the way networks are built"，译者认为其意思为在 NFV 网络构建时不仅要考虑微观层面的网元形态变化因素，更要从宏观层面的网络架构、体系因素进行规划。——译者注

NFV 的网络设计意味着不再有这些限制因素，它提供了灵活性优势，不受限于任何网络硬件设备。此外，结合弹性、可伸缩、以软件为中心的理念，基于 NFV 的设计可以满足不断变化的网络需求。NFV 特有的快速迁移与敏捷部署能力，使得基于此技术设计的网络可以有效地缩短交付周期，而这也是在传统网络中一直阻碍新业务发展的重要原因。

为了最大限度发挥 NFV 的作用以及获取其优势，在设计部署 NFV 网络的过程中要采用一种不同于以往的方法。正如前文强调的，网络功能应与硬件完全解耦。因此在对供应商提供的 VNF 选型时，应确保其与物理基础设施层设计的无关性。同样地，在对物理基础设施层进行设计时，也不应受其上加载的 VNF 影响。出于对网络功能管理与部署的考虑，需要增加另一种设计维度。另外，由于网络中每个模块受不同因素影响，因此对它们的设计应完全独立。图 3-1 展示了 NFV 网络设计过程中的 3 种重要维度。接下来的章节阐述了这些设计维度的详细内容。

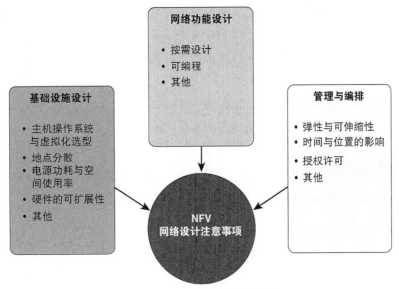

图 3-1　NFV 网络设计注意事项

虽然对 NFV 多种模块的设计相对独立，但在 NFV 网络中，对各层在功能及性能上的设计应保持通用定义的目标。任何一层偏离该目标都可能引发瓶颈，最终导致整个网络性能下降[1]。同样地，如果仅有一个模块围绕更高性能的网络目标进行设计，也无助于对网络整体性能进行提升。

---

[1] 可理解为短板理论或木桶理论。——译者注

1. NFV 基础设施设计

NFV 基础设施不是为了满足特定网络和服务的需求而设计。基础架构旨在遵循通用性原则，并应确保其对 VNF 扩展性与伸缩性的良好支持。此类基础设施也可能用于服务器或数据中心应用等场景，而不仅限于 NFV 领域。以下小节将探讨实现 VNF 灵活开放平台的标准。

（1）可扩展硬件资源

基础设施硬件应该具备可伸缩性。由于基础设施完全独立于其上的网络层设计，因此我们难以实现每次都准确预测可能出现的硬件资源需求。围绕这一点设计的主要方法是尽可能地让部署资源充足，并且构建资源池，以便可以跨基础设施共享资源。例如，使用共享磁盘池代替使用服务器内置磁盘的方案有助于提升资源利用率。

即便运营商在初始部署阶段提供了丰富的硬件资源，希望以此避免将来多次更新的需要，但已部署的硬件可能仍然无法满足不断增长的需求，及其自身的升级需求。为了应对这些问题，运营商应选择可轻松扩展的硬件设备，即相关扩展操作不会对其上承载的虚拟化应用和 VNF 有任何影响。这需要选定的服务器能够对诸如网络接口卡（NIC）、内存等硬件资源实施扩展。

（2）硬件成本与资本支出

硬件的成本始终是一个重要的评判标准。定制化成品[①]硬件被视为极具性价比的方案，但诸如 Cisco、HP、IBM 和 Dell 这样的供应商也在提供可与 COTS 硬件形成竞争性价格的商用服务器产品。运营商可能倾向于选择商用服务器产品，因为由供应商所提供的硬件经历了各功能组件间的兼容性测试，且具有合同内的技术支持服务。从本质上来说，这种选择类似于个人用户在定制化组装计算机与供应商品牌（诸如 Dell、Lenovo、HP）计算机之间所做出的选择。无论是独立组件、COTS 硬件，还是由供应商提供的商用产品，任何选择都会影响到部署的总体资本支出。另一方面，这种选择也会受网络预期的可靠性以及出现问题时可获得的技术支持等多重因素影响。

（3）主机操作系统与虚拟化层的选型

主机操作系统和 Hypervisor 必须与所部署的硬件兼容且能够平滑集成，因为它们共同为构建稳定的系统提供了基础。在使用 COTS 硬件或商用产品时，对于主机操作系统、Hypervisor，甚至于编排工具的选择范围都相当广泛。为了有所聚焦，建

[①] 原文为 "Custom off the shelf (COTS)"，译者认为其意思为根据行业客户特有需求批量生产的设备，诸如定制化服务器等。——译者注

议从以下几点进行考虑。

- 软件附带的技术支持类型。
- 软件许可证费用。
- 采购相关成本。
- 将来支持的路线图。[①]
- 升级支持。
- 稳定性。
- 与其他开源和商用工具的兼容性。

在以上这些因素之间找到适当的平衡点即是我们要做的设计决策。一些运营商可能倾向于 VMware、RedHat 或 Canonical[②]等公司提供的完全捆绑的软件解决方案。另一些运营商则对诸如 Ubuntu、CentOS 的操作系统以及 KVM（Kernel-based Virtual Machine）虚拟化软件的开源解决方案更有信心。在前一种情况下，运营商要为此支付许可证费用，但由于这些产品具有良好的业绩记录、技术支持体系以及明确的路线图和升级路径，因此运营商在使用上更加轻松。在后一种情况下，开源解决方案可以节省许可证费用，但需要运营商内专业部门、第三方或是开源社区对将来的发展与问题提供技术支持。

（4）电源功耗与空间使用率

基础设施硬件在功耗与空间上的需求对网络运营成本有着长远影响。对于世界上那些地产稀缺、电价高昂的地区，这一点更加关键。想要了解空间使用率与电源功耗为何如此关键，可以将当今在建的数据中心部署规模与其内部托管的虚拟服务器数量做个比较。这些数据中心分布于广袤的土地上（或是人口稠密地区的高层建筑中），消耗着数百兆瓦的电力能源，单个服务器在空间与功耗上的任何改进都可能对 NFV 网络 POP 点[③]的运营成本产生巨大影响。必须指出的是，虚拟化网络功能并不会直接带来功耗优化的结果，真正起作用的是按需利用 VNF 弹性伸缩的优势。

（5）通用与可复制的封装模式

在对基础设施进行设计时，应力求将环境的差异性影响降至最低。基于通用的软、硬件封装模式进行设计可以有效简化部署，例如对 NFV 网络多个 POP 点的重复部署。想要实现设计方案可复制、部署方案可简化，要求电源与空间需求、安装与

[①] 原文为 "the roadmap for future support"，译者认为其意思为产品的生命周期，即官方承诺对产品某个版本的支持周期及演进路线等。——译者注
[②] Ubuntu 发行商，与 RedHat 类似，也可提供商业版 Linux 软件及服务。——译者注
[③] 原文为 "point of presence"，在互联网上，POP 点是一个将互联网从一个地方接到其他地方的接入点。——译者注

调试技能、配置工具以及方法尽量保持不变。通用硬件基础设施的一个优势是减少了故障硬件所需的冗余备件数量。另一方面，实现一种可复制的封装模式，需要在设计阶段进行更多的规划与思考。

（6）地点分散

在 NFV 基础设施设计阶段，部署地点的选择至关重要。理想情况下，基础设施的部署位置既要考虑地理上尽量分散，又要尽可能在一些关键地点（如商业区域）密集部署。因为与郊区相比，城市环境对网络的需求更加集中。

分散部署地点的一个原因是出于对区域性故障或灾害的冗余性考虑。另一个重要的原因是无论何时何地有需求，都应确保 VNF 不受资源限制，实现灵活扩展。后续章节将讨论基于地理位置部署 VNF 的理由，以及基础设施可用性对灵活部署 VNF 的重要性。这可能与 VNF 需要接近用户边缘部署，或者一个在某时刻 VNF 需求突增的特殊场景有关。

（7）冗余和高可用

在传统网络中，减轻故障的设计是基于这样一种假设，即实现某项功能的设备为单一组件（非冗余），那么当它出现故障时，可能会导致网络中该项功能不可用。因此在传统网络中，必须确保设备级的冗余性，以防止因单个组件故障引发网络中断的潜在风险。例如，某台路由器仅有的一个硬盘驱动器发生故障，则可能影响该路由器的整体功能，从而导致网络中断或流量异常。通常，我们可以根据设备的重要程度，预先配置一台冗余设备（或多台）或一条备用业务链路，并根据需要随时进行业务切换。

相比之下，NFV 网络则是在组件级别实现了高可用和冗余性。因此，由单个组件故障导致的网络功能失效可能性大幅降低。例如，在采用独立冗余磁盘阵列（RAID）技术的服务器上，以 VNF 形态部署一台路由器，当服务器中一块硬盘发生故障时将不会产生任何影响。考虑到 NFV 基础设施可以实现共享，所以在其中进行冗余性建设是具有成本效益的，因为多个 VNF 能够同时受益。

除了服务器硬件级冗余之外，基础设施硬件设计中也应考虑为虚拟机或容器提供冗余性。在交换机这类基础设施中，生成树协议（STP）及其变体（诸如 RSTP、PVST、MSTP）已被应用较长时间。而像 TRILL、LACP、MC-LAG、EVPN 等较新的协议也能提供相关冗余性。上述及其他类似协议为提升 NFV 基础设施冗余能力提供了大量的选择和方法。

由虚拟化层提供冗余性与虚拟机迁移特性的设计和支持也应该被视为一种强大的鲁棒性（也被称作健壮性）设计。例如，VMware 提供的 vMotion 功能，OpenStack

提供的 Live-migration[①]功能。

（8）基础设施生命周期

用于构建基础设施的硬件设备定期会更新换代，图 3-2 展示了基础设施硬件从规划、采购到报废的全生命周期图谱。硬件的生命周期持续时间是根据设备预期的无故障平均运行时间、技术支持合约时限以及修复组件可用性的持续时间共同确定的。

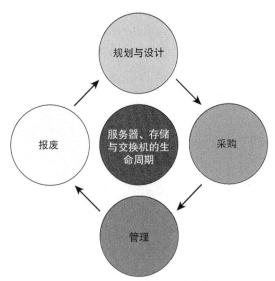

图 3-2　NFV 基础设施生命周期

在 NFV 基础设施（NFVI）设计阶段也应考虑服务器、存储、交换机等基础设施的生命周期因素。典型数据中心中使用的服务器、存储设备通常有 3～5 年的使用生命周期。交换机则被认为有更长的使用年限，大约长至 6 年。达到上述使用年限的设备可以被认为是物尽其用，充分发挥了投资成本效益。为了使故障率降至最低，一旦预期使用年限到期，这些设备就可能会被新设备替换。这种时限评估与实践方法同样适用于 NFVI 场景。此外，主机操作系统、Hypervisor、VNF 这类软件也有其生命周期，它们需要通过软件版本升级实现增强功能、支持更新或是问题修复。

因此，在设计中应考虑协调好这些多重因素，以避免出现意想不到的困难。例如，VNF 软件的支持与发布周期可能为 1 年，Hypervisor 软件建议更新周期为 2 年，而交换机、服务器的使用年限分别为 6 年与 3 年。在以上示例中，各软、硬件设备的生命周期难以较好地匹配，如果没有完善的设计与规划来以最优的方式处理这个

---

① 热迁移或动态迁移。——译者注

问题，将会导致不断的网络升级操作。设计目标应该是尽量减轻因升级而产生的影响，并提前计划以减小升级后产生问题的可能性。这些问题可以通过适当的预集成产品测试流程实现最小化。

2. 基于网络功能的网络设计

NFV 基础设施就绪以后，网络及其各功能块（如 VNF）可以被视为此基础设施之上的叠加层，如图 3-3 所示。因此，网络设计是独立、灵活的，且不受任何物理硬件的约束。网络设计完全聚焦于需要实施的 VNF 所提供的业务，对于任何所需的计算、存储和网络资源均可以假定其满足设计要求。

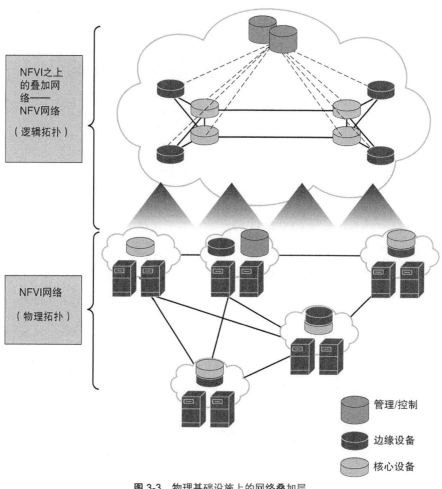

图 3-3　物理基础设施上的网络叠加层

与传统网络相比，NFV 网络的关键区别在于其设计和部署基于以软件为中心的思路方法，因此网络的核心功能是以软件实现的。

综上，软件形态的网络功能（VNF）可以自由地进行添加、缩放、删除与迁移操作。VNF 还能支持开放式 API，它允许任何第三方编排与管理工具对 VNF 的部署及其他全生命周期操作进行控制。编排工具通知虚拟化层以任意所需规则与 VNF 实现交互，并将新的 VNF 实例化后，实时地添加至数据或控制业务流。基于开放式 API 的可编程 VNF 将最终实现软件定义的网络（SDN），这也是本书后半部分讨论的重点内容。

开放式 API

软件中的开放式 API 是指支持为任何第三方软件提供一种文档化与公开可获取的方式，该方式包括访问和检索应用程序中的数据或向其传递程序/配置参数等操作内容。VNF 对开放式 API 的支持意味着，除了专有的配置与管理方式（通常使用基于文本的命令行界面）之外，VNF 还支持提供配置、监控及管理需求的 API 及其文档。

由于 NFV 网络设计的关键要素是对 VNF 及其管理功能的设计，因此在本章以下部分将重点介绍这些内容。网络设计原则的一些常见要素是投资与运营成本的降低以及资源利用率的最优化。

（1）通过资源优化削减投资与运营成本

在对当今传统网络的效率进行分析的过程中，我们发现传输与设备资源的利用率都偏低。为满足将来的预期增长需要或是确保某一时刻（无论是一天、一周、一个月或是一年）的峰值需求，设备与带宽资源通常会保证充裕配置。同时，为了防止硬件设备、网络连接或网络软件的故障，还需提供额外的冗余资源。由此形成的网络在大部分时间段内利用率较低，这种增加投资与运营成本的方式也严重稀释了网络投资收益率。

与传统网络形成鲜明对比的是，得益于虚拟化技术，NFV 允许 VNF 可以根据需求的变化，灵活地调用及获取其所需的资源，动态地扩展急需的资源或释放不必要的资源，从而最大限度地提升资源利用率。

因此，网络设计者并不需要为 VNF 过度配置计算、存储或网络等资源能力，这些资源在 NFV 网络中可以灵活调度。此外，NFV 网络设计可以灵活地免除或最小化功能冗余，因为 VNF 可以在需要时立即创建。

（2）按需设计

NFV 网络可以按需灵活扩展，因而可以使用基于需求的增长模型进行设计。例如，移动运营商需要在 NFV 网络中上线一项新业务（如基于 WiFi 的语音服务），或服务供应商计划开发一个创新网络功能（如新型缓存服务器），那么它们可以基于 NFV 技术在某些细分市场试点引入以上业务或功能，从而开展用户体验评估与反馈、调研可能发生的问题、分析潜在的收益与成本效益等各项任务。根据试运行的反馈结果，服务提供商可以轻松地对这些加载新业务的虚拟设备或 VNF 进行设计更改。一旦试点场景中新业务（或新功能）取得了较好的收益（或水平），服务提供商可以将该业务（或功能）逐步扩展至其他市场或地区。

对于想要引入新业务或升级任何现有业务的网络设计者而言，此类变更并不需要从初始阶段就对大规模部署进行设计与推广。作为开拓目标市场的试点方案，这些服务最初以一种简单的方式被部署上线。将来，随着部署范围的逐渐扩大，可以持续进行细化和完善。另一方面，如果某项业务的市场需求变少，可以灵活地回收该业务占用的 VNF 资源，其底层使用过的物理硬件可以创建其他 VNF 实例，用于加载新型业务。

（3）利用基础设施冗余

在传统网络的设计环节，为了保证通信链路和带宽的冗余性，需要提前将设备、传输等多种因素都考虑至需求中。在 NFV 网络中，则无须预先配置网络功能的冗余性。

如本章前文所述，在基础设施层设计中，为防止硬件故障，我们已经做了冗余性考虑。在组件级别实现硬件冗余性，可以确保一个组件（CPU 或内存模块）的故障不会影响到 VNF 的正常运行。如果出现灾难性的硬件问题，诸如多个磁盘或架顶（ToR）交换模块同时发生故障，编排层可以立即在全新的硬件上对受影响的 VNF 进行重建，从而确保把网络受故障的影响降至最低。

在这种情况下，NFV 网络设计需对灾难恢复与故障缓解进行重新定义。图 3-4 展示了对多层故障的防护措施。在数据中心和服务器虚拟化部署场景下，图中所示的基础架构已被证明具有较好的弹性扩展能力。在 NFVI 的设计中若利用了这种成熟的架构，可以确保 NFV 的高可用性。类似地，对于 VNF 的管理与编排技术也可以充分借鉴服务器虚拟化的方法与工具，诸如 vMotion[①]。通过这些机制，VNF 的设计可以保持相对简单，不需要增加额外的冗余层来确保网络服务的高可用性。

[①] VMware 虚拟化提供的一种功能特性，即虚拟机迁移。——译者注

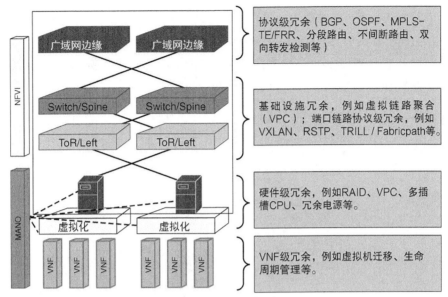

图 3-4　NFV 网络冗余

（4）基于模块化的灵活性

在 NFV 网络中，可以将网络功能分解为独立的 VNF（或一组 VNF），而不会造成任何成本或资源的损失。网络设计应采用模块化方法，围绕功能而非设备进行设计。

如图 3-5 所示，传统路由器通常集防火墙、地址转换、路由等多个网络功能于一身，在多数情况下，对任意功能的升级都将引起设备整个软件包的更新，甚至是硬件的更换。基于 NFV 网络的模块化设计具有可伸缩性和灵活性的优势。在试点或生产网络中反馈的任何变更需求都可以方便地合并至系统设计环节。这种变更如同实施外科手术一样，让我们聚焦于特定的功能，很容易在短时间内实现重构、验证和部署等过程。设计的可伸缩性为各类网络功能实现提供了广泛的选择范围，同时可以融合适配多个供应商的 VNF，从而创建定制化的解决方案。实现 NAT[①]、防火墙及其他网络功能（如路由协议）的 VNF 可以由不同的供应商提供，而我们通常是基于各功能需求的最佳匹配原则进行选择。

（5）弹性与可伸缩性

在能力规划方面，对 NFV 网络的设计与传统网络的设计差别较大。借助以软件为中心的方法和自动化支持，VNF 资源可以在不影响网络的情况下进行扩展或缩小。

———————

① 地址转换。——译者注

如前所述，这种弹性能力还可以实现相同功能的 VNF 之间的负载切换或负载分担。在前面的示例中，当一个 BGP 对等体 VNF 的负载到达其所分配的 CPU 能力上限时，则可以基于 VNF 弹性能力为其增加更多的 CPU，或者实例化一个全新的 VNF 作为备选的 BGP 对等体节点，如图 3-6 所示。

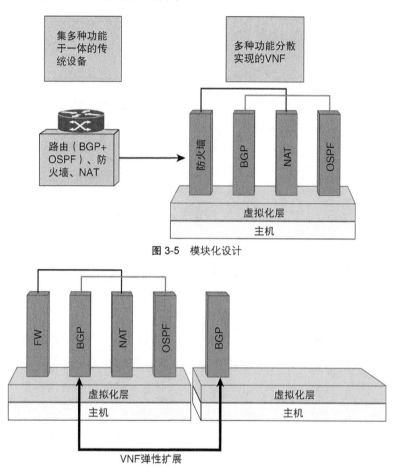

图 3-5　模块化设计

图 3-6　VNF 弹性能力

网络设计同样要考虑业务的实际需求。当业务要求提供特定的服务保障水平时，可以基于对 VNF 弹性能力的设计实现这一需求。编排器应具备对 VNF 监控数据的实时分析能力，确定要解决的约束和限制，并通过指导 NFVI 或 VNF 层采取适当的措施来规避它，从而确保业务与技术在弹性方面保持一致性。这要求编排层应包含弹性变化所对应的逻辑规则。

虽然前文示例阐述的是资源弹性扩展场景下的情况，但对应的逻辑规则也适用于资源弹性缩容的场景。仍然以上述 BGP VNF 为例，如果需要将对等体数量降至一个 VNF 实例，那么可由编排层减少多余的 VNF 实例，从而释放出 NFVI 资源留作他用。

（6）部署前的设计验证

任何设计都必须经过一定程度的验证。验证过程不但耗时，而且增加了大量的成本和资源投入。在使用传统设备的互联网服务提供商（ISP）典型部署场景中，测试和验证过程可能需要几个月甚至一年的时间。因而，设计必须尽可能地完善，然后再将其投入到验证环节中，特别是那些可能导致全局工作无效的设计缺陷。

NFV 从多方面缓解了上述限制。它可以通过缩短设置系统所需的时间从而缩短验证周期。测试网络由弹性的虚拟功能构建，可以借助软件示意模块轻松地实现重新编排与连接。测试期间可同步对设计进行完善，且大部分步骤可实现自动化，以便为任何设计更改提供灵活或快速验证的能力。可以使用生产网络中的基本试验部署对测试和验证环节进行整合。根据初始设置的经验，可以检查生产环境的潜在问题，并使用反馈结果来改进设计。

（7）按业务需求的动态设计

凭借 VNF 即时实例化并接入现网的能力，可以进一步扩展业务范围。基于 NFV 的设计应该将网络视为流畅和动态的网络，并为最终用户提供一系列可选项。除了用户订购的基础服务包外，运营商还可提供一些增强的功能选项，这些选项也可以随时由用户进行增加、删除或更改。举例来说，在运营商提供的基于云的数字视频录像（DVR）家庭业务中，用户可灵活地订购视频存储空间动态增加服务。另一种案例是在政企业务场景下，旨在允许用户将负载均衡器或防火墙添加至私有互联网服务中，或增加他们被允许发送给运营商的路由限制。这些可选项不仅为运营商带来了收入增长的机会，而且可凭借灵活性改善用户体验。

虽然这些可选服务无须在初始阶段进行部署，但它们必须在网络设计阶段进行预先设定。因此，网络设计人员应确保在规划基础设施时考虑到这些因素。

（8）减少计划内停机时间

在前文中，我们讨论了冗余和灾难恢复设计方案，以应对任何计划外的故障事件。然而，可能导致停机的计划内事件（例如升级和迁移）也需要被视为设计的一部分。设计应考虑 3 类计划内升级的可能性。

- VFN 升级或计划内停机。
- Hypervisor 升级。

- 宿主机升级。

当前主流的 Hypervisor 软件均支持对 CPU、内存等资源的在线升级。理想情况下，其上加载的 VNF 也应该能接受此更改，而不会对其功能产生任何影响。但在实际应用中，可能存在部分 VNF 不具备该功能的情形（该功能缺陷成为设计环节对 VNF 选择时要考虑的因素之一），因此资源更改可能会影响 VNF 在线功能。对于这种计划内停机，通常需要采取预防措施。一种可行方案是根据所需能力实例化一个新的 VNF，然后将业务无缝切换至新的 VNF，最后删除原有 VNF 实例，如图 3-7 所示。

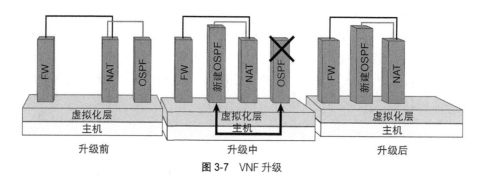

图 3-7 VNF 升级

值得注意的是，在一个优秀的 VNF 实施例中，不应出现上述情形。因为在 VNF 设计环节，应考虑其具备对物理资源变化的自适应性及业务的连续性。然而，设备商提供的方案通常不具备这种理想的状态。但这并不会影响 VNF 在现网中被采用，因为其他优势足以让人们忽略这方面的缺点。

在设计环节中还需考虑对 Hypervisor、宿主机操作系统以及硬件等各类组件升级造成的影响。这些升级可能会同时影响多个 VNF。一种减少停机时间的可行方案是在对 Hypervisor、宿主机操作系统等组件升级前，将 VNF 迁移至共享基础架构中的其他宿主机之上。

综上，设计环节应充分考虑如何适应这些计划内事件带来的挑战，任何功能模块的迁移及升级都可能导致 VNF 停机。

（9）基于位置和时间的部署

由于 NFV 的网络功能并未绑定到特定的硬件或位置上，且可能具有可变及较短的生命周期，因此对 NFV 网络的设计需要考虑 VNF 部署位置及在线时间等因素。

充分发挥 VNF 位置独立性优势，并从全局视角考虑它们的部署位置可以让网络既简单又完善。例如，在传统的移动分组核心设计中，为将成本最小化，会集

中部署分组数据网关（PGW）。这使得所有流量（各类设备间流量）都要转发给
PGW，该实施方案增加了拥塞、时延，并消耗了不必要的带宽，显得非常低效。
通过创建多个 VNF 并将它们部署于靠近 eNodeB 的边缘位置来扩展 PGW 可以实
现高效的设计。这种设计思路在传统网络中是不可行的，因为部署大量 PGW 设
备将造成极高的成本。但在 NFV 网络中，这是一种极具可行性的选择。在数据网
络中也面临类似的问题，即需要在运营商核心网中的每个接入点部署分布式拒
绝服务（DDoS）检测及清洗设备，如图 3-8 所示。在传统网络中，这种部署方
案所需成本高昂，但在 NFV 网络中，在不增加成本及改变设计的情况下，则可轻
易实现。

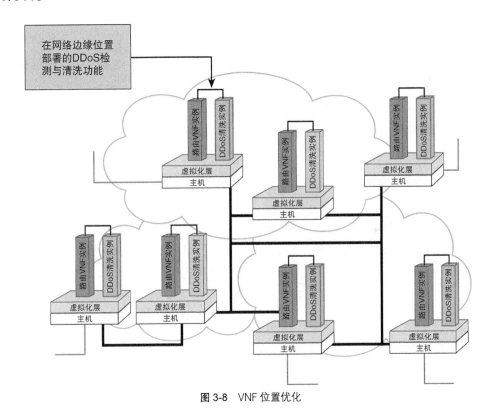

图 3-8　VNF 位置优化

通过优化设计，可以将 VNF 部署在最优的位置上，从而构建一张带宽利用率高、
延迟低、抖动小、拥塞少的优质网络。

在传统网络中，通常会根据业务需求、资源使用率及投资维护成本等多方面因
素对流量实施调度优化。以多协议标签交换流量工程（MPLS-TE）中的隧道技术为

例，运营商使用该项技术平衡网络资源使用率，从而缓解某区域内因流量突增造成的高负荷问题。通过调度一些流量到网络负荷较低的区域，可以使流量热图分布均匀。此类技术降低了网络性能（增加延迟）并增加了维护复杂度（隧道网络会增加故障排查与日常管理的难度），这与节约运营和部署成本的建网目标是背道而驰的。然而，采用 NFV 技术则可基于时间、需求以及使用率等因素对网络能力进行动态调整。例如，在一天特定时段内的某个区域流量负荷总是较高，我们就可以根据需求动态调整该区域的网络能力。

伴随物联网（IoT）、智能设备、超高清（UHD）视频流等业务的兴起，网络流量呈指数级增长，而基于位置的网络的重要性也愈加显著。由物联网节点产生的数据预计将达到 400ZB。在这种数据驱动型经济中，对物联网源数据的分析是个漫长的过程，因而采用远端的云服务进行处理并不是有效之举，最接近数据源的位置才是处理、使用、分析与响应此数据的最佳位置。上述思路催生了雾计算和雾联网，即主张数据源与网络功能、计算单元间位置接近的技术，以便更好地获取这些数据。由于大多数数据来源于移动设备，如智能设备、智能汽车、自动化列车等，这就要求雾联网资源能够根据时间、需求和环境在不同地点间移动。这也使得网络部署的位置与时间成为影响 NFV 设计的必要条件。

上文提及的云计算是指利用分布式计算资源实现对数据存储、管理、处理以及访问的技术。这些计算资源通常使用因特网进行互联，并且可以共享应用程序及数据库。云计算支持从任何地点访问数据，因此无须保留本地存储服务器。通过使用基于云的基础架构及网络服务有助于减少构建私有计算、网络基础设施平台的投入。用户仅需要通过因特网访问这些云资源的能力。例如，Google Drive 可以为个人用户提供照片存储、协同办公等云应用服务。亚马逊 AWS 可以为企业用户提供云基础设施服务。事实证明，云计算可以降低运营成本、提升协作与高可用性。

> **提示：** 云服务的缺点在于处理和存储单元通常远离数据源。在大数据应用中，产生和存储的信息量巨大，人们更倾向于在靠近数据源或客户端一侧处理大量数据，而不是将其发送至远端云平台处理。这样可以节省网络带宽并降低时延，从而达到实时分析的效果。从远端云平台抽离部分云资源，并将其部署于更靠近数据源一侧的思路催生了雾计算和雾联网概念。

（10）生命周期管理与授权许可成本

由于多种原因，考虑 VNF 的生命周期显得非常重要。生命周期各阶段如图 3-9 所示，包括实例化、监控、扩容、更新与清退。由于某种原因（如前所述，基于位置和时间的部署章节相关内容）不再需要某个 VNF 时，该 VNF 所使用的硬件资源就可以完全释放出来或进行缩容。这些被释放的硬件资源可供其他 VNF 调用。

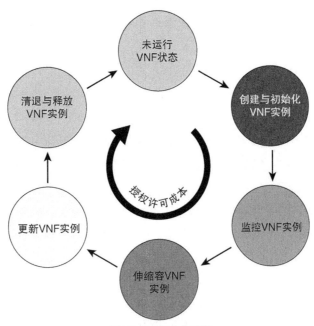

图 3-9 VNF 生命周期

最佳生命周期管理的另一个诉求源于 VNF 的授权许可成本。在传统网络中，设备提供商将硬件产品作为其营收关键点，而在 NFV 网络中，这方面的关注已转向软件产品，软件提供商采用授权许可或服务的模式进行收费，收费方式通常围绕功能、实例数或能力等维度。

在进行网络规划时，VNF 实例数、容量及功能都是必须考虑的重要因素。回顾前文所述的基于"逐日法"构建的网络示例中，东西海岸区域各自所需的 VNF 实例数应大致相当。在此前提下，运营商就可以借助编排系统，在不同区域错时复用同一组 VNF 实例的授权许可，从而达到降低许可成本的目的。

（11）多租户

服务器虚拟化技术促进了多租户场景的广泛应用。在 NFV 设计中，可以将业务需求相近的用户归为同类型租户。例如，需要二层虚拟专用网（L2VPN）或三层虚拟专用网（L3VPN）的用户就可以分为两组租户。同样地，我们可以将相同功能需求的多个用户归为同一类基础架构租户。

多租户的另一层含义是能够为用户提供不同级别的服务，具体取决于 SLA、功能与隔离性等多种要求。例如，某个业务的 VNF 为了达到所需性能，需要为其分配独享 CPU 或网卡资源，这就是基于预期资源需求因素的 VNF 部署。在 NFV 设计中，可以依托共享基础设施同时创建多个并发的 VNF，从而满足不同租户对规模和 SLA 的要求。

（12）自动化与可编程

系统是否支持自动化决定了 NFV 提供的大多数优势能否发挥出来。在前文提及的多种设计要素中，均隐含了对自动化工具或脚本的支持需求。这些自动化引擎需要预定义工作流与策略，以实现根据特定条件执行所需操作。NFV 网络设计应遵循策略驱动网络的思想，以此实现自动修复已知问题、自动处理各级别故障以及自动弹性伸缩的能力。

对 VNF 的参数调整或重新配置也应支持自动化。在典型的 NFV 场景中，VNF 可能来自跨多个供应商的异构产品，只有具备通用可编程接口的 VNF 才有可能实现自动化能力。自动化能力的缺失会削弱 NFV 网络所带来的优势。

（13）DevOps

DevOps 是英文 Development（开发）与 Operation（运维）的组合缩写，是指产品开发与运维工作的合并和协作。在传统模式中，产品的开发与运维是相对独立的串行环节，而在 DevOps 模式下，它们是并行交互与推进的过程。

NFV 变革得益于软件开发领域的两个重要趋势变化，即 DevOps 与开源软件，它们取代了被视为阻碍创新的专有软件开发方法。NFV 网络设计与 DevOps 及开源软件开发模式完美兼容，NFV 网络需要随时适应新的变化，并在设计与部署阶段快速整合这些变化。

3. NFV 网络设计要素小结

前面几节列举了在 NFV 网络规划与部署阶段的一些重要设计要素，它们对已有网络的 NFV 演进或全新部署均适用。NFV 网络设计标准并不是"一刀切"的方法，灵活的特征允许它根据业务需求进行定制化调整。基于上述设计要素构建的网络具备以下优点。

- 降本增效。
- 最优化。
- 全新业务维度。
- 更快的创新和解决方案。
- 改善用户体验。

3.1.2　NFV 转型挑战

NFV 虽然具有诸多优势，但同时也带来了一系列挑战。如果不考虑限制、范围以及潜在盲点，有关 NFV 设计的讨论就不够全面。解决这些问题以及尽量避免或减少它们产生的影响至关重要。与传统网络面临的挑战相比，这些挑战是全新的，因此需要对它们进行详细研究。以下章节将探讨一些关键挑战。

1. VNF 吞吐量与延迟性能

从网络方面来看，VNF 可提供的数据吞吐量与传输速率能力都非常关键。在传统硬件中，采用定制化的专用集成电路（ASIC）与处理器芯片实现高吞吐量性能，这些芯片能够以非常高的速率处理数据包。另一方面，这些定制化的 ASIC 芯片与设备物理接口紧密连接，不涉及任何中间处理器，从而提升了数据包的传输效率。传统硬件架构将大部分数据包交由 ASIC 等定制化芯片内的固件程序处理，而非处理路径漫长的外部软件程序。对于硬件无法处理的特殊场景，基于软件的数据包处理方法是以降低处理性能为代价实现的。

相比较而言，NFV 以软件为中心，它没有专用的硬件处理引擎，这就使其处于相对劣势的一方。数据包采用软件方式处理，即由 VNF 软件程序来处理数据包，而这些 VNF 部署在采用通用 CPU 芯片的硬件服务器之上。为了弥补专用芯片缺失造成的不足，我们使用特殊技术来提升 VNF 内置的数据包处理算法性能，并对网卡设备驱动程序进行优化。尽管如此，必须强调的是即便利用这些技术缩小了差距，在处理速率的性能方面，基于软件的数据包转发技术仍然落后于基于硬件的处理技术。抖动与延迟也是网络中需要重点关注的性能参数，它们对于时间敏感型流量（例如语音与视频）或时间敏感型应用（例如移动分组核心中的会话边界控制器，SBC）可能非常重要。如果 VNF 可用于处理数据包的虚拟 CPU 不是独享的，那么即使对数据包目标查找、应用数据路径等功能算法进行了大量优化，延迟可能仍然是不可预测的，这就会引发数据流量中的抖动与高延迟现象。在本书的第 6 章介绍了如何缩小 NFV 与传统硬件在吞吐量、延迟等性能方面差距的各种技术方案。

虚拟化增加了另一层开销，也会影响到实际吞吐量性能。它作为物理机与虚拟机之间的中间层，在带来资源共享优势的同时，也会降低数据包传输速率。当 VNF 在 Hypervisor 层进行通信时，常规方法是使用虚拟网卡，而非物理网卡工作。之后，虚拟网卡驱动程序再与物理网卡驱动程序进行交互。另一种方法是基于半虚拟化技术实现的，它可以让 VNF 直接调度使用物理网卡，这种方法也称为"直通模式"，它有助于消除虚拟化开销，但却要求 VNF 支持与设备物理接口的对接。图 3-10 展示了传统硬件与 VNF 在性能方面的差异。

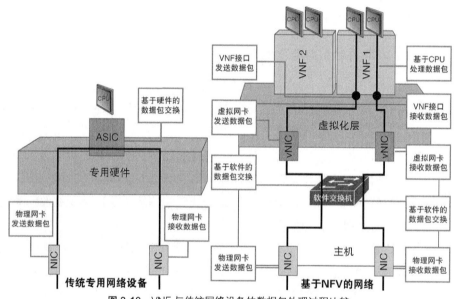

图 3-10   VNF 与传统网络设备的数据包处理过程比较

2. VNF 实例化时间

通常 VNF 的启动时间要快于专用设备，因为 VNF 没有硬件启动的过程，仅需对软件部分进行加载。但是，虚拟机启动和运行所需的时间也不应被忽视。VNF 应用程序（在虚拟化环境中）的初次或重新启动时间可能会根据多种因素而异，其中一些影响因素是可预计的，例如同样归为虚拟化技术的容器与虚拟机启动耗时就有些差异。容器是一种轻量级虚拟化技术，因此它与虚拟机相比，在启动、重启、释放等方面的耗时较少。另一些影响实例化或删除时间的因素就无法事先估计了，比如主机的 CPU 负载或磁盘使用量较高，这些因素都可能减慢 VNF 的启动或删除时间。另外，管理与编排系统的响应时间也可能会是上述因素之一，因为它们也会受到资源限制的影响，从而无法实时启动或配置 VNF。

上述这些影响 VNF 创建、配置和删除时间的因素是设计时需要重点关注的问题。许多设计原则（例如高可用与按天部署）要求实时创建或删除 VNF，额外产生的秒级甚至是毫秒级延迟就会对设计产生重大影响。

3. 基础设施可靠性

多个供应商可以为基础设施构建带来灵活性优势，但考虑到多数供应商可能仅在其自身产品组件或最适合其产品的条件下进行验证，这也就带来了一些挑战。当将各层产品集成在一起构建基础设施时，其实际的可靠性可能与各个组件标称的可靠性差异较大。最弱组件引发的任何可靠性问题都会影响整个基础架构。前文对基础设施设计标准的讨论表明，价格低廉的 COTS 硬件可能会以损失可靠性为代价。在为基础架构选择软件时，稳定性也是设计标准之一。然而，稳定且强大的软件与可靠的硬件平台组合在一起后未必能转化为稳定的基础设施平台。对于不同供应商产品构建的基础架构，如要确保其稳定性，应当对集成后的环境进行测试验证。

除了内部集成测试之外，另一种可能避免上述风险的解决方案是从供应商处选择预先验证的产品。一些供应商将可扩展的硬件与完整的主机操作系统、Hypervisor软件进行绑定，提供了一种捆绑的可选包产品。这些可选包产品具有预先测试兼容性问题、供应商技术支持以及提供长期路线图等诸多优势。对于供应商而言，这是一个抓住巨大 NFVI 市场的机会，而从运营商的角度来看，这是快速部署 NFV 的一种选择。例如，PowerEdge FX（Dell）和云服务平台（CSP、Cisco）都是类似的产品。

与 NFVI 相关联的网络设备（架顶式交换机、POP 互联设备、汇聚路由器）在可靠性方面也会遇到类似的问题。类似地，可选择的解决方案包括内部集成测试，或者由供应商提供预先验证的捆绑可选包产品。目前可提供完全集成的 NFVI 系统（包括虚拟化服务器、存储及网络）解决方案的示例有 FlexPod（NetApp）和 Vblock（VCE[①]）。

---

① VMware、Cisco 和 EMC 3 家厂商组成的联盟。——译者注

> **提示：** Vblock、FlexPod 都是以 Cisco UCS（统一计算系统）服务器、Cisco 交换机、EMC 或 NetApp 存储设备以及 VMware 的虚拟化软件构建统一的解决方案。供应商对此集成解决方案进行测试验证，并将其作为预测试解决方案产品提供给运营商或其他客户。

4. 高可用和稳定性

在传统网络中，硬件和软件的高可用性更多地局限于单个供应商解决方案，因为涉及大多数故障的高可用方案都由供应商验证。在 NFV 网络中，情况发生了变化，因为现在存在多个供应商的可能性，并且每个供应商可能具有不同的高可用性机制。服务提供商可能仍然希望实现现有运营商级硬件提供的 5 个 9（99.999%）可靠性标准，但在 NFV 环境下，运营商需要换个思路，基于软件弹性机制与不同于传统网络的架构来实现这一目标。

> **提示：** 运营商级硬件和服务可提供高可用、容错与低故障功能。它要求系统的设计应具备一定程度的冗余性，从而达到弹性的效果。因故障产生的任何影响，可以在流量丢失的 50ms 内得到解决。
> 这种高可用性由系统启动和可用时间的百分比进行衡量。例如，99.999%（5 个 9）意味着系统的全年意外停机时间不应超过 5.256min（全年为 8760h）。99.99%（4 个 9）意味着全年累计停机时间为 52min。

在 NFV 网络的多层架构中，运营商需要从不同系统中收集数据，关联所有信息并识别系统中的问题，这对维持系统的稳定性带来了挑战。任何一个组件（例如 Hypervisor 或主机操作系统）发生改变，都需要对所有的关联信息进行更新。NFV 系统的稳定性需要考虑来自服务器硬件、Hypervisor、主机操作系统与 VNF 等更多组件的可变因素，VNF 的弹性、可迁移特点也为 NFV 系统的稳定性带来了全新挑战。

5. 许可费用

如前所述，NFV 在网络领域的应用正在使网络设备供应商改变其定价结构，转向通过许可收取软件使用权。除 VNF 许可外，其他类型的软件组件可能也有自己的许可要求。因此，NFV 网络需要投入多种类型的软件许可，例如主机操作系统、

Hypervisor、VNF、配置管理应用程序以及编排系统。

　　软件许可通常是有多种维度的，如表 3-1 所示。该表中列举了一些潜在的许可选项作为示例，每种类型的软件许可都有免费选项可供使用，但通常这并不是首选，因为免费意味着缺少技术支持以及明确的路线图。表中以粗体字标注的选项是供应商推荐的，同时各种软件许可也会根据各种授权方式进行收费。例如，供应商可以依据 VNF 的吞吐量、启用的功能、使用期限或 VNF 实际部署的应用[①]收取不同的许可费用。

> **免费软件许可**
>
> 免费软件许可意味着用户可以自由地运行、复制、分发、研究、更改或改进软件。诸如 GPL[②]、MIT[③]等都是当今流行的免费软件许可授权。

表 3-1　　　　　　　　　　　　　　　许可费用

	潜在的许可选项	CPU	内存	吞吐量	使用期限	功能特性
硬件	定制化成品（设备商定制）	√	√		√	
主机操作系统	开源软件许可（FSL）、**提供支持服务的开源软件许可**、商业软件许可					√
Hypervisor	开源软件许可（FSL）、**提供支持服务的开源软件许可**、商业软件许可	√				√
VNF	开源软件许可（FSL）、**商业软件许可**			√	√	√
编排器	开源软件许可（FSL）、提供支持服务的开源软件许可、**运营商自研、设备商定制**				√	√

　　考虑所有软件许可叠加硬件后的总成本可能超过传统网络设备或单一解决方案的成本，许可成本成为选择这些单独组件时的重要考虑因素。

6. 多级许可管理

　　如上所述，NFV 网络中的软件许可具有多层级、多维度特点。除了与成本相关的因素外，对于这些许可的管理也会带来各种挑战。供应商可以使用专有的许可模型来实施或执行这些软件许可。软件许可的管理既可以内置于软件中，也可以基于外部管理服务器实现，只是增加的服务器会带来额外的复杂度。如图 3-11 所示，Hypervisor 的软件许

[①] 例如一个 VNF 可以部署为虚拟防火墙，也可以部署为虚拟负载均衡器。——译者注
[②] 是 GNU General Public License 的缩写，是 GNU 通用公共授权。——译者注
[③] 是 Massachusetts Institute of Technology 的缩写。与 GPL 软件授权相比，MIT 是相对宽松的软件授权。——译者注

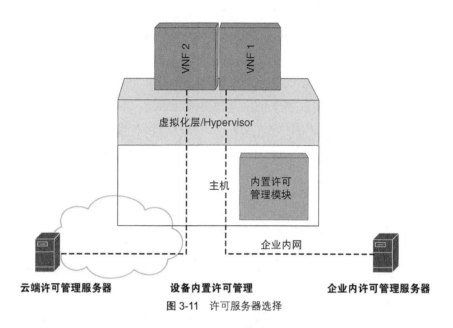

图 3-11   许可服务器选择

可来自于软件内置的许可管理方式,左侧的 VNF 软件许可来自于云端的许可管理服务器,右侧的 VNF 软件许可来自于企业内部的一台许可管理服务器。在设计与实施的过程中,应充分考虑许可管理服务器对各种需求或者变化的支持。

7. 标准化演进

NFV 功能模块间接口的标准化工作仍有待完善,管理工具、VNF 以及操作系统间使用的通信协议也处于不断发展阶段。目前,大部分厂商的方案都基于特定环境进行定制,在异构场景下还可能面临兼容性问题,同时由 ETSI 提出的 NFV MANO[①]也并不成熟,这些现状均限制了 NFV 的普适性。

对于当前正在向 NFV 网络迁移的运营商而言,必然将面临演进过程中任何变化所带来的挑战。现阶段标准化的工具可能只是暂时的,随着时间的推移,市场会为我们选出最优的替代方案。一个比较典型的案例是早期人们使用可扩展标记语言(XML)配置模型来替代命令行界面(CLI)配置方式,现如今业界又倾向于使用 NETCONF/YANG 或 OpenConfig 来替代 XML 实现网络配置功能。当前大多数供应商在选择 API 接口方案时,都倾向于南向(管理系统至 VNF)采用 NETCONF 接口,北向(管理系统至业务支撑系统,如 OSS、BSS 等)采用 RESTCONF 接口。

---

① Management and Orchestration 缩写,MANO 是用于管理和编排虚拟化网络功能(VNF)的框架。——译者注

YANG

YANG 是 Yet Another Next Generation 的缩写，它是一种具有标准化语法的参数与配置模型。NETCONF 通常是用在 VNF 与编排和管理工具间传输 YANG 数据的协议。

8. 安全

NFV 不仅可以让网络安全域的粒度更加细化，还能够将防火墙、入侵检测（IDS）以及 DDoS 清洗等安全设备以 VNF 形态更便捷地放置在需要监控或清理的流量源附近，这些特点有效地改善了传统网络安全的部署方式。但是，NFV 在应对网络的多层级安全漏洞方面正面临着全新的挑战。诸如硬件、Hypervisor、容器或 VNF 以分层实体的形式被独立地运行与管理，因而它们的安全参数也应分开考虑。通常，我们需要独立地维护每层实体的用户授权或凭证，因为任何一层的漏洞都可能影响到其他各层的安全性。每层对特定的用户组授予相应权限的可执行命令，而没有任何多余的权限，这样可以确保系统各层的安全性。

为确保 NFV 网络免受入侵或阻止异常访问流量，需要在网络中部署多层级防火墙。第一层级用于保护各类 VNF，这与传统设备组建的网络需求类似，区别在于安全网元以虚拟防火墙（可能在单独的 VNF 中运行）的形态存在。第二层级是位于 Hypervisor 层的防火墙，这类防火墙用于管控虚拟机之间的数据访问，避免外界利用 Hypervisor 层的开放端口入侵虚拟机。第三层级防火墙是对宿主机自身的安全防护，实现对底层基础架构组件的保护，阻隔未经允许的访问流量。该层级防火墙通常属于 NFVI 的组成部分，相较于前两个层级的防火墙，第三层级防火墙可能会被独立地配置与维护。图 3-12 展示了 NFV 网络中有关安全的各方面考虑因素。

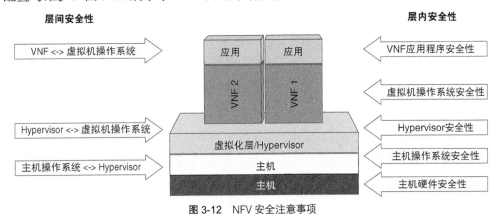

图 3-12 NFV 安全注意事项

需要考虑的安全漏洞有以下几点。

- 针对各层组件发起独立且直接的安全性攻击。如对身份认证管理、指令授权、日志记录与监控以及对各层威胁的保护都具有挑战性。

- 各组件间传递的信息/数据流也可能存在安全问题。例如，VNF 应用程序是否有权访问客户操作系统，或是 Hypervisor 对各 VNF 实例的互访权限设置等安全问题。

- 根据差异化的 VNF 隔离等级，基于同一个 NFV 基础设施层上的多个 VNF 之间可能存在安全干扰风险。

- 在使用服务链的过程中也存在一些安全挑战。

NFV 安全实施的另一个挑战来自于在 NFV 网络中使用多供应商软件，尤其是 VNF。由于 VNF 也可以由不同供应商的产品构成，因此可能需要对它们进行独立的评估和验证，以确保其安全与健壮性。如果将 VNF 从一个供应商切换至另一个，则可能需要重新评估，从而对 VNF 的选择过程带来了额外的成本开销。

9. 演进挑战

NFV 转型是一种革命性的演进过程。无论从技术角度，还是从业务流程或商业模式角度来看，它们都面临着这种变革带来的迁移挑战。NFV 网络演进是一种渐进式的过程，传统网络技术与 NFV 网络技术之间存在一段较长的共存期，这种技术重叠期也富有挑战性。除了符合新的设计标准外，还必须兼顾传统设备所提供服务的设计要求，如此才能确保基于 NFV 的服务实现平滑演进。同时，必须以最大限度发挥 NFV 优势的方式开展规划、构建、管理与运营等演进工作。

对于 NFV 化而言，我们不应简单地将其看作是对现有网络设备软件部分的"虚拟化"过程，而应将其视为对传统硬件设备的解耦过程，即在网络中多个位置采用多种供应商的各类 VNF 模块构建网络能力。从运营角度来看，对 VNF 实例进行管理与监控的应用程序也与传统网络的差异较大。这种变化要求我们以新增一组工具或者增强现有工具集的方式才能同时支持 NFV 与传统网络系统，运营团队也需要兼具解决传统设备与新型设备各类问题的能力。这在技能与专业知识要求方面极具挑战。重要的是，在 NFV 演进期间，如果网络处于过渡状态，则日常操作中新（虚拟与物理混合）、旧（物理）功能与服务实现的互操作性挑战也不容忽视。

NFV 网络的另一种实现方法是全新替换而非对现有网络的平滑演进。这种"激进式"的 NFV 部署方法适用于新建的网络中，它可以不受现有网络的任何限制。在这种场景下，业务的发展与规划、服务的设计与研发都必须采用全新的方式开展，从而充分利用 NFV 网络的设计与部署优势。这种快速演进至 NFV 网络的过程也要求我们必须以相同的速度掌握新工具操作与故障排查技能。这些前提条件如果得不到 VNF 供应商的支持，则上述演进方法难以落地。

10.　管理系统挑战

对于 NFV 网络的管理与传统网络截然不同，NFV 网络管理系统应具备对多层次、多供应商产品或网元（主机、虚拟化引擎、VNF 以及硬件）的纳管能力。在上文提及的平滑演进场景中，NFV 网络管理系统可能还需要支持对传统设备的纳管能力。互操作性是管理系统面临的最大挑战，其次是对网络灵活与动态的管理。NFV管理系统不仅需要对网络进行实时监控，也需要具备及时处理网络中突发问题的能力，所以可编程与自动化是管理系统的必要特征。为了有效部署 NFV 功能，管理工具需要进一步增强，具备弹性伸缩、硬件实时分配/释放、网络连接（VNF 实例间）重配置以及按需分发新服务等能力。这些与监控、管理密切相关的编排能力是网络技术中全新的概念。

NFV 网络正以前所未有的速度迭代发展，我们应密切关注技术的演进，避免 NFV网络出现无序扩展的情形。这就需要我们以比传统网络更为严格的方式做好业务设计与网络规划，因为任何缺乏系统化、规范化设计的 NFV 网络都不可能具备提升效率的优势。目前，大部分供应商可提供的管理系统都不足以完全解决上述问题，大多数工具仍然是根据供应商自有的 NFV 解决方案量身定制的。为进一步提升 NFV网络的管理效果，这些工具仍有待完善。对于习惯了使用传统网络专业网管的运营商而言，他们正面临着适应全新管理模式的巨大挑战。当然，这种适应管理变化的需求不仅限于对工具或软件的升级，也需要网络运营团队的同步演进。因此，他们必须接受与 NFV 网络管理相关的新技术培训。

对 NFV 系统的运维操作可能涉及多层面的管理与监控。基础架构可能需要不同的工具以及一个具备统一管理 Hypervisor、主机操作系统与 VNF 实例能力的团队。这使得 ETSI 组织在 MANO 架构体系中定义了多个子模块，例如虚拟网络功能管理器（VNFM）、NFV 编排器（NFVO）以及虚拟化基础设施管理器（VIM）。如图 3-13 所示，这些多层管理器既要相互独立地工作，也必须相互协调与通信，以实现对整个NFV 系统的部署管理。

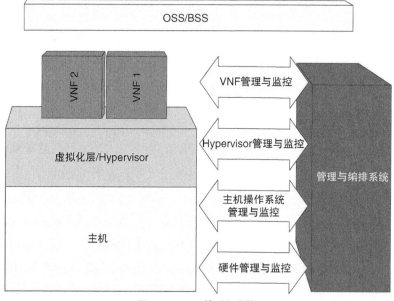

图 3-13 NFV 管理与监控

11. 资源隔离

虚拟化技术虽然为共享资源提供了隔离措施，但在某些场景下，隔离性仍然存在问题。例如，一台虚拟机对资源的抢占行为可能影响其所在宿主机上的所有虚拟机。这种现象被称之为"邻居噪声效应"[①]，是虚拟化相较于裸金属架构存在的潜在缺点。在轻量级虚拟化——容器的场景下，这种现象更加明显。当然，虚拟化层可以通过资源预留、高效共享以及高可用等机制来缓解上述问题。

12. 排障难题

如果早期没有做好规划，则在 NFV 网络中进行故障检测与排查会非常困难。某个层面的问题可能与其他层面都有关联，这使得排障过程涉及多个层面。例如，主机的 CPU 出现高负载或者系统遇到"邻居噪声效应"时，都可能影响到 VNF 的性能。在这种情形下，仅对 VNF 进行调试是不足以找到问题的根本原因的。类似地，底层的故障也可能会引发上层多种故障现象。如果 Hypervisor 出现崩溃的情况，则监控系统会显示所有 VNF 都出现了故障。此时，若仅从 VNF 局部而非全局视角排查问题，则可能会导致误判的结果出现。而只有在定位到 Hypervisor 崩溃的现象时，才

[①] 原文为 the noisy neighbor effect。——译者注

可能找到故障的根本原因。

由于在 NFV 架构中软、硬件高度解耦，因此对硬件的监控与故障排查主要依赖于主机操作系统层。这与传统网络中的硬件故障排查完全不同，因为传统网络设备是一种操作系统与网络功能软件紧耦合的架构。而在 NFV 网络中，当原本属于操作系统一部分的网络功能解耦并转移至 VNF 时，对硬件故障的排查功能仍然在主机操作系统层进行，因为操作系统软件与设备硬件更为接近，使其具有最佳的可见性。当然，诸如对虚拟 CPU、内存资源的监控虽然仍属于 VNF 的一部分，但这些功能对资源容量的管理、硬件故障的排查也是有较大帮助的。

供应商的多样性与 VNF 的动态特性，使得网络功能的软件故障排查难度增加。业界一直尝试构建一套通用的 API 与模型来管理 VNF，但是想要兼容大多数 VNF 的难度较大。从 API 获得的信息有助于简单故障的排查，但在面对复杂故障时，即便有标准化的通用 API 接口也无济于事。例如，检查路由学习是否正常或路由协议是否启动就属于简单级别的故障排查功能。但是为了查找路由没有出现的原因，可能需要使用 VNF 级调试语句，然而这些调试语句通常与供应商的产品强相关。虽然供应商的独立性以及多供应商 VNF 间快速动态切换的能力是 NFV 的一大优势所在，但同时它也对运营团队的维护技能提出了更高要求。当前，大多数监控系统基于设备产生的告警与日志来检测网络问题，而这些日志与告警的格式或内容可能因厂商而异。这再次体现了 VNF 动态特性与厂商多样性对运维工具复杂度的增加，因为它需要对来自不同类型的设备消息与生命周期状态进行解释。基于标准化的监控技术（如简单网络监控协议，即 SNMP）可以解决部分问题，但其作用范围和效果极其有限。

3.2 网络基础设施与服务的虚拟化

早期的 VNF 产品基于将网络软件迁移至虚拟化环境的思路而设计，设备厂商倾向于将传统的设备功能移植到 VNF 中，而缺少利用 NFV 优势进行整体设计的思考。伴随技术的日益成熟，当前的 VNF 产品已更加关注虚拟化功能本身，比如对虚拟化部署与管理功能的优化，有关 NFV 的原型与标准也在不断完善。在下面的章节中，我们将重点讨论业界 VNF 的现状，特别是一些成形的实施用例情况。这些案例涉及 3 个主要的网络技术领域[①]，分析了 NFV 技术引入后对这些领域的改变及其引入背景。

3.2.1　路由基础设施 NFV 化

在讨论路由设备虚拟化时，一种常见的观点是 VNF 产品可以取代传统路由设备的所有功能。很显然，这是一种完全错误的观点，比如高速包转发的功能就不适宜采用 NFV 架构实现。在传统网络基础设施中，适合 NFV 化的主要是基于 CPU、内存处理任务的网络功能，如图 3-14 所示。诸如架顶交换机（ToR）、骨干交换机、骨干路由器以及 NFVI 的互联接入设备（POP）的主要功能是对网络中的数据包进行转发与聚合，它们在 NFV 网组建初期并不适合作为演进对象。然而，像 BGP 路由反射器、运营商与客户间的边缘路由器、语音或视频类网关设备，由于它们的部署位置更加灵活且依赖于计算单元（CPU、内存）进行工作，因而此类设备更适宜于 NFV 化。以下将重点介绍这些设备的用例及其 NFV 化的优势。

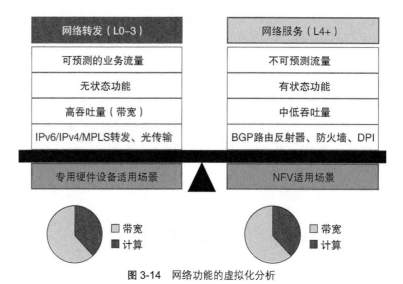

图 3-14　网络功能的虚拟化分析

1. BGP 控制平面的虚拟化

在运行 BGP 协议的网络中，路由反射器（RR）处于非常关键的位置，它有助于管理大型网络的路由策略，并起到缓解边缘设备压力的作用。例如，在地理位置分

[①] 路由基础设施、网络安全、移动通信网。——译者注

散的北美网络中，会部署多对路由反射器（东、西、北、南与中央 POP 点）以更接近边缘路由器，每对路由反射器根据其所在区域的位置确定路由策略。对于一台路由反射器，它可能需要同时提供 L3VPN、L2VPN 以及 IPv6 等多种服务，这会导致这台设备的整体工作效率下降。此外，鉴于 RR 在网络中的关键作用，通常会考虑对其进行冗余设计，这意味着网络中的路由反射器数量将增加一倍。而在传统网络中，当此类设备遇到资源瓶颈（如内存或 CPU 性能）时，唯一的选择就是更换更高级的网络设备。

RR 是 BGP 网络中的一种控制平面功能，主要依赖于 CPU、内存等计算模块处理，因此，BGP 路由反射器适合 NFV 化。由于 RR 仅实现控制平面功能，因此只要对内存资源进行扩展即可增加路由表的存储能力。我们可以将路由反射器的每种服务分别进行虚拟化，并创建相应的虚拟路由发射器（vRR），它们具有以下优势。

- 既可以集中地部署于同一台宿主机内，也可以分散地部署于不同的宿主机内。
- 可以动态地迁移至它们所服务的边缘设备区域附近。
- 更加可靠的冗余副本（位于不同的宿主机之上，甚至地理位置也完全分开）。

如图 3-15 所示是采用 NFV 技术实现的 BGP RR 功能，该方案的架构简单而清晰，且无任何性能方面的损耗。RR 间的操作相对独立，考虑到系统的高可用性，同时又兼顾了灵活与可扩展性。基于 VNF 弹性能力可以随时满足系统的扩容需求，而在传统网络中，这需要对设备进行整体替换或升级。对于一组全新的服务需求，人们采用 NFV 技术可以快速地部署对应的 BGP RR 设备，大幅缩减了系统上线时间。根据 VNF 冗余机制，可以在业务零中断的情况下完成对系统的升级或迁移。

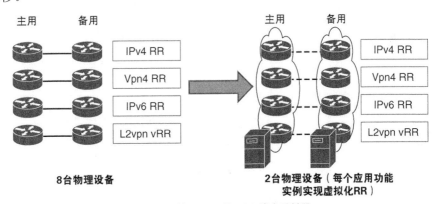

图 3-15 基于 VNF 的 BGP 路由反射器

2. PE 设备的虚拟化（vPE）

运营商 PE 设备通常会配置多种业务，功能丰富，并能为多个客户提供服务。这种集多种业务于一身的设备也被称为多业务边缘设备[1]，它虽然可以有效地节约运营和投资成本，但也存在一些缺点。比如，在设备整体性能不变的情况下，由于其提供了多种服务能力，因此当某种功能（或客户）消耗了较多设备资源时，其他功能（或客户）就会受到影响。类似地，在现网设备上添加新功能或服务也存在风险，因为此类更改可能会影响设备的性能现状。此外，从高可用性的角度来看，如果客户侧未采用双机冗余机制，那么在本端 PE 侧发生的任何故障都有可能影响到多个客户或业务。

上述问题都可以借助 NFV 技术加以解决。在 NFV 模型中，PE 设备不需要同时兼顾客户和业务多种维度需求。单个 VNF 可以仅关注某种业务实现，或某个客户需求，当然也支持两者兼顾的情况。如图 3-16 所示，来自 3 个客户的 L2VPN、L3VPN 与 Internet（INET）业务需求可以分布式地部署在独立的 VNF 之上。可以独立地扩展与管理这些 VNF，可以加载同一客户的不同业务，或不同客户的同一业务。在图示中，如果客户 C 想要增加一个 L2VPN 业务需求，可以在空闲的服务器上新建一个 VNF 用于加载该业务，而不会对现网运行的 VNF 造成任何影响。除了支持 PE 的基

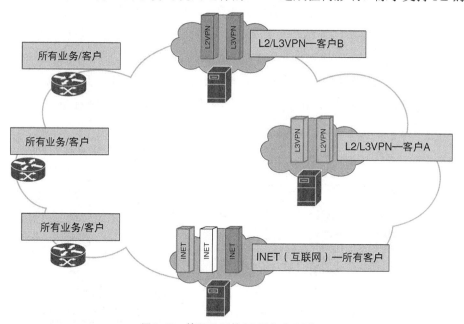

图 3-16　基于 VNF 的 PE 设备（vPE）

---

[1] 原文为 Multiservice Edge。——译者注

本功能（如标签处理任务）外，这些基于 VNF 技术的 vPE 也支持独立扩展、增强、调整、管理与升级。

值得注意的是，与 vRR（仅涉及控制平面的功能）不同，vPE 需要兼顾转发与控制任务的处理，这使得 vPE 的包处理性能、延时与抖动等指标都很关键。因此，除了对 PE 基本功能的支持外，VNF 厂商也必须在 vPE 产品中考虑对服务质量（QoS）、路由等功能的强化。

NFV 解决方案也消除了单点故障隐患，该问题通常会影响到多个业务或客户。基于虚拟化技术的隔离特性，单台 VNF 的故障对大部分客户或业务而言是无感知的。甚至可以通过新建一个 VNF 来快速恢复受影响的业务。

3. 客户端设备的虚拟化（vCPE）

在传统的企业网场景下，分支机构的网络均需要接入总部网络中，并由总部管控分支机构间的网络通信。分支机构或总部的客户端设备都是具备路由、NAT 与 QoS 等功能的专用硬件，它们通常由运营商负责管理，也称为托管 CPE，如图 3-17 所示。

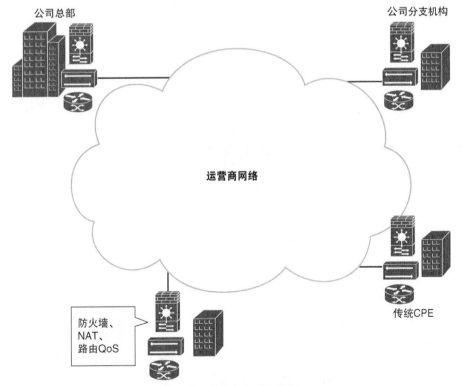

图 3-17 传统企业网部署拓扑

如果客户希望添加新的功能（如防火墙），或者运营商希望向其 CPE 产品中引入新的业务（如视频会议），则在大多数情况下，运营商可能需要对现网大部分设备进行更换或升级。这使得新业务的实施成本较高、部署周期较长，导致新业务上线时间与收入均受到影响。

如果在企业网中引入虚拟 CPE（vCPE）设备，可以将部分高级网络功能集中至运营商网络中实现，而将简单的 L2/L3 功能部署于各分支机构，如图 3-18 所示。

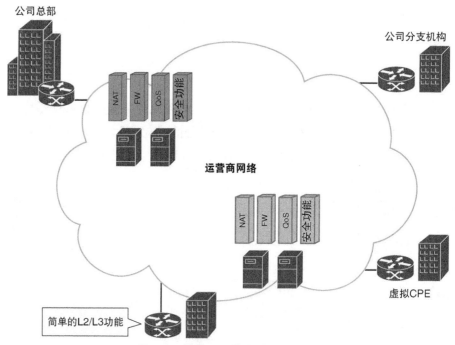

图 3-18 基于 vCPE 的企业网部署拓扑

目前，大部分运营商都在构建更加弹性、可控的数据中心，以便提升灵活部署业务的能力。基于 VNF 技术的 CPE 设备不仅可以动态地添加防火墙等新业务需求，也可以很便捷地满足客户对业务连续性扩展的要求。这种高效的新业务部署模式让运营商在提升客户感知与增加业务收入方面都有显著的进步。

4. 虚拟负载均衡器

当采用单个服务器部署网站或数据库对外提供服务时，伴随外部客户端的访问请求持续增长，服务器侧或许会不堪重负。首先服务器自身的资源（CPU/内存）可能成为限制，然后是其上行链路的可用带宽开始出现流量瓶颈，最终都会导致其对客户端的响应延迟，甚至是无响应。为了克服这些问题并避免单点故障（服务器及其网络），通常采用负载均衡架构部署上述应用服务器。在这种客户端与服务器数据交互的业务场景中，负载均衡器在管理与分发流量方面起到非常重要的作用。基于负载均衡技术，应用程序的业务流量可以分发至后台多个服务器上进行处理，从而降低单台应用服务器的负荷，提高了响应速度并消除了单点隐患，如图 3-19 所示。人们可以根据应用程序或服务器的资源利用率等相关数据实现对负载均衡算法的动态调整。

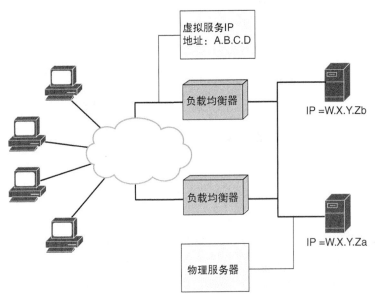

图 3-19 硬件负载均衡器部署拓扑

　　服务器虚拟化技术使得单台虚拟机能以纵向扩展的方式实现弹性伸缩，而负载均衡技术则令多台虚拟机以横向扩展的方式实现资源调度。就负载均衡器本身而言，它也可以基于 VNF 技术实现按需创建与配置，这种部署模式也充分地利用了承载虚拟机的物理服务器资源。虚拟负载均衡器支持在其可控的任何物理服务器上创建应用程序对应的虚拟机，并实现流量牵引。虚拟负载均衡器还可以根据用户的需求灵活地管理与调度业务流。图 3-20 展示了基于虚拟负载均衡器的部署拓扑图。

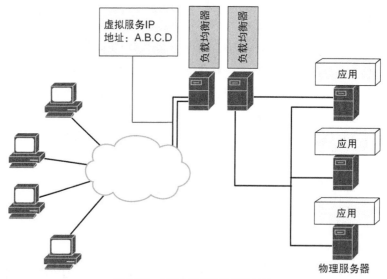

图 3-20   虚拟负载均衡器部署拓扑

5. 三网融合业务的虚拟化

在面向公众类的三网融合业务（宽带、VoIP 与视频业务）中也可以引入 NFV 技术。用户侧 CPE 设备既可以作为家庭网关与 VoIP 语音网关，也可以作为机顶盒使用。传统家庭 CPE 设备有限的功能与性能导致其升级较为困难，即使对这些设备完成了升级，运营商也需要进行大量的验证工作，因此运营商通常会面临现网大量用户使用较早版本 CPE 设备的问题。替换现网老旧 CPE 设备需要投入大量资金，但与此同时，如果继续使用这些设备，可能会导致新业务无法在这些设备上得到支持，最终影响运营商的业务收入增长。

引入 NFV 技术后，可以较好地解决上述问题。基于 NFV 技术的家庭 CPE 设备可以采用与厂商无关的通用硬件实现，并在其上加载提供基本服务功能的 VNF，其余大部分功能可转移至运营商数据中心内的服务器上。如图 3-21 所示，加载在运营商数据中心服务器之上的 VNF 不仅可以部署现有业务，也可以灵活扩展新的业务。用户基于云计算技术访问和管理家庭网关，其业务使用感知会得到显著提升。对于运营商而言，诸如家庭防火墙、个人媒体存储以及云端视频录像等新业务会层出不穷，并在市场上广受欢迎。

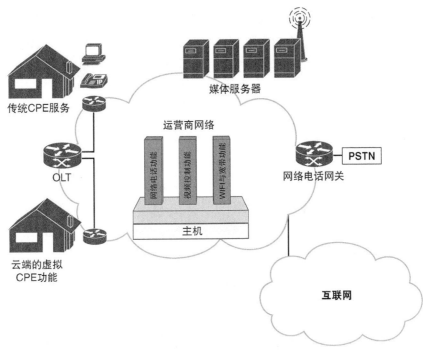

图 3-21 虚拟三网融合业务部署拓扑

6. 内容分发网络（CDN）设备的虚拟化

大流量视频业务是给当今网络带来较大压力的应用之一。这主要是由于在过去几年中，平板电脑、智能手机、笔记本和电视等终端的数量急剧增加，且增强的视频功能（如录制、暂停、回看以及画中画等）也导致了视频流量的突增。现如今，人们对高清质量视频业务（HD720p、UHD 4K、超 4K 超高清）的需求再次令网络压力倍增，因为超高清（UHD）视频消耗的带宽几乎是过去标清视频的 9 倍之多。将媒体服务器与缓存设备部署于更靠近用户的位置是缓解网络基础设施压力的一种简单方案。Akamai、Google、YouTube 和 Netflix 是视频流量的主要源头，他们试图将缓存或内容分发服务器放置在运营商网络的最佳位置。Netflix 的 OpenConnect、Akamai 的 Aura 项目都是很好的案例。最佳位置要求不仅可以减少对运营商的网络带宽占用，也能对内容提供商应用进行有效的缓存。但是，确定最佳位置是一个极其复杂的过程，因为需求可能会在数量或位置上随时发生变化，特别是在移动视频流量占比较大的场景。所以当运营商网络中部署了来自不同内容提供商的超大容量缓存服务器时，必然导致网络更加复杂以及资源的浪费。

NFV 技术为缓存服务器带来可迁移与弹性的优势。采用 NFV 技术，可以将这些服务器部署在离用户最近的位置，也可以灵活地调整它们的缓存或容量大小。如有必要，甚至可以将多台服务器部署到一个区域内。在直播或特殊应用场景下，可以动态扩展虚拟化缓存服务器资源，而在非高峰时间，又可以将这些资源释放出来，被其他场景使用。

3.2.2   网络安全虚拟化

诸如防火墙、入侵检测系统（IDS）、DDoS 检测与清洗、深度包检测（DPI）等网络安全功能采用虚拟化技术后，可以产生很多附加价值。基于 NFV 的优势，这些功能的 VNF 实例可以部署在网络中的任意位置，并提供了传统网络无法实现的灵活性以及按需扩展性。

1. 网络基础设施安全的虚拟化

保护网络基础设施免受攻击，尤其是分布式拒绝服务攻击，是网络安全性和可用性的重要方面。DDoS 攻击包含高并发量（称为流量攻击）或协议漏洞（称为应用层攻击）等多种类型。应对这些攻击行为首先要及时并准确地检测到它们，然后对这些可疑流量实施清洗操作。考虑到 DDoS 攻击的类型，检测与清洗功能应尽可能位于网络边缘位置或靠近受保护的网络资产，如服务器或应用一侧。然而，将检测与清洗设备部署在此类位置较为分散的区域会增加投资成本，并给网络规划者带来较大的设计难度。网络功能虚拟化技术可以突破这些障碍，将负责 DDoS 检测与清洗的 VNF 实例部署在网络中的各种位置或设备（包括防火墙、路由器和服务器）上。在不改变现网规划设计的前提下，通过服务链机制，可以轻松地将 VNF 重定位并添加至流量路径中。

2. 防火墙的网络功能虚拟化

企业或运营商通常会将传统防火墙设备部署于网络边缘位置，用于阻隔外部异常流量对其内部基础设施系统的访问。为了减少设备需求量，这些防火墙会被放置在网络边界处，但是当所有流量经过它们时，防火墙可能会成为整个系统的瓶颈点。而基于 NFV 技术，可以有效地改善防火墙的功能、性能以及部署位置等方面。虚拟化防火墙功能可以在更靠近主机或网络边缘的位置进行部署。面临流量突增的情况时，虚拟防火墙可实现弹性伸缩。运营商可以自由地选择任意厂商的防火墙 VNF 方案，该功能是完全解耦的。

3. 入侵防护的网络功能虚拟化

入侵检测系统（IDS）用来实时监控网络中的可疑流量，而入侵防御系统（IPS）则用来阻断恶意攻击流量。这类设备通常需要频繁更新或升级，才能确保提供最新的安全防护能力，而传统物理形态的设备几乎无法满足这种要求。NFV 技术则成为此类应用的最佳实践。例如，借助 NFV 的弹性伸缩特性，可以在特定时间扩展网络中的 IPS 处理能力。另外，NFV 技术还可以显著提升此类网络安全功能的升级速率，采用创建新的 VNF 并将其连接至网络的方案，可以在不中断业务的情况下，对安全软件进行频繁更新。可实时更新的入侵防御系统能够为网络基础架构提供更好的安全特性。目前可以提供该功能的产品包括 Cisco 的下一代 IPS（NGIPSv）以及 IBM 的安全网络 IPS（VNF 型 XGS）。

3.2.3 移动通信网虚拟化

近年来，人们对移动网络服务的需求呈指数级增长，这也催生了对移动网络质量提升的要求。这些要求促进了移动网络技术的持续发展及演进，并不断转向支持新业务的全新标准技术。诸如第五代（5G）移动技术的创新会对网络架构进行重构演进，并带来新的业务模式变化。一直以来，移动运营商都在努力构建灵活的网络基础设施，以便在不产生大量重复投资和系统升级的情况下实现业务规模发展的目标。考虑到 NFV 的技术特性，在移动通信网络中很有可能率先引入这种技术。图 3-22 显示了长期演进（LTE）架构的全局视图，涵盖了移动网络中多个重要的功能模块。而在移动通信网中，主要有以下 3 个领域是适合引入 NFV 技术的。

- 演进分组核心（EPC）的虚拟化。
- IP 多媒体子系统的虚拟化。
- C-RAN 的虚拟化。

1. 演进分组核心（EPC）的虚拟化

EPC 网络主要包含移动管理实体（MME）、服务网关（SGW）和 PGW 等多个模块，每个模块都涉及多组功能。在传统部署模式中，单台设备会集多组功能于一身。例如，传统 PGW 设备内置了 NAT、IP 分配、合法监听、防火墙与包检测等多种功能，而这些

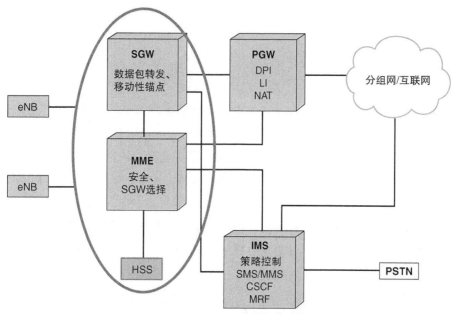

图 3-22   LTE 网络架构和功能模块

功能通常是独立的，不具有任何相关性。但在这种模式下，如需对设备内置的某项功能进行更新，则必须对设备整体实施升级操作。仅凭这一点，就体现了在 EPC 网络中引入 NFV 技术的必要性。在 SGW、PGW、MME 各类网元中，每种网元的内置功能均可以拆分出来，作为独立的 VNF 实体进行动态伸缩、升级或更新操作。移动运营商也因此获得了在网络局部范围内选择任意厂商最佳方案的可能性。在传统硬件网络中，由单一设备商提供的解决方案演变为多设备商组合解决方案。这种虚拟化解决方案也被称为虚拟 EPC 或 vEPC，图 3-23 展示了 LTE 系统架构在 vEPC 场景中的部署拓扑。

诸如高可用、弹性、模块化、本地化等 NFV 技术带来的优势都会在 vEPC 网络中体现出来。例如，PGW 是位于数据平面的集中功能实体。所有流量，比如两个用户设备（UE）之间的流量，都必须通过它转发。同时，它也需要被部署在靠近互联网边界的位置。NFV 可为这种互斥的关系组合提供一种有效的解决方法，它将 PGW 部分功能抽离出来，部署在远离互联网边界而更靠近用户的位置处。这减轻了网络上不必要的流量负荷，减少了用户间流量的总体延迟，并简化了网络。对于传统硬件设备而言，即使其内置的部分功能根本未被使用，运营商也必须为设备的所有功能进行付费。而在 NFV 这种模块化场景下，运营商完全可以进行按需[①]付费。

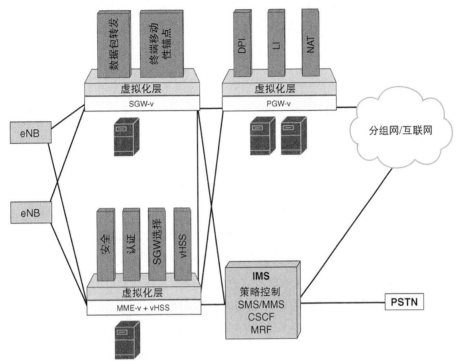

图 3-23 虚拟 EPC

总体而言，在移动分组核心网中引入 NFV 技术不仅能降低投资和运营成本，而且能简化网络。NFV 演进可以分阶段开展，混合实现也是可以接受的临时过渡方案。例如，可以首先将实现 MME 子功能的全新虚拟化 MME（MME-v）与传统物理 MME 设备并行接入，然后再将现网 eNodeB 设备逐个切换至 MME-v 下，最终被其纳管。在某项子功能完成 NFV 化后，再考虑对系统内其他可实现 VNF 的子功能进行优化设计。

2. IP 多媒体子系统的虚拟化

为了具备电路交换域的相关功能，IP 多媒体子系统（IMS）被添加进 EPC 网络中。IMS 模块由多种子功能组合而成。例如，IMS 通过将 SIP 服务器与代理相结合实现了呼叫会话与控制功能（CSCF），又通过将多方呼叫与多媒体会议功能相结合实现了多媒体资源功能（MRF）。传统 IMS 与传统 EPC 面临的问题类似，即

[①] 根据需求，灵活添加或删除某种功能。——译者注

对某个子模块的扩展或升级,将迫使运营商对 IMS 硬件设备实施整体替换。同时,还要兼顾现网 EPC 基础设施的平稳运行,并满足业务增长的需求。而 NFV 解决方案可以将硬件与软件分离,并以模块化的方式支持运营商从一系列厂商中选择最优方案。这种模式为移动运营商选择虚拟化 IMS 功能(IMS-v)提供了非常好的用例。

3. C-RAN 的虚拟化

在 LTE 中,无线接入层被称为演进的 UMTS 陆地无线接入网(E-UTRAN),基站节点被称为演进 NodeB(eNodeB 或 eNB)。eNB 具有一至多个射频拉远头(RRH),其主要实现小区覆盖相关的所有无线功能。RRH 连接到基带处理单元(BBU),并由 BBU 对信号进行处理,最终连接至 EPC 网络。在 3G 网络技术出现以前,BBU 与 RRH 共存于同一设备内,直到 3G 网络技术出现,二者被拆分,一个 BBU 可以通过连接多个 RRH 扩展其无线信号覆盖区域。

目前,在引入集中式远程接入网(C-RAN)架构后,BBU 被移至中心局(CO),并允许其通过暗光纤或其他的类似方式连接到多个 RRH。这种设计为移动运营商带来了诸多优势,首先是单个 BBU 可支持的小区数量显著增加,其次是借助多点协同①技术允许用户接入多个 RRH,并以更优的方式利用系统能力。另一方面,这也意味着 BBU 在网络中扮演着更重要的角色,因为其需要为更大的区域和更多的客户提供服务。综上,BBU 是一种非常适合 NFV 化的设备,它也支持协议级别的弹性部署方式(即每个协议作为独立的 VNF 实体)。当然,即使将 BBU 整体作为单个 VNF 实体进行部署,其弹性伸缩的特点也可以为网络带来较好的经济效益以及高可用优势。NFV 技术对缩减 RAN/C-RAN 的运行成本发挥了重要作用。C-RAN 部分通常在移动网络的投资与运营成本中占比较大,其中一个原因是这些系统必须过度配置以满足峰值需求。基于 NFV 技术的 BBU 部署方案可以有效地解决上述问题。伴随时间、日期或事件的改变,域内的用户数量也会发生变化(客户端都是移动的),虚拟 BBU 可以按需进行弹性伸缩调整。在同一中心局内的不同 BBU 间也可以共享底层硬件资源。此外,当需要添加或修改控制层协议以适配新一代移动设备时,仅需对 VNF 进行简单的软件升级,而无须对虚拟 BBU 进行整体替换操作。图 3-24 展示了包括 BBU、RRH 等功能在内的 eNodeB 视图,并对物理专用 BBU 与虚拟化 BBU 进行了比较。

---

① 原文为 Co-Operative Multipoint,即 CoMP。——译者注

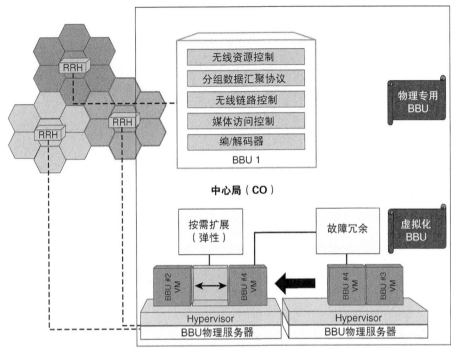

图 3-24 C-RAN 中的 eNodeB 视图（包含物理专用 BBU 与虚拟化 BBU）

3.3 本章小结

　　虽然 NFV 技术源于服务器虚拟化，两者也有很多共性特征。但是，它们的关注点有所区别。在本章中，我们探讨了 NFV 网络应该关注的设计标准与目标。掌握服务器虚拟化的共性特征对理解网络功能虚拟化有所帮助，但我们更需要研究它们之间的差异性。比如，服务器虚拟化主要聚焦业务的连续性、容错性和扩展性等因素，而 NFV 则会将高可用性（实现 5～6 个 9）、服务部署灵活性、NEBS[①]合规性与运营商级服务放在首位。同样地，传统网络专业知识对于 NFV 网络设计很有帮助，但要充分发挥 NFV 技术优势，则必须运用一套全新的规则、标准及目标对网络实施规划与设计。

　　另一方面，虽然 NFV 带来了诸多好处，但基于 NFV 的部署可能会面临前所未

[①] Network Equipment Building System，网络设备构建系统。——译者注

有的挑战。本章深入分析了这些挑战，并指出 NFV 部署与传统网络有较大差异。其关键是提前做好规划设计，并制定解决问题的方法。

本章还讨论了适合引入 NFV 技术的几大网络场景及其用例。需要特别指出的是，只有综合考虑设计标准、问题挑战、经济效益与市场需求等多方面因素，才能最大限度地发挥出 NFV 技术价值。

3.4　复习题

下列习题可以用来复习本章学到的知识。正确答案参见附录。

1．数据中心内服务器与存储设备的常见生命周期大约为多久？

　　a．1 年

　　b．10～15 年

　　c．3～5 年

　　d．根据用户的要求确定

2．请选择 3 种常用的许可证管理方案？

　　a．基于云计算

　　b．企业内部服务器

　　c．基于雾计算

　　d．内置于设备

　　e．MANO 层管理

3．在 NFV 网络中，实现冗余性的 4 种主要级别是什么？

　　a．VNF 层冗余

　　b．主机操作系统层冗余

　　c．硬件层冗余

　　d．基础设施层冗余

　　e．虚拟化层冗余

　　f．协议层冗余

4．YANG 的全称是什么？

　　a．Yocto Assisted Next Generation

　　b. Yet Another Next Generation

　　c. Yet Another New Generation

　　d. Yanked Assisted Network Generation

5. Hypervisor 层的防火墙（第二层级防火墙）有什么作用？

　　a. 保护每台虚拟机之间数据传输路径的 Hypervisor 层防火墙

　　b. 保护虚拟服务器的物理防火墙

　　c. 保护物理服务器的虚拟防火墙

　　d. 保护 VIM 功能块的虚拟防火墙

6. eNodeB 主要由哪两部分组成？

　　a. 分组网关（PGW）与服务网关（SGW）

　　b. 演进分组核心（EPC）与分组网关（PGW）

　　c. 射频拉远头（RRH）与基带处理单元（BBU）

　　d. 移动媒体服务器（MMS）与分组网关（PGW）

　　e. 移动媒体服务器（MMS）与服务网关（SGW）

7. 以下哪项关于虚拟机与容器的特点描述较为准确？

　　a. 虚拟机：更好的隔离性与可移植性；容器：更快的启动时间与轻量级；

　　b. 虚拟机：较弱的隔离性与可移植性；容器：较慢的启动时间与轻量级；

　　c. 虚拟机：较弱的隔离性与更快的启动时间；容器：更好的隔离性与可移植性；

　　d. 虚拟机：更快的启动时间与轻量级；容器：更好的隔离性与可移植性；

第 4 章

在云环境中部署 NFV

近年来云服务出现了显著增长，由于 NFV（Network Function Virtualization，网络功能虚拟化）允许在任何时间和任何地点实现所需的网络功能，因而 NFV 在这种业务上向云转移的趋势中大放异彩。在云环境中实现 NFV 的关键是网络功能的部署、管理以及编排，所需的部署方案必须解决大规模应用问题，必须高度自动化，而且还要与众多供应商及设备协同工作。

本章主要内容如下。

- 云化虚拟基础设施的架构及部署方案。
- NFV 框架中的管理与编排。
- NFV 基础设施的编排、部署与管理。
- 编排和部署 NFV 基础设施及网络服务的常见工具。
- VNF（Virtualized Network Function，虚拟网络功能）的生命周期管理。

4.1 什么是云

术语"云"通常用来表示整个基础设施，包括服务器、网络、存储、操作系统以及各种管理应用。云基础设施可以集中在同一个物理位置，也可以分散在多个物理位置，为应用程序及 VNF 的部署提供了单一虚拟化平台。云基础设施可以是私有云，由单个企业建设并维护，托管自己的应用程序及 VNF；也可以是公有云，作为一种公共产品，为多个企业用户提供托管服务；同时也可以是公有云或私有云的组合。对于最终用户来说，传统意义上运行在本地环境中的应用程序及网络功能都将被推送到云基础设施的托管资源中，这些资源可能离用户很近，也可能位于用户难以物理访问的遥远位置，不过这种情况下的距离以及物理可见性都无关紧要，因而使用术语"云"。

与服务器虚拟化技术可以让多个应用程序共享单一服务器资源，从而有效提高资源利用率相似，由于基于云的虚拟化技术可以整合各种硬件资源（本地或远程），并作为单一实体来进行管理和操作，因而它能够比服务器虚拟化更有效地提升资源利用率。从图 4-1 可以看出，可以将原先由各个企业实现的服务器虚拟化迁移到基于云的虚拟化架构上。NIST（National Institute of Standards and Technology，美国国家标准与技术研究院）给出了一个标准的云（或者称为云计算，在这里两者可以混用）定义。

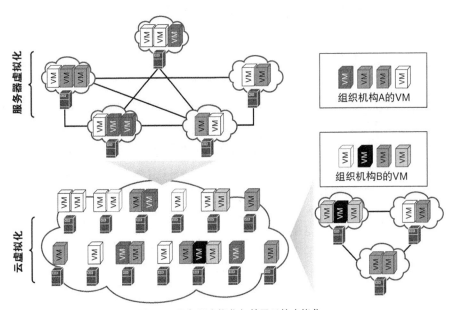

图 4-1 服务器虚拟化与基于云的虚拟化

云计算是一种可以从可配置共享计算资源池中便捷、按需获取所需资源（包括网络、服务器、存储、应用及服务等）的模型，这些资源能够实现快速提供和快速释放，而且相应的管理工作量或者与服务提供商之间的交互工作量非常小。

4.1.1   云特性

如果单纯地依据前面的"云"定义，那么就可以将所有对于用户而言非本地化的基础设施都归之为云。不过从精细化的角度来说，云基础设施和云服务应该具备一些基本特征。NIST 定义了云的 5 个基本特征。

- **按需部署**：用户应该可以在无须服务提供商人为干预的情况下按需部署新的云服务。例如，如果用户希望增加自己所托管的云存储的容量，那么就应该可以根据自己的需要实现自助服务。

- **便捷的网络访问**：用户应该只要通过网络就能访问和使用云环境，具体访问方式可能并不总是通过公众互联网，有时也可能会通过内部网络，不过由于将服务迁移到云上的目标之一就是让授权用户能够更容易地访问这些业务，因而这种网络可用性对于云来说是隐含且必需的。由于客户侧可能会使用各种主机，因而云服务必须支持各种主机，并且能够提供一种广泛兼容各类设备的工作环境。

- **可扩展性和可伸缩性**：云服务不应受限于物理设备的能力，应该能够根据服务的需求随时扩展自己的资源。当然，这要求提供云服务的底层基础设施必须拥有足够的资源，但是物理基础设施的资源限制对于云服务的用户来说应该是不可见的，这样能够轻松实现资源的可伸缩性（或弹性扩展）。一种好的案例就是 Rackspace 提供的云存储服务，用户可以根据需要随时扩充自己的存储容量，用户认为底层的存储服务器早已提前部署并且能够满足自己的需求。

- **资源池组化**：云基础设施应该能够跨越物理边界提供池组化资源，除了管制或安全策略需要之外，云基础设施的资源池组化不应该限制在单一物理位置之内。该特性对于前面所说的云服务弹性需求来说至关重要。

- **资源可度量**：由于分配给云基础设施的资源具有可伸缩性且位于不同的物理位置上，因而这些资源的利用率和使用情况就变得不透明，进而导致效率低下。因此对于云服务来说，必须能够监控和度量整个云部署环境下的资源利用率。

4.1.2   云服务

由于可以创建云基础设施来提供云服务，因此就为各种新型商业模式的诞生奠定了良好的创新基础，很多公司都开始向社会提供各种创新性的云服务，通常将这类公司称为 CSP（Cloud Service Provider，云服务提供商），目前市面上有大量应用程序可以帮助组织机构在内部部署受控的云计算环境。

一般来说，运行在本地计算机或数据中心的某台服务器上的大多数应用程序和服务都能迁移到云模型上，只要能够满足这些应用程序或服务所需的资源（如计算、网络和存储资源）即可。

CSP 通常都会提供多种云服务，以满足不同的应用需求和商业需要。常见的云服务类型有如下几种。

1. IaaS

通常将提供基本的基础设施服务以托管各类应用的云服务称为 IaaS（Infrastructure as a Service，基础设施即服务），该服务模式可以将用户对基础设施的使用决策交给用户，为用户提供一种灵活的资源供应，可以在这些池组化的资源基础上运行它们的操作系统和应用程序。Rackspace、AWS（Amazon Web Services，亚马逊 Web 服务）以及 Microsoft Azure 都是目前常见的 IaaS 服务。

2. PaaS

PaaS（Platform as a Service，平台即服务）允许用户托管自己的各类应用，而无须管理底层的基础设施及软件（如操作系统以及运行应用程序的硬件）。使用该服务的用户无须担心底层的基础设施，完全可以将底层基础设施视为一个黑匣子，只要管理好部署在 PaaS 平台上的应用程序即可。

3. SaaS

另一种常见的云服务是 SaaS（Software as a Service，软件即服务），通常由 Microsoft、Google、Saleforce 及其他提供商提供。SaaS 服务会在云端提前部署各类软件应用（如 Office365 的 MS-Office 套件），SaaS 用户只要通过网络连接使用这些软件即可，不需要在本地计算机上安装或管理这些软件/应用程序，而且软件的升级和打补丁也完全由 SaaS 提供商在云端完成。从终端用户的角度来说，用户只是在提供商维护管理的软件上使用各类应用。

图 4-2 给出了这 3 种云服务的示意图，可以看出，IaaS 提供商负责管理底层云基础设施，SaaS 提供了一种完整的服务解决方案，用户只要简单地使用这些软件即可，而 PaaS 则介于 IaaS 与 SaaS 之间，提供了一种由 CSP 负责管理的平台，用户可以在

PaaS 平台上构建自己的应用环境并部署各类应用程序。

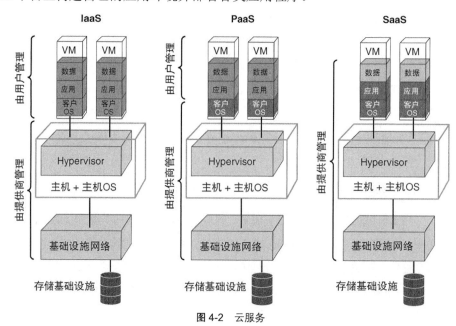

图 4-2   云服务

这 3 类云服务是目前业界有明确定义且普遍接受的云服务，除此以外，还涌现出一批新型云服务，常见云服务主要还有两种。

- **STaaS（Storage as a Service，存储即服务）**：Google Drive、iCloud 以及 Dropbox 都是目前常见的 STaaS 服务，此时的 CSP 并不提供计算或网络资源，仅仅为用户提供存储服务，用户利用该服务来存储自己的用户数据。
- **BaaS（Backup as a Service，备份即服务）**：AT&T、Amazon、EMC 以及 Fujitsu 等公司提供了不同形式的存储服务，这类存储服务可以为用户提供远程、加密、高可用且具备安全备份能力的存储服务，通常将这类云服务称为 BaaS。

4.1.3   云部署模型

云托管服务的主要优势在于可以将用户所需的资源池组化并将其作为共享实体，具备极好的扩展性、可升级性和可访问性，而且在管理上也没有严格的地域和物理界限，因而既可以通过大型数据中心提供的公众服务来提供云托管服务，也可以通过仅供有限用户群体访问的少量服务器提供云服务。因而根据目标用户、应用类型、服务类型以及访问范围，可以区分多种云服务部署及共享模型，下面将讨论其中常见的 4 种云部署模型。

1. 公有云

对于大量中小企业来说，自己管理云在性价比上并不是一种好的选择。公有云允许企业通过公有资源来使用虚拟化资源，CSP 提供的这些资源可以在云基础设施上托管企业的应用、存储、网络、数据库，云基础设施由 CSP 负责维护、管理和操作。选择基于 CSP 的公有云与维护私有云的问题，与租房和购房非常相似。如果使用公有云，那么就可以将所有硬件基础设施（包括计算、网络以及存储等）的维护开销、管理这些基础设施的工具以及维护成本都交给云提供商负责，用户只是 CSP 云基础设施的租户并与其他租户共享资源。使用公有云的另一个好处是拥有更便捷的网络访问能力（因为通过公共 Internet 就能访问云）、更好的数据备份能力以及更好的厂商服务保障。

如果希望降低成本和维护开销，那么公有云将是所有服务方式中的最佳选择。不过另一方面，由于存在可能的安全漏洞或黑客攻击，因而公共云也呈现出一定程度的脆弱性，历史上就曾经出现过多例云安全事件，导致用户托管在公有云上的数据（并不是可公开的数据）被非法窃取。

常见的公有云服务主要有 AWS、Google Cloud、Microsoft Azure 以及 Rackspace 等。

2. 私有云

有关私有云较恰当的描述就是将企业的应用程序及网络虚拟化到一个或多个位置，这些位置的资源均由企业自行管理、维护及使用。虽然这种方式具有很好的独立性、隔离性和私密性，但同样也存在获取、管理以及维护云基础设施所带来的各种开销，同时还需要配置管理虚拟设备及网络所需的各种虚拟化工具。

大型企业可能更倾向于使用私有云，因为云计算的优势超出了上述私有云所必需的开销，特别是那些需要处理金融及军事信息的组织机构，它们需要更高级别的安全性和隔离机制，必须避免将数据及计算操作放到可公开访问的域中。

虽然私有云在隔离级别上提供了更多的控制能力，但是在基础设施的管理、维护、升级以及部署上并没有多少成本优势。

目前业界广泛使用的多种云平台都能提供私有托管云的部署与管理服务，可以从许可成本、演进路线、可用性支持能力以及易用性等方面进行选择。常见的私有云部署平台主要有 VMware 的 vSphere 和 OpenStack（开源）。

3. 混合云

混合云集成了公有云和私有云各自的优势，它可以使用 CSP 为部署在云中的部分服务提供云资源，并为敏感型业务提供私有云服务。与私有云相比，混合云的扩展性更好，而且混合云可以将指定数据及应用放在私有云上，从而实现一定程度的管理和控制机制。混合云就是将两种云组合成一个实体进行操作，其边界和界限完全由云管理员进行管理和定义。对于终端用户来说，混合云看起来就是一朵云，所有的应用都在上面运行，所有的数据都存储在上面，所有的网络都由这朵云进行配置。大多数私有云的管理和部署工具都能通过已发布的 API（Application Programming Interface，应用程序接口）与公有云进行交互，而且能够向用户呈现混合云模型。

4. 社区云

社区云指的是在一个封闭团体内共享的私有云组合，社区云的操作、管理和维护可能由该团体共担，也可以经过协商交给某个成员或某个服务提供商负责，因而社区云介于公有云与私有云之间，既不限定于某个企业或某个组织机构，也不公开提供给所有用户。

图 4-3 给出了上述云部署模型的对比情况，可以看出，无论是公开域中的云，还是私有受限域中的云，所有的云都必须满足云的基本定义，这些云都不局限于某个物理位置或某个物理基础设施，每种云都能跨越多个物理区域。例如，私有云可能会跨越多个大洲，但是在管理视角上仍然是一个云。

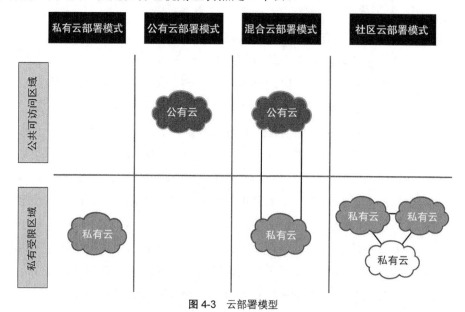

图 4-3 云部署模型

4.1.4 NFV 与云

网络功能虚拟化在前面描述的各种云部署模型中均有应用，很多服务提供商都部署了虚拟化基础设施来托管他们提供给客户的服务，服务提供商可以使用私有云向客户提供一组服务，如 ISP（Internet Service Provider，互联网服务提供商）可以部署拥有各种预定义模板的私有云，如 CGW（Customer Gateway，客户网关）、防火墙，甚至包括内容存储、远程管理等各种可选的附加组件，ISP 可以将网络及数据应用打包给互联网客户，互联网客户也可以随时请求这些功能，SP（Service Provider，服务提供商）只要根据客户的服务请求动态添加新的虚拟机即可。目前人们还在探索各种基于 NFV 的云服务应用，如 vCPE（virtual Customer Premise Equipment，虚拟客户端设备）、vDDoS（virtual Distributed Denial-of-Service，虚拟分布式拒绝服务）清理设备、vBNG（virtual Broadband Network Gateway，虚拟宽带网关）或 vPE（virtual Provider Edge，虚拟提供商边缘）路由器，这些都是私有部署的服务提供商云（为客户提供托管服务）的可选解决方案。在公有云上部署 NFV 时，必须严格考虑时延及吞吐量需求。如果要进行市场试验或概念验证，那么公有云可能是展示新产品能力的一种较好的选择。

由于底层的虚拟化基础设施来自 OpenStack 和 VMware，因而最初在云中部署和编排应用程序的工具及软件都集中于独立的应用程序，这些应用程序通常都使用连接到同一个（虚拟或物理）LAN（Local Area Network，局域网）上的单条连接进行相互通信或者与外部进行通信，而且这些应用程序通常都是一次性部署，有时可能还需要进行重新配置或调整参数。但是，由于部署 NFV 拓扑结构时 VNF 之间可能需要多条连接，因此 NFV 的部署及编排可能会有所不同，可能需要根据网络的变化情况（如改变流量的优先级、阻塞指定流量流或增加更多的路由邻居等）进行重新配置，这就要求必须知道该拓扑结构的其他 VNF。

在云中部署 NFV 时，云编排和云部署应用程序都必须考虑这些额外需求，这些应用程序不但要部署虚拟机来充当 VNF，而且还要执行服务编排及网络部署功能。为了更好地理解 NFV 部署工具所要完成的这些额外需求，下面将首先回顾 ETSI 架构下的管理及编排模块，然后再分析实现这些要求的软件及工具。

4.2 ETSI 管理与编排模块回顾

第 1 章描述了 ETSI 的 NFV 体系架构及其定义的各种模块，在 ETSI 的体系架构中，部署、编排及管理功能都由 MANO（Management and Orchestration，管理与编排）模块负责，本章将进一步讨论 NFV 的部署机制以及完成这些功能模块所需要的常见工具及方法。

在讨论这些内容之前，有必要简要回顾一下 MANO 模块的主要功能以及这些功能背后的意图（见图 4-4）。

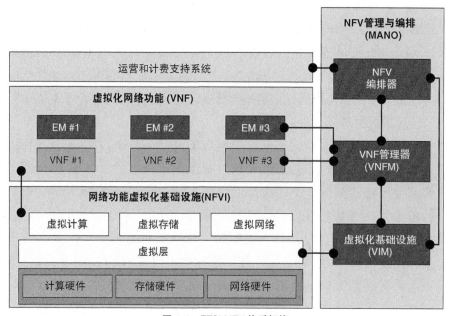

图 4-4 ETSI NFV 体系架构

MANO 模块包括 3 部分。

- VIM（Virtualized Infrastructure Manager，虚拟基础设施管理器）。
- VNFM（Virtualized Network Function Manager，虚拟网络功能管理器）。
- NFVO（Network Function Virtualization Orchestrator，网络功能虚拟化编排器）。

VIM 直接与 NFVI（NFV Infrastructure，NFV 基础设施）模块（物理设备、主机 OS 以及虚拟层）交互，目的是部署和管理这些 NFVI 单元，实现 VIM 功能的软件必须能够维护物理资源的目录、跟踪这些资源的利用率以及向虚拟资源池分配资源的情况。需要注意的是，由于网络硬件及虚拟网络资源池均由 VIM 进行管理，因而 VIM 的功能之一就是负责编排连接 VNF 的虚拟链路。

VNFM 负责创建、删除和更新 VNF 资源，实质上就是控制 VNF 的生命周期。

NFVO（NFV Orchestrator，NFV 编排器）执行资源和服务的编排功能，直接与 VIM 交互或者参与 VNFM 模块。前面曾经说过，服务编排意味着 NFVO 将协调已部署的服务组件（VNF、VNF 间的链路以及它们之间的连接信息）并管理整个服务的生命周期。需要注意的是，NFVO 执行资源编排操作就意味着将监控整个资源的分配情况，并监控其所管理的服务所需的资源分配情况。截至本书写作之时，ETSI 参考框架中的这些 NFVO 功能还都绑定在一起，不过 ETSI 表示，未来可能会将这两个功能划分成两个独立的功能模块。

表 4-1 列出了这些功能模块的主要功能。

表 4-1　　　　　　　　　　　　　　　MANO 功能模块的功能

功能模块	功能
VIM	维护硬件资源库（存储、计算及网络） 跟踪分配给虚拟资源池的硬件资源信息 与 Hypervisor 交互并进行管理 跟踪硬件利用率及硬件状态 与其他功能模块协作以通过虚拟网络实现 VNF 连接
VNFM	管理 VNF 的生命周期
NFVO	资源编排 服务编排 与其他功能模块协作以编排网络资源，并维护网络的端到端视图

MANO 数据存储库

除了前面提到的功能模块之外，ETSI 还描述了操作及编排数据（数据存储库 [Data Repository]）的集聚问题，这些数据存储库负责存储编排所要使用的信息、运行时间实例的环境以及正在使用或可用资源的信息。ETSI 体系架构定义了 4 组存储库（见图 4-5），接下来将详细讨论每一种存储库的相关信息。

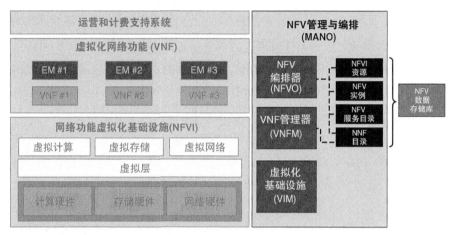

图 4-5   MANO 数据存储库

1. NFV 服务目录

NFV 服务目录（NS Catalogue）是一种存储库集，用于定义端到端部署网络服务时所要用的参数。这里的术语网络服务在很多情况下都被误用了，对于此处以及常规的 NFV 来说，网络服务指的是向终端用户提供基于网络的服务时的一组互连网络功能，因而描述网络服务就要描述这些网络功能、网络功能之间的连接、拓扑结构以及相应的操作及部署规范，如 VPN（Virtual Private Network，虚拟专用网）服务或者包含 NAT（Network Address Translation，网络地址转换）、FW（FireWall，防火墙）或其他功能的 Internet 网关服务。

NFVO 功能模块在编排网络服务时需要用到 NS 目录，可以用 NS 目录绑定的模板中的信息来定义 VNF、链路、生命周期、扩展性以及拓扑结构的确切参数，这些参数都是提供网络服务所必需的信息。ETSI 将这些存储库称为描述符（Descriptor），NS 目录负责将 3 类描述符或数据集组合在一起，如图 4-6 所示。

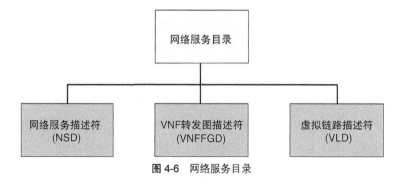

图 4-6   网络服务目录

描述符（Descriptor）与目录（Catalogue）

描述符是一种定义编排参数的模板存储库，可以利用 YANG（Yet Another Next Generation）或 XML 等数据格式化语言来描述这些描述符。

目录则是一组描述符存储库，同一个目录中可以存在多种版本的描述符。

2. VLD

VLD（Virtual Link Descriptor，虚拟链路描述符）为互连 VNF 所需的资源提供了一种部署模板，这些 VNF 属于网络服务及服务端点的一部分。除了虚拟端点之外，VLD 还可以定义 VNF 连接 PNF（Physical Network Function，物理网络功能）设备所需要的资源（如果这些物理设备在提供网络服务方面发挥作用）。定义好这些参数之后，MANO 的编排部分（NFVO）就可以知道实现这些服务所要请求的接口类型，由 NFVO 将这些链路请求信息以及其他相关参数（如 VNF 资源）向下传递给 VIM（负责管理基础设施的 MANO 功能模块），此后 VIM 就能正确选择相应的主机，为这些需求提供相匹配的资源。

服务端点（Service Endpoint）

如果将 NFV 服务比作一个黑匣子，那么服务端点就是这个黑匣子的入口点和出口点。

3. VNFFGD

虽然 VLD 描述了连接 VNF、PNF 以及端点的链路相关参数，但是并没有描述链路应该如何互连这些实体，这些信息由 VNFFGD（VNF Forwarding Graph Descriptor，VNF 转发图描述符）模板负责描述，VNFFGD 模板利用 VLD 描述的链路信息携带拓扑结构信息。例如，VLD 描述需要两个接口，且接口带宽分别为 100G 和 1G，那么 VNFFGD 就可能描述其中的 100G 链路负责互连两个 VNF，且用于数据流量，而互连这两个 VNF 的 1G 链路则用于管理流量。

4. NSD

NSD（Network Service Descriptor，网络服务描述符）负责描述网络服务，并将定义整个网络服务的部署参数的模板组合在一起。例如，可以在 NSD 中定义扩展策略和生命周期事件等参数，扩展策略定义需要扩展服务的条件以及实现扩展能力所需的操作，生命周期事件则定义网络服务的各种生命周期事件的脚本、操作及行为。NSD 从高层视角来定义网络服务，除了与服务相关的参数之外，NSD 还交叉引用了构成网络服务的其他描述符，如 VNF 描述符、VNF 转发图描述符、物理网络功能描述符以及虚拟链路描述符，如图 4-7 所示。

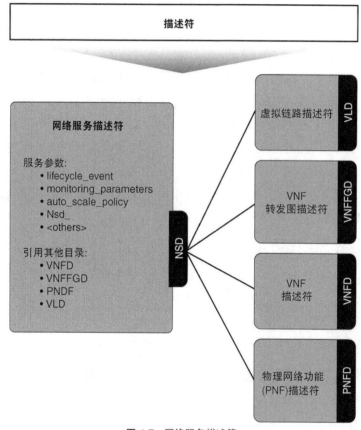

图 4-7　网络服务描述符

5. VNF 目录

VNF 目录（VNF Catalogue）是 VNF 包（VNF Package）的存储库，每个 VNF 包都对应一个 VNFD（VNF Descriptor，VNF 描述符），VNFD 的作用是定义 VNF 的部署参数，如 CPU 资源、内存、存储需求以及操作行为（如描述 VNF 生命周期事件行为的 lifecycle_event）或弹性策略。VNF 目录包含多个 VNF 包，如图 4-8 所示。

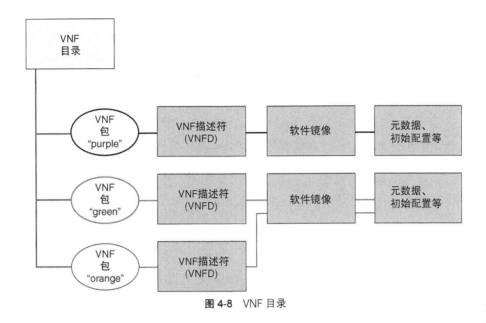

图 4-8　VNF 目录

VNF 包中还包含了 VNF 镜像及其初始配置参数等信息，图中的 VNF 包将来自 VNFD 的部署和操作参数、要使用的软件镜像以及应该部署的配置参数联合起来，就提供了 VNF 的完整视图。以充当虚拟路由器的 VNF 镜像为例，该镜像也可以用来部署虚拟路由反射器（高内存和高 CPU 要求）以及虚拟提供商核心路由器（低内存和高 CPU 要求），由于这些参数都定义在 VNFD 中，因而这两种实现可以是两种完全不同的 VNF 包（通过 VNFD 进行区分）。VNF 目录可以包含多个 VNF 包（每个 VNF 包只有一个 VNFD，反之亦然）。

NFVO 和 VNFM 都能使用 VNF 目录中的信息，NFVO 利用该信息管理 VNF 的生命周期。例如，实例化新 VNF（属于网络服务的一部分）时，NFVO 会将该需求以及来自 NS 目录的其他信息（如 VLD）一起传递给 VIM 功能模块，VIM 功能模块则根据这些信息选择并分配所需的资源。同样，VNFM（负责管理 VNF 的 MANO 功能模块）也能访问 VNF 目录信息。

6. NFV 实例存储库

到目前为止已经描述了两种部署网络服务的存储库，即 NS 目录和 VNF 目录。部署了网络服务实例之后，其运行状态的相关信息就存储在 NFV 实例存储库（NFV Instance Repository）中，存储库将这些信息集聚在一起，称为报告（Report），存储库拥有网络服务报告（NS Report）、VNF 状态报告（VNF Report）等多种报告。如果 VNF、链路以及网络服务等的运行状态出现了任何变化，那么 NFV 实例存储库中的相应报告都会及时做出更新。例如，网络服务状态出现变化后就会更新网络服务报告，虚拟链接状态出现变化后就会更新 VL（Virtual Link）报告，拓扑状态出现变化后就会更新 VNFFG 报告，其他状态出现变化后则会更新相应报告的数据结构。图 4-9 列出了 ETSI 在 NFV 架构中定义的记录类型（截至本书写作之时），有关这些记录以及将这些记录集聚在一起的参数的详细信息可参阅 ETSI 的体系架构文档。

> **报告（Report）**
> 报告是一种数据结构的存储库，该数据结构用于表达已创建实例的运行数据。

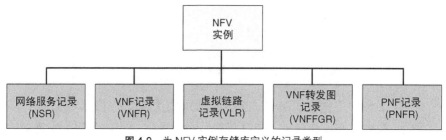

图 4-9   为 NFV 实例存储库定义的记录类型

7. NFVI 资源存储库

前面讨论的 NFVO 的另一个作用是资源编排，资源编排要求 NFVO 必须维护一张可用且可支配的基础设施资源的最新视图。由于 VIM 是与基础设施直接交互的管理功能模块，因而 VIM 可以掌握基础设施资源的相关信息，并将其提供给称为 NFVI 资源存储库（NFVI Resources Repository）的存储库，NFVO 利用该存储库就能获得可用资源、保留资源以及已分配资源的最新视图。

请注意，每个 VIM 都有它正在管理的 NFVI 模块的资源信息，而且多个 VIM 可以并行工作，因而 NFVI 资源存储库中的资源信息是系统中所有 VIM 提供的资源信息的统一视图。

8. 协同工作

图 4-10 给出了存储库（如目录、描述符及报告）与 MANO 中的其他功能模块之间的关系，从图中可以看出，NS 目录和 VNF 目录是网络服务编排的主要数据源。NS 目录包括 NSD、VLD 以及 VNFFGD，VNF 目录则由 VNFD 组成。创建网络服务

实例时，编排功能模块（NFVO）会利用这些目录以及 NFVI 资源存储库来部署实例。对于每个实例来说，都会创建并填充 NFV 实例存储库中的报告。

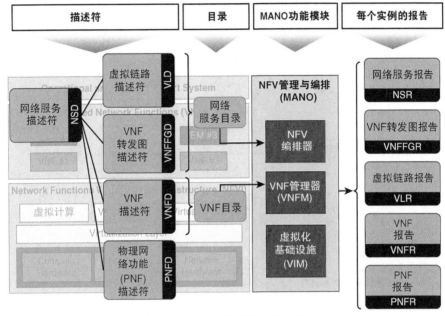

图 4-10　MANO 存储库之间的关系

　　为了更好地理解这些 MANO 存储库，下面将以 MPLS-VPN 服务的编排操作为例加以说明。对于 MPLS-VPN 服务来说，提供商通常会部署两台 vPE（virtual PE，虚拟 PE）设备以及 vRR（virtual Route Reflector，虚拟路由反射器）簇。vPE 设备通过核心层物理网络（P 设备）进行互连以传送数据流量，为各个客户部署的拓扑结构如图 4-11 所示。

　　为了编排该 MPLS-VPN 服务，需要将 NFV 描述符映射为示例中的表项（见图 4-11）。

　　同一个虚拟路由器 VNF 镜像可以同时实现 vPE 和 vRR 功能，方法是为它们定义单独的 VNFD，然后再分隔这两种应用程序的 VNF 包。在这种情况下，VNFD 可以包含以下属性。

- 可能需要给 vRR VNFD 分配较多的内存和较少的计算资源，因为这样做比较适合路由反射器的功能。从图 4-11 可以看出，该 vRR 的 VNFD 可能会被描述为部署两份 VNF 副本（使用 high_availability 属性），而且这两份副本可能运行在不同的服务器上（使用 affinity 属性）。此外，还需要为 vRR VNFD 定义两个 VNF 实例之间的链路，这两个虚拟机实例会安置在不同的服务器上，并通过互连链路以及与其他 VNF 相连的链路的连接点信息来定义 vRR VNF。vRR VNF 由单个 VNF 包进行定义,并实例化成一个 vRR 实例(请注意,本例中的 vRR VNF 是由两台虚拟机合并提供的)。

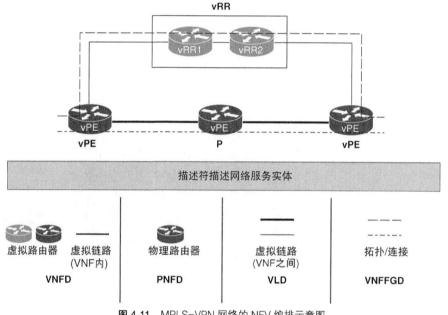

图 4-11 MPLS-VPN 网络的 NFV 编排示意图

- 部署 vPE 实例时,可能需要给 vPE VNFD 分配较多的计算能力。可以利用 deployment_flavor 属性来定义两种类型的 vPE,将其中一种 vPE 定义成拥有更多的计算和内存资源,从而更适宜充当中心站点 vPE。
- 通过 VLD 来定义 VNF 实例之间的链路。本例中的 VLD 描述了两种不同类型的链路,其中的低带宽链路(可能是 1Gbit/s)用于承载 vRR 与 vPE 之间的控制平面流量,高带宽链路(如 10Gbit/s 或 40Gbit/s)用于承载 vPE 的数据流量。由于本例中的 P 路由器是物理设备,因而 vPE 到 P 路由器的链路描述的是 VNF 到 PNF 的链路。

最后,通过 VNFFGD 来定义连接所有 VNF 的拓扑结构,VNFFGD 将图 4-11 中的连接区分成 vRR-vPE 链路与 vPE-P 链路。

9. 进一步分析描述符

ETSI 框架中定义的描述符包含了多种信息,这些信息在结构上采用了层次化定义方式，前面曾经说过，可以通过 YANG 或 XML 来描述描述符中的信息。从高层视角来看，可以将这些描述符中携带的信息分成资源信息（如链路容量或虚拟机的 CPU 资源）、连接信息以及被监控参数信息（也称为 KPI[Key Parameter Index，关键参数索引]）。

为了更好地了解该结构及其内部信息，下面将以 VNFD 为例来描述它所使用的一些参数。很多参数（ETSI 称之为信息单元）都定义在多个描述符中，虽然信息单元的定义都相同，但是用在不同的描述符中，相应的内容也就有所不同。例如，在这里利用 lifecycle_event 描述的是 VNFD 的生命周期，但是如果其作为 NSD 中的信息单元，那么描述的则是网络服务的生命周期。

为了更好地理解 ETSI 所定义的信息单元类型及其使用方式，表 4-2 列出了为 VNFD 定义的参数信息。

表 4-2　　　　　　　　　　　　为 VNFD 定义的参数

参数	定义
vendor	生成该 VNFD 的供应商名称
version	VNF 软件版本（从该 VNFD 的角度来看）
connection_point	VNF 提供的用于连接 virtual_Link 的外部接口类型，例如，connection_point 可以是管理端口和数据接口
virtual_Link	定义了 VNF 连接所用的虚拟接口，虚链路引用了基于 VNF 规范的连接点。对于前面的案例来说，虚链路可以是使用 e1000 驱动程序或其他使用 DPDK 驱动程序的接口
lifecycle_event	发生实例化、解除、扩展等生命周期事件时的行为（或者用来定义这些行为的脚本）
vnf_dependency	如果该 VNF 提供功能时依赖于其他 VNF，那么就可以在 VNFD 中为该 VNF 定义其他虚拟功能
monitoring_parameters	定义了应该监控的 VNF 参数，以确定其负荷以及是否要对 VNF 执行弹性和扩展性变更操作。例如，如果 VNF 是 BGP RR，那么就应该监控 VNF 的 BGP 路由数、CPU 负荷以及可用内存情况等参数，如果 BGP 路由数超过了阈值，那么就可能需要另一个 VNF 实例或者扩展内存量。
deployment_flavor	用于描述该 VNF 的不同部署模型，包括 vCPU、内存以及功能等要素。如果是 vRR，那么就可能会将其部署为基本级别的 vRR。

注：VIM 利用术语 Flavor（模型）来描述计算资源及存储资源（内存及磁盘空间）的组合，VIM 可以创建和管理这些 Flavor，并为虚拟机的资源请求分配相应的可用资源。对于私有云来说，VNFM 可以请求 VIM 根据需要创建新的 Flavor，但是对于公有云来说，云服务提供商可能会按照预定义的 Flavor 来提供 IaaS 服务，此时的 VNFM 必须为虚拟机的创建及资源更新使用其中的某种可用 Flavor。

有关每种描述符的信息单元完整列表及其作用，请参阅相应的 ETSI 文档。
图 4-12 给出了这些信息单元的具体示例。

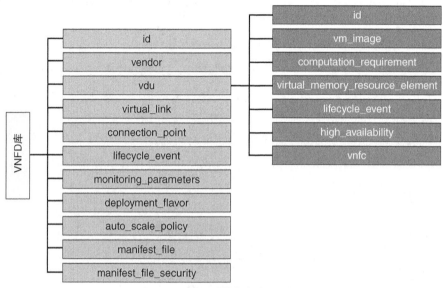

图 4-12　VNFD 中的信息单元示意图

4.3　NFV 基础设施的编排、部署及管理

第 2 章曾经深入讨论了 NFVI 组件的相关概念，这些组件（包括硬件和软件）是构建 NFV 基础设施的基础。为了编排、部署、管理并监控基础设施，很多网络设备商以及代表服务提供商和开源社区的组织机构都提供了各种软件包，考虑到这些软件的作用是构建云基础设施，因而通常将这类软件称为 COS（Cloud Operating System，云操作系统）。

云操作系统的编排和部署操作主要集中在 VNF、连接 VNF 的网络、所需的存储资源以及应该分配给它们的计算能力等方面，需要考虑能够采用的硬件虚拟化水平、应该分配给虚拟机的网络及存储组件的类型和数量，以及其他相关因素。

4.3.1　硬件虚拟化部署选项

对于硬件来说，无论是 COTS，还是厂家定制硬件，通常都可以利用第 2 章中提到的虚拟化技术进行共享，但是正如前面的基础设施设计方案所述，实际的共享方式以及所采用的虚拟化技术都与具体的应用场景相关。在确定硬件虚拟化的部署模式时，应该实现何种程度的隔离机制与需要达到的安全级别以及 VNF 功能的重要性息息相关。目前主要有以下 3 种部署模式。

- 裸机虚拟化（Bare-metal Virtualization）。
- 基于 Hypervisor 的虚拟化（Hypervisor-based Virtualization）。
- 基于容器的虚拟化（Container-based Virtualization）。

事实上，VNF 的裸机实现方式并没有真正体现虚拟化的好处，因为这种实现方式与为特定网络功能使用专用服务器相似。裸机虚拟化可以为 VNF 提供服务器资源的绝对隔离和绝对控制，但几乎享受不到资源共享带来的各种好处。有时仍然可能需要用到这种裸机实现方式（作为更大的 NFV 部署方案的一部分），让云看起来与 NFV 解决方案以及高层工具一致，不过这种方式为其上实现的 VNF 提供了高度隔离机制。

利用基于 Hypervisor 的虚拟化方式，在虚拟机中实现的 VNF 不但能够提供非常好的隔离机制，而且还能享受虚拟化以及资源共享带来的好处，这种环境下的 VNF 需要运行自己的操作系统（客户 OS），与主机环境完全独立。共享主机的虚拟机受到保护，其内存、磁盘和 CPU 不受其他虚拟机的侵占。虽然这种技术存在一定程度的开销，但基于 Hypervisor 的虚拟化方式已成为当前 NFV 硬件虚拟化的理想选择。

与裸机和基于 Hypervisor 的虚拟化方式相比，基于容器的虚拟化方式提供的隔离度最低，该虚拟化方式下的 VNF 共享内核、二进制文件以及库资源。虽然这种虚拟化方式的成本较低，也较为简单（因为消除了 Hypervisor 的角色以及与之相关的许可和管理机制），但这是以降低隔离性为代价的。容器具有很大的局限性，在 CPU、内存、磁盘以及其他资源使用方面都存在一定的限制。由于很多软件模块（包括内核本身）都相同，因而异常 VNF 可能对其他容器中的 VNF 造成影响。虽然容器技术因其轻巧性和灵活性而获得了普遍认可和应用，但由于其隔离性和安全性较低，因而并不适用于所有场景。如果对于隔离性和安全性要求不高，那么基于容器的虚拟化方式就是不错的选择。

图 4-13 显示了这 3 种硬件虚拟化方式之间的差异情况。

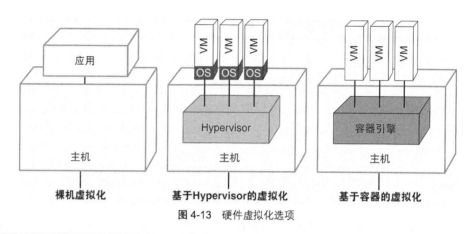

图 4-13　硬件虚拟化选项

> **注**：术语编排（Orchestration）和部署（Deployment）经常会被人们混淆和误用。为了更好地理解这两个术语之间的差异，可以将编排比作建筑平面图，那么部署就是该建筑平面图的具体实现。以房地产开发为例，房地产开发涉及城市规划，需要规划住宅区、娱乐区和商业区，以及连接这些区域的道路和区域内道路，甚至还要规划出这些道路和街道的详细信息，如根据容量规划确定道路宽度以及路线信息，这些工作就是编排，即定义整个区划体系、相应的道路连接及容量要求，实际部署则必须遵循这些设计方案并据此实施。
>
> 对于虚拟化环境来说，编排意味着确定资源的分配量、虚拟机的互连方式、存储的类型以及存储容量等信息。部署则是具体实现，它按照编排进程所规划的细节及定义的参数执行。因此，将资源编排定义为"给虚拟机分配 NFVI 资源以及解除分配和管理 NFVI 资源"，表示分配操作是在规划阶段完成的，部署阶段则按照规划要求分配实际资源。

4.3.2　部署虚拟机及容器

目前市面上存在多种可以部署执行网络功能虚拟化的实用工具，第 2 章已经详细介绍了目前业界可以提供的几种 Hypervisor 选项，对于 NFV 来说，常见的 Hypervisor 就是 KVM（Kernel-based Virtual Machine，基于内核的虚拟机）和 ESXi。与此相似，使用基于容器的虚拟化方式时，主要使用 Docker 和 LXC（Linux Container，Linux

容器)来实现NFV。提供NFVI部署能力的工具就是利用上述虚拟化模式来部署VNF,因而在研究用于大规模部署操作的实用工具之前,需要先了解一下如何通过 CLI(Command-Line Interface,命令行接口)或非常简单的工具来使用这些 Hypervisor,然后再在这些概念的基础上研究大规模部署 NFVI 的相关工具。

> **注**:通常来说,术语虚拟机指的是基于 Hypervisor 的虚拟机以及基于容器的虚拟环境。除非特别说明,否则本书后续章节在谈到虚拟机时,指的都是这两种技术。

1. 通过 CLI 使用 KVM

使用 KVM 的一种简单直接的方式就是通过 Linux 命令行调用 KVM 并指定相应的命令行参数,从而定义实例化新虚拟机时所需的相关参数。图 4-14 给出了一个通过 CLI 使用 KVM 的简单示例,可以看出通过 CLI 传递的参数主要有虚拟机的内存、CPU 资源、网络以及虚拟机镜像。

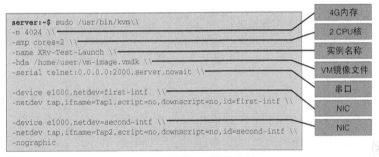

图 4-14　通过 CLI 使用 KVM

> **注**:Linux 系统中的 kvm 命令是一个包装器,在设置了 KVM Hypervisor 标志的情况下调用参数 *qemu-systemx86_64*。如果要查看可以传递的完整参数列表,可以通过 man qemu-system-x86_64 命令来查看 *qemu-system-x86_64* 的相关文档。

基于 CLI 的方法是一种非常原始的通过 KVM 部署虚拟机的方式,主机 OS 使用 Linux 时,所有的编排工具都要与 KVM 进行交互以部署 VNF,只不过 KVM 的使用复杂性已经被用户通过非常友好的前端界面屏蔽了。了解 KVM 实例化虚拟机时所用的参数可以更好地理解使用编排工具时发生的内部操作,但是利用 CLI 部署虚拟机方式不但扩展性差,而且操作复杂,而编排工具通常都能实现或支持自动部署操作,从而满足可扩展的大规模部署需求。

2. Virsh 及 GUI 选项

Virsh 是另一种可以调用 KVM 创建虚拟机的 CLI 工具，能够在虚拟机环境的升级、管理以及监控等方面提供一些增强型能力。与 KVM 中的 CLI 方法（需要直接传递参数）不同，Virsh 可以在 XML 模板中配置虚拟机参数，图 4-15 给出了一个 XML 文件示例，可以在 Virsh 命令中实例化虚拟机。

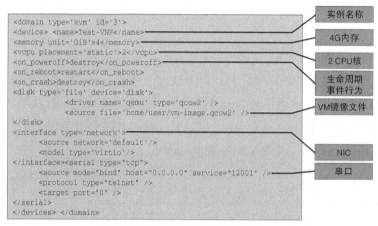

图 4-15　**Virsh** 的 XML 文件示例

虽然 Virsh 的虚拟机管理和监控能力有限，但是提供了很多虚拟机监控和管理的基本手段，如重启虚拟机、修改配置、查看 CPU 和内存分配信息、创建快照或者将虚拟机迁移到其他主机上。图 4-16 给出了 Virsh 命令的选项列表示例，查阅 Virsh 命令手册可以了解完整的选项列表信息。

```
server:~$ virsh -help
<snip>
console                    connect to the guest console
create                     create a domain from an XML file
destroy                    destroy (stop) a domain
migrate                    migrate domain to another host
reboot                     reboot a domain
resume                     resume a domain
shutdown                   gracefully shutdown a domain
vcpucount                  domain vcpu counts
dominfo                    domain information
list                       list domains
snapshot-create            Create a snapshot from XML
snapshot-list              List snapshots for a domain
vol-clone                  clone a volume.
vol-create-as              create a volume from a set of args
vol-create                 create a vol from an XML file
<snip>
```

图 4-16　**Virsh** 命令选项示例

除了 Virsh 命令行接口工具之外，还有很多开源的 GUI（Graphical User Interface，图形用户接口）工具可用，如 Kimchi、virt-manager 以及 Mist.io 等，图 4-17 给出了 virt-manager 的界面示例，该工具提供了 Virsh 功能的图形化接口，更易于使用。

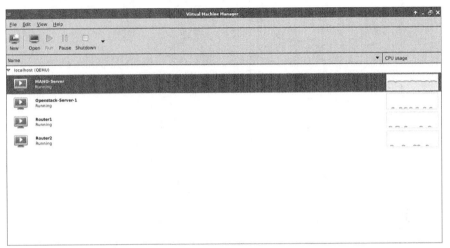

图 4-17　virt-manager GUI 接口示例

3. vSphere 客户端

VMware 提供的 vSphere 客户端工具主要在基于 ESXi 的 Hypervisor 上部署、监控和管理虚拟机，该工具不但能够通过 GUI 与 ESXi 主机进行直接交互，而且还提供了 API，允许其他工具与其进行交互。图 4-18 给出了 vSphere 的 GUI 示例，vSphere 可以简化实例化虚拟机的配置操作，但是没有提供诸如虚拟机迁移、克隆等高级功能。VMware 提供了一整套虚拟化部署工具，具体信息将在本节的后续内容进行讨论。

4. LXD

LXD（Linux Container Daemon，Linux 容器守护程序）是一种在 Linux 环境下管理和操作容器部署工作的工具，LXD 构建在 LXC（详见第 2 章）之上。为了便于容器管理，LXD 还额外支持安全机制、OpenStack 集成插件以及 REST API（Representational State Transfer API，表述性状态转移 API）。

前面讨论的这些工具只是虚拟机和容器部署工具中的一小部分，这些工具对于独立环境或简单的实验室环境来说完全没有问题，但是并不适用于大规模应用环境的部署需求。接下来将详细讨论各种常见的大规模部署工具并建议将其作为 VIM。

图 4-18　vSphere GUI

4.3.3　NFVI 部署软件及工具

NFVI 的部署操作由 VIM 功能模块负责。如前所述，VIM 的作用不仅仅是与 Hypervisor 交互，它还要管理硬件存储库、管理和监控资源的使用情况，并与其他 MANO 功能模块进行交互。目前市场上的各种可用云操作系统都能提供这些功能，都具备良好的扩展性和管理大型部署环境的能力，其中有些是商业软件，有些则由开源社区负责开发和管理，很多商用 NFVI 部署工具都利用 OpenStack 或 VMware 的 vCenter 并在其上增加管理层。本节将介绍部分常见的 NFVI 部署软件，并以 OpenStack 为例详细讨论 NFVI 部署软件的功能要求。

1. VMware 的 vSphere 软件套件

VMware 以 vSphere 软件套件作为其虚拟化解决方案，vSphere 软件套件的主要组件包括 vSphere Hypervisor（ESXi）、分布式虚拟交换机以及用于虚拟机移动性管理的 VMotion 和用于虚拟化环境管理与维护的 vCenter。

vSphere 不仅是 VIM，它还包含 NFVI 组件，因为 vSphere 拥有自己的虚拟机管理程序、交换机以及与存储协同工作的机制（VMware vSAN）。VMware 提供了 3 种交换机功能来实现虚拟机的互连：标准 VMware 虚拟交换机、分布式虚拟交换机或 DVS（由 VMware 或 Cisco Nexus1000v 提供）以及类似 NSX 的叠加式 SDN 控制器。

VMware 还提供了 vRealize 等软件套件，该套件适用于混合云管理，可以与 AWS、OpenStack 以及多种 Hypervisor 协同使用。

2. OpenStack

OpenStack 是目前常用的部署云基础设施的开源免费软件，VIM 功能只是 OpenStack 能力集的一个子集，OpenStack 的功能一直都在发展演进，以适应 VNFM 和 NFVO 的发展需求。

OpenStack 最初由 Rackspace（云服务托管公司）和 NASA 以开源软件的方式发起，目前已经成为一套成熟的用于构建和管理虚拟化平台的软件套件。OpenStack 包含多种模块，可以提供网络、存储、计算、管理等功能，很多采用 NFV 的服务提供商都已经部署或计划使用 OpenStack 作为其部署 NFV 基础设施的软件。有关 OpenStack 的详细内容将在后面深入讨论。

3. Cisco UCSD

Cisco 提供的虚拟化及管理层软件是 UCSD（UCS Director，UCS 导向器），该软件同时支持 NFV 的虚拟和物理基础设施。由于 Cisco 既是一家物理平台厂商，也是一家虚拟平台厂商，因而 Cisco UCSD 既可以提供独立版本，也可以提供绑定版本，可以为用户的 NFVI 部署操作提供足够的灵活性和更多的选择。

Cisco UCSD 为 NFVI 的整体管理和控制提供了单一窗口，并作为管理器与 Open Stack 或基于 VMware vCenter 的虚拟基础设施进行交互，对计算、网络及存储资源进行管理，同时还能与服务器、交换机以及路由器等物理实体进行交互（见图 4-19）。Cisco 将 UCS 硬件与 UCSD 软件打包成一套完整的集成解决方案，可以帮助客户更快速地部署 NFVI。

4. Ericsson Cloud Execution Environment

Ericsson Cloud Execution Environment（爱立信云执行环境）是 Ericsson 云系统套

件的一部分，可以提供 IaaS（Infrastructure as a Service，基础设施即服务）的部署服务。由于云平台仅支持 IaaS 的虚拟化实体，因而 Ericsson 针对 PNF 提供了单独的管理软件 Ericsson Network Manager（爱立信网络管理器）。图 4-20 给出了 Ericsson 云系统套件中用于 NFVI 和 PNF 基础设施的两大主要组件。

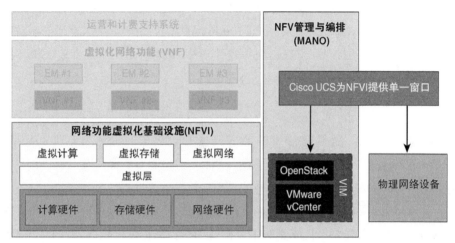

图 4-19   Cisco UCSD

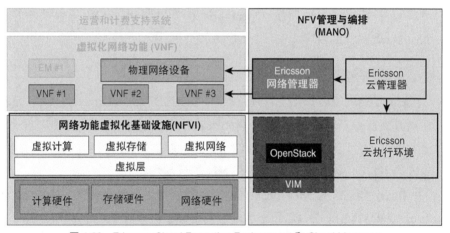

图 4-20   Ericsson Cloud Execution Environment 和 Cloud Manager

5. HP Helion OpenStack Carrier Grade

HP 提供的 NFVI 部署软件是 HP Helion OpenStack Carrier Grade，该软件是 OpenStack 的商用版本，可以提供很多增强型功能，实现 NFVI 部署操作的运营级性能、稳定性及高可用性。

> 注：一般来说，VIM 软件都能管理其他 Hypervisor 环境，这在处理混合部署场景时非常有用。例如，VMware 的 vRealize 就能与 OpenStack 以及 vSphere 协同工作，而 OpenStack 也能管理 VMware 基础设施（利用 VMware Integrated OpenStack）。

4.4 OpenStack 概述

通常 NFV 与 OpenStack 总是同时出现，这是因为 OpenStack 是目前较受欢迎的 VIM，已逐步成为 CSP 的一个不错的选择。为了更好地理解 OpenStack 对于 NFV 的价值及作用，非常有必要了解 OpenStack 的基本概念及其功能，而且 OpenStack 模块经常被称为 Neutron 或 Nova，除非清楚地知道这些模块的作用，否则很容易混淆，因而本章将详细讨论 OpenStack 的相关知识。

虽然本章讨论的是 OpenStack，但相关概念也同样适用于其他 VIM，如 VMware vCenter 等。

4.4.1 什么是 OpenStack

简单来说，OpenStack 就是一种用于部署虚拟环境（虚拟机和容器）以及互连这些虚拟环境所需网络的软件应用程序。

OpenStack 主要使用 Python 编程语言，需要运行在 Linux 环境中（截至本书写作之时，OpenStack 还没有计划运行在其他平台上）。虽然没有 OpenStack 也能部署虚拟机和容器，但是 OpenStack 提供了一整套部署虚拟环境的平台及公共接口。对于提供公有云服务的 CSP 来说，他们可以通过 OpenStack 等类似工具，让用户利用前端接口（通常是 GUI 接口，可以在后台调用 OpenStack API）来编排并部署虚拟环境，包括应用程序、虚拟机、VNF 以及互联这些组件的网桥等。希望部署私有云的客户也跟随 CSP 的脚步，逐步采用 OpenStack 来部署他们的私有云。

OpenStack 并不是唯一提供虚拟环境部署能力的工具，还有很多其他方式也能部署和提供公有云（如前所述），AWS（Amazon Web Services，亚马逊 Web 服务）就是其中的佼佼者，事实上，OpenStack 模仿的就是 AWS 的功能，只不过 OpenStack

的普及性以及创建自身术语及体系架构的复杂性，使得其更值得人们关注。

4.4.2 OpenStack 简史

OpenStack 自 2010 年出现以来获得了长足发展，最初只有 Swift 和 Nebula 两大组件，Swift 的主要开发者和贡献者是 Rackspace，Rackspace 将其作为存储管理的开源软件，而 Nebula 则源于 NASA 的一个开源项目，主要目的是管理复杂的数据集。将 Swift 项目和 Nebula 项目整合在一起，就是 OpenStack 的雏形。后来很多企业都加入到 OpenStack 开源项目中，贡献了大量代码和软件功能。目前 OpenStack 的版本及代码由 OpenStack 基金会负责管理，OpenStack 技术委员会负责管理 OpenStack 的技术问题，以确保 OpenStack 贡献代码的质量、集成性和开放性。

> 注:NASA 和 Rackspace 的最初目的是模仿 Amazon 的 AWS(Amazon Web Services，亚马逊 Web 服务）云服务提供方式，并为自己及公众应用开发一套开源版本的软件，Swift 模仿的是 Amazon S3（Simple Storage Service，简单存储服务），Nebula 模仿的是 Amazon EC2（Elastic Compute Cloud，弹性计算云）。

OpenStack 得到普及推广的主要原因在于 OpenStack 的免费许可、社区开发、完全开源以及与厂商无关性，所有人都可以免费复制、修改和使用。另一方面，开源的 OpenStack 没有任何支持模式，完全采取社区化开发和支持模式，虽然 OpenStack 基金会负责管理 OpenStack 版本的内容及修改操作，但是该论坛仅负责协调参与者的开发与贡献，并不提供任何开发与使用方面的官方支持。很多公司都基于开源的 OpenStack 创建了自己的定制化版本，并为此提供技术支持，Mirantis、Red Hat、Canonical 以及 Cisco-Metacloud 等公司都有自己的 OpenStack 版本，并提供相应的开发与支持服务。

OpenStack 在开发之初是作为部署应用程序及存储托管服务并加以管理的工具，后来逐步发展成为云部署工具，很多云服务提供商（如 Rackspace）正逐步将 OpenStack 用于公有云产品，而有些公司（如 GoDaddy）则利用 OpenStack 来部署自己的私有云。不过近年来，NFV 的目标之一是实现供应商的独立性，而 OpenStack 正好能够满足该需求，可以避免锁定任何特定供应商。对于那些正逐渐采用 NFV 的服务提供商（许多都脱胎于传统的电信运营商）来说，他们通常都希望创建自己的私有云（托管并运行自己的网络服务），并广泛利用 OpenStack 对各种供应商的支持能力。因此，开源及低成本特性使得 OpenStack 有望成为服务提供商部署 NFV 基础设施的首选技术。

4.4.3 OpenStack 版本

OpenStack 采用基于时间的版本发布模式，上一个版本发布之后大概 6 个月再发布新的 OpenStack 稳定版本，使用时间大概 1 年左右。OpenStack 的版本以字母顺序进行命名，每个新版本都会融入社区开发和贡献的最新代码，这些代码必须得到 OpenStack 基金会技术委员会的批准和接受。图 4-21 给出了截至本书写作之时的 OpenStack 版本历史及演进路线图，可以看出，OpenStack 版本的发布周期是 6 个月，有效期是 1 年。

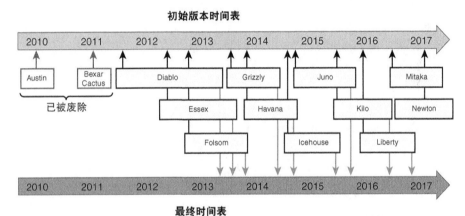

图 4-21　OpenStack 版本发布时间表

4.4.4 OpenStack 部署节点

OpenStack 并不是一个单一软件，而是由多个模块组成，可以提供多种功能。运行 OpenStack 软件的服务器称为 OpenStack 节点，由于 OpenStack 是模块化软件，因而并不需要在 OpenStack 所管理的每个 OpenStack 节点上都运行所有的 OpenStack 组件。如果服务器仅提供虚拟化的计算资源，那么只要在这些节点上运行计算虚拟化管理模块（Nova）即可，这些节点则被称 OpenStack 计算节点。

同样，有些服务器可能仅提供虚拟化的存储资源，那么只要在这些节点上运行 OpenStack 存储管理模块即可，这些节点被称 OpenStack 存储节点。对于网络虚拟化来说，某些 OpenStack 网络节点可能仅提供虚拟化的网络模块，因而只要运行用于网

络虚拟化管理的 OpenStack 模块即可。根据所要提供的服务类型, 网络中可能还存在
其他类型的 OpenStack 节点, 如运行负载平衡和集群服务的端节点或类似于存储节点
的卷节点。当前, 常见的 OpenStack 节点还是前面说的几种节点。

　　除了这些节点之外, OpenStack 还要部署 OpenStack 控制器节点以管理其模块并
执行特定的集中功能, 这些节点可以分布在不同的位置上(支持不同的地理位置)。
控制器节点是所有 OpenStack 环境都必不可少的, 而且前面提到的所有节点都能共存
在同一台服务器上, 可以共享相同的服务器, 也可以在不同的服务器上分别实现。
如果所有类型的 OpenStack 节点都集中在同一台服务器上, 那么就将这种包含控制
器、网络、计算及存储节点的组合称为 OpenStack 的 AIO(All-In-One, 全合一)部
署模式。对于最终用户来说, 这些节点的分布情况是不可见的, 看到的始终是
OpenStack 云的单个接口。图 4-22 给出了使用单独互连的节点或 AIO 部署模式的
OpenStack 部署情况。

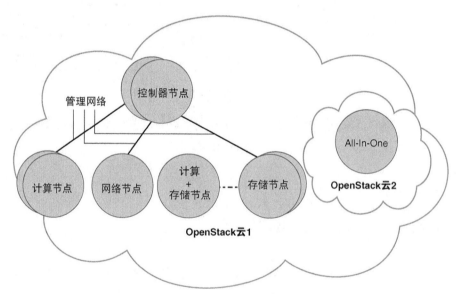

图 4-22　OpenStack 部署节点

　　从图 4-22 还可以看出, 同一个 OpenStack 云中可以存在多个相同类型的节点,
由于控制器节点是将 OpenStack 云基础设施整合在一起的关键, 因而部署多个控制器
节点以避免单点故障是非常有意义的, 这样做的好处是能够确保 OpenStack 的高可用
性, 但是为了保证多个控制器节点之间能够协同工作, 同样也会增加一定的复杂性,
有关该话题的详细信息将在后面进行深入讨论。

图 4-23 给出了 OpenStack 体系架构中的主要模块信息（以 OpenStack 的 Liberty 版本为例），虽然每个模块都被设计为执行特定功能，但相互之间仍然可能存在彼此依存关系，可能需要在 OpenStack 生态系统中进行交互。采用 OpenStack 的 NFV 部署方案可能需要这里给出的部分或全部组件，甚至还可能需要其他组件来构建和管理 NFVI 层。

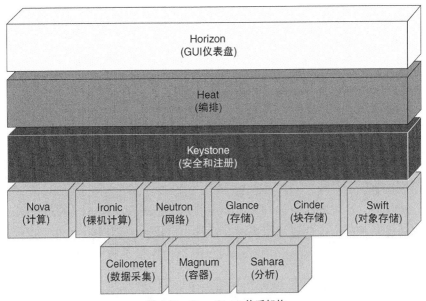

图 4-23 OpenStack 体系架构

OpenStack 创建云环境（称为项目或租户），并将其提供给用户以建立自己的云。用户可以访问多个云，而且在不同的云中具有不同的权限等级。

在租户内部，OpenStack 用户不仅可以创建自己的虚拟机、为虚拟机设置网络、实施监控和分析操作、对存储及镜像进行管理，还可以完成各种所允许的其他功能。对于租户环境来说，能够使用的选项功能取决于安装的 OpenStack 模块类型以及 OpenStack 管理员对该 OpenStack 模块所做的配置。除了虚拟机管理功能之外，OpenStack 还可以提供各种服务的构建模块，如 DHCP（Dynamic Host Configuration Protocol，动态主机配置协议）即服务、DNS（Domain Name System，域名系统）即服务或防火墙即服务。因而了解 OpenStack 的角色是充分理解其能力的关键，下面将讨论一些关键的 OpenStack 模块。

1. Horizon

为了与 OpenStack 进行交互，每个模块都提供了一组可以传递参数和检索响应信息的 API（REST API），而且这些模块都带有脚本，它们作为这些 REST API 的包装器，并提供一个命令行工具来传递参数或显示响应，因而对于用户和管理员来说交互过程较为友好。不过，OpenStack 也支持图形用户界面，由 Horizon 模块提供图形界面，Horizon 基于 Django 的网站应用程序进行开发，提供仪表盘功能。

> **Django 框架**
>
> Django 是一种利用 Python 语言编写的框架，主要用于 Web 应用程序开发，可以为数据库驱动的 GUI 提供一种简单的 Web 界面开发方法，无须为编写后端程序而耗费精力。

虽然很多管理功能都无法通过 Horizon 仪表盘进行操作，仍然需要使用命令行包装器工具。但是对于 OpenStack 用户来说，Horizon 提供了一种非常好的界面和图形环境来监控并管理他们的云。

与命令行包装器相似，Horizon 也在后台使用 REST API 调用机制。如果用户（或管理员）希望实现自己的仪表盘，那么也可以使用相同的 API 调用并替换 Horizon 来创建自己的用户界面。

> **OpenStack 通信**
>
> 由于 OpenStack 模块通过 REST API 调用机制进行交互，因而会侦听发送给它们的 REST 查询的特定端口号。这些 API 调用可能来自用户、管理员，甚至可能来自另一个模块，可以为 OpenStack 模块单独配置这些端口号，并通过集中式注册表将这些端口号（包括 IP 地址）提供给其他模块。在此背景下，作为 OpenStack 框架一部分的模块可以安装在不同的三层域中，只要它们能够路由 REST 流量（默认使用 HTTP，也可以改成 HTTPS[Secure HTTP, 安全 HTTP]），就可以将 OpenStack 框架分布到这些三层域中。
>
> 每个 OpenStack 模块都能在代码的多个功能块中实现（可能会运行为单独的进程）。如果 OpenStack 模块需要在自己的功能块中进行通信，那么就会通过消息队列使用更有效的通信方法，因而运行 OpenStack 的主机系统都应该安装消息队列功能。实现该功能的应用程序比较多，只要符合 AMQP（Advanced Message Queuing Protocol, 高级消息队列协议），OpenStack 就能使用该应用程序，默认建议使用 RabbitMQ，它是 AMQP 的一种开源实现。

2. Nova

Nova 是 Nebula 的演进版本，是 OpenStack 较早的模块之一。Nova 的主要功能是与 Hypervisor 进行交互，以创建、删除和修改已分配资源并管理虚拟机的镜像。从本质上来说，Nova 提供了虚拟机生命周期的管理手段，Nova 界面为 OpenStack 用户云提供了虚拟机设置能力，因而是 NFV 部署方案中非常重要的 OpenStack 模块。

Nova 可以通过 Nova-Network 子模块为用户提供非常基本的网络功能，不过目前已被弃用，被更为强大的 Neutron 模块所取代。

3. Neutron

Neutron 通过 OpenStack 为网络服务提供部署和配置能力。对于 NFV 来说，Neutron 模块扮演着非常重要的角色，因为该模块负责建立网络并与 VNF 进行对接，从而在虚拟机或 VNF 与外部广域网（WAN）或局域网（LAN）之间建立连接。

Neutron 源自 Nova 的网络模块，是 Nova 网络模块的演进版本。不过，由于 Neutron 模块在实现网络服务时依赖 Nova 模块，因而使用 Neutron 模式时需要 Nova 模块。虽然 Neutron 模块的网络能力有限，但完全可以通过 Neutron 插件进行扩展和增强。由于 Neutron 模块与云环境及 NFV 的网络实现密切相关，因而后续章节还将详细讨论该模块。

4. Ironic

很多应用程序都需要专用服务器（也称为裸机），而不支持共享环境，不过这些应用程序仍然可能是虚拟化环境的一部分，并与在虚拟机或容器中运行的应用程序一起工作。OpenStack 支持这种混合部署模式，将某些应用程序部署到裸机上，而将其他应用程序部署到虚拟机上。Ironic 是 OpenStack 的一种模块，可以提供裸机服务器并在其中部署应用程序，Ironic 起源于 Nova 裸机驱动程序项目，目前已成为 OpenStack 的独立项目。在默认情况下，Ironic 使用 PXE（Preboot Execution Environment，预启动执行环境）和 IPMI（Intelligent Platform Management Interface，智能平台管理接口）基础设施在裸机服务器上部署应用程序。此外，Ironic 支持为特定厂商的 API 使用厂商插件，这样就可以使用其他方法在裸机服务器上部署应用程序了。

PXE 与 IPMI

PXE 是 Preboot Execution Environment（预启动执行环境）的缩写，它为管理员提供了一种标准方式，可以在裸机设备上远程部署操作系统或完整的应用程序。

> IPMI 是 Intelligent Platform Management Interface（智能平台管理接口）的缩写，它是一组与计算资源硬件的 CPU 或固件进行交互的规范，IPMI 允许管理员在无操作系统依存关系的情况下（即使无操作系统或者系统未加电）直接管理系统。

5. Magnum

就像 Nova 用于部署和管理虚拟机的生命周期一样，Magnum 模块提供的是容器的管理和部署功能，Magnum 使用 Docker 和 Kubernetes 组件，并向 OpenStack 客户提供 API，以便 OpenStack 客户能够以与部署虚拟机相同的方式部署容器。

> **Kubernetes**
> Kubernetes 是一款由 Google 开发的开源容器编排工具，其目的是管理容器集群。Docker 负责管理容器的生命周期，而 Kubernetes 则辅助完成部署操作并将容器放置在新的或现有虚拟机中。

6. Keystone

顾名思义，Keystone 模块是 OpenStack 体系架构中的核心模块，负责将所有的 OpenStack 模块组织在一起，在 OpenStack 中充当了非常重要的角色。

Keystone 通过维护一个服务目录来作为 OpenStack 服务及模块的集中式注册表，所有安装的模块都要向 Keystone 进行注册，注册完成之后，Keystone 就知道哪些模块属于 OpenStack 云以及如何到达这些模块（去往这些模块的 IP 地址以及这些模块所监听的端口）。如果模块之间需要进行相互通信（如 Neutron 希望与 Nova 进行通信），那么就需要利用 Keystone 模块来确定目标模块是否存在以及如何到达。

用户认证和授权均由 Keystone 模块完成。用户登录时，会将身份认证凭证发送给 Keystone，由 Keystone 确定该用户是否有效。此外，Keystone 还定义了用户可以访问的项目以及用户对每个租户的访问权限。Keystone 模块可以为这些身份认证和授权信息维护自己的数据库，也可以使用现有的 LDAP（Lightweight Directory Access Protocol，轻量级目录访问协议）等后端数据库。

> 注：OpenStack 中的权限分配不是分配给用户，而是分配给用户和租户（需要记住的是，OpenStack 中的租户与项目相同，表示 OpenStack 用户所创建的虚拟环境的一个实例）。从图 4-24 可以看出，用户可以访问多个项目，同一个用户可能在 Project-A 中拥有管理员权限，而在 Project-B 中仅拥有非常有限的权限。

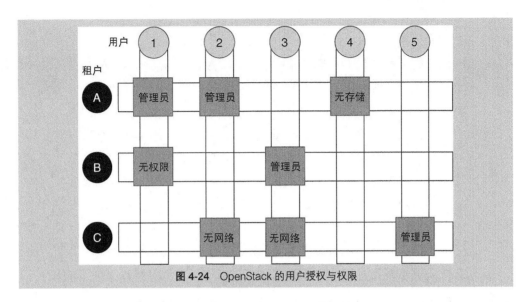

图 4-24 OpenStack 的用户授权与权限

通过身份认证和授权的用户对每个模块都有特定的访问权限。例如，允许用户使用 Nova 启动新虚拟机，但不允许用户通过 Neutron 将虚拟机连接到网络上，或者不允许使用块存储设备为虚拟机创建存储空间。因此，每个模块都要检查用户的权限信息，以确定允许用户执行哪些操作或者不允许用户执行哪些操作，检查操作可以利用授权令牌来完成，授权令牌由 Keystone 负责分配和维护。

授权令牌是传递给用户所调用的每个模块的"临时证件"，这些模块可以验证来自 Keystone 的令牌并了解该用户的权限。如果该用户对虚拟机的操作请求涉及网络创建操作，那么 Neutron 将不允许这样做，因为 Keystone 已经告知 Neutron，该令牌无权创建网络。

7. Glance

如果要创建虚拟机和容器并在其中运行应用程序，那么就需要该应用程序的源镜像，源镜像由应用程序开发者提供，如 Windows 虚拟机需要 Microsoft 提供的 Windows 镜像文件，F5 负载均衡器虚拟机需要运行由 F5 提供的负载均衡器应用程序镜像。这些镜像可以存储在地理上分散的存储设备中，而且拥有不同的访问方法，虽然有模块负责存储设备的访问方式，但是对于最终用户来说，镜像的存在性才是最重要的。Glance 是 OpenStack 的一种模块，旨在发现和管理镜像存储库以及镜像注册表。此外，Glance 还可以使用现有的虚拟机快照（Snapshot）并将其存储为模板镜像。

虚拟机快照

快照镜像是虚拟机当前运行状态的捕获信息。刚创建虚拟机的时候，假设需要实现执行路由功能的 VNF，此时无任何自定义配置，用户可能会在其中配置特定的路由协议（如 BGP 全路由反射器），那么该 VNF 的运行状态就是一个 BGP-RR，可以拍摄快照来及时冻结当前状态。可以为虚拟机拍摄多个快照。

快照主要有两大作用。一是可以为当前的虚拟机状态创建备份，而且可以随时将虚拟机恢复到某个冻结或快照阶段。如果给路由反射器 VNF 增加了新的地址簇，此后又希望回滚这些变更操作，那么用户就可以简单地告诉 OpenStack 恢复快照。拍摄快照的另一个原因是复制当前的服务器状态。对于本例来说，如果需要生成另一个路由反射器，那么就可以使用第一台路由反射器的快照来实现，在这种情况下，启动新实例时，就会将 VNF 的基础镜像与该快照组合在一起。

可以利用虚拟机源镜像实例化多个处于运行状态的虚拟机。Glance 负责存储源镜像以及运行镜像的所有快照信息。从图 4-25 可以看出，Glance 与存储单元进行交互，并维护一个有关镜像和快照位置、访问权限以及其他文件细节的数据库。

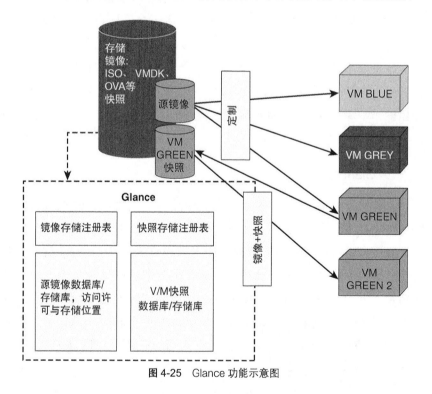

图 4-25　Glance 功能示意图

8. Swift 和 Cinder

Cinder 是用于管理块存储设备虚拟化的 OpenStack 模块，最初的 Cinder 是 Nova 的功能延伸（称为 Nova-Volume），后来逐步发展成为独立模块。Cinder 模块可以为 OpenStack 管理的虚拟机提供永久存储服务，通常将 Cinder 块存储设备称为 Cinder 卷（Cinder Volume）。CSP 可以提供基于服务产品（如数据库存储、文件存储或使用 Cinder 模块的快照）的块存储目录。

存储 Cinder 所用数据的物理磁盘可以是本地存储器，也可以是安装在远程设备上的外部存储器。与外部存储设备进行通信时，可以使用 iSCSI、光纤通道、NFS（Network File System，网络文件系统）或专有协议等传输机制。可以利用特定厂商的驱动程序来支持一些附加功能或者由使用第三方插件的特定厂商驱动程序对 Cinder 模块进行增强，支持的第三方存储阵列主要有 EMC、HP、IBM、Pure Storage 以及 Solid Fire 等。

Swift 是 OpenStack 的另一个存储模块，可以提供对象存储功能，与 Amazon S3 非常相似。Swift 使用 HTTP 来访问存储设备，由于采用 HTTP 访问方式，因而并不要求将 Swift 存储在本地计算节点上，它可以存储在任何远端设备中（包括 Amazon S3 或任何其他平台）。利用这种可以将数据存储在任意平台上的能力，Swift 为人们提供了一种性价比非常好的基于任意商业平台实现存储需求的方法。

虽然 OpenStack 的多种存储选项看起来可能很复杂，但这些模块一直都在改进并提供越来越优异的特性及功能。Swift 和 Cinder 可以根据数据需求提供差异化的存储产品，例如，Cinder 非常适合存储虚拟机永久数据并支持传统的数据存储功能，而 Swift 则非常适用于高度可扩展的大批量数据，如图像或媒体文件，如图 4-26 所示。

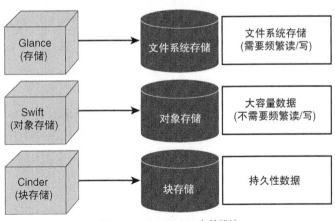

图 4-26 OpenStack 存储模块

（1）文件系统存储

该数据存储方式采用层次化格式保存信息，通过路径信息来定位文件，文件属性（如所有者、读/写权限等）存储在元数据中并由文件系统进行处理。该存储方式适用于本地存储或局域网存储。不过，由于元数据空间有限，基于文件系统的存储方式扩展性较差且缺少文件存储属性（如所有者、组），因而它不适用于大量文件的存储场景。

（2）块存储

块存储将数据保存在大小相同的块（Block）中，可以将一个文件切割成多个块，除了与每个块相关联的地址之外，这些单独的块没有任何相关联的元数据，必须由应用程序来跟踪文件所分发的块，并在需要时组合这些块以提取文件内容。该存储方式提供了高性能的数据处理能力，通常用于数据库或事务型数据挖掘（此时只需要处理一小段信息）。此外，由于块存储方式不存储元数据，因而不存在困扰文件存储方式的扩展性问题，这使其成为存储运行时数据的理想选择。OpenStack 支持块存储，在支持块存储之前，虚拟机使用的是所谓的临时存储，意味着虚拟机的内容会在虚拟机关闭时丢失。

（3）对象存储

对于对象存储（也称为基于对象的存储）来说，完整的数据或文件及其元数据都作为单个实体进行保存，通常将该实体称为对象。与块存储相比，对象存储不会将文件拆分为块。将文件存储为对象时会有多种属性，如唯一标识符以及与这些文件相关联的应用程序。对象不采用层次化格式进行组织，而是与其他对象都放置在相同层次上，形成平面式结构。服务器或应用程序可以利用唯一标识符来快速访问任意对象，因而该存储技术为云体系架构提供了有效的存储解决方案。对象存储也有其缺点，如果要对对象存储进行任何编辑，那么都要检索整个对象以进行编辑并保存。

9. Ceilometer

Ceilometer（云高仪）一词用于描述测量云层和高度的设备。OpenStack 中的 Ceilometer 模块可以对采用 OpenStack 方式部署的云提供相似功能，旨在收集云资源的统计数据及使用数据，这些数据对于跟踪云资源的利用率、计费以及其他意图来说非常有用。

10. Heat

OpenStack 的编排服务被称为 Heat，该服务定义了云应用的部署方式。对于 NFV

来说，指的就是要部署的 NFV 网络以及每个虚拟机所需的资源。最初的 Heat 与 AWS CloudFormation 服务非常相似，现在已经逐步发展壮大，包括了更多的服务，可以提供比 CloudFormation 更多的功能。

部署由虚拟机、网络、子网、端口等组成的云时，需要在 Heat 模块中将这些要素定义成文本文件（称为 Heat 模板）。Heat 支持两种格式的模板，其中的 HOT（Heat Orchestration Template，Heat 编排模板）与 AWS CloudFormation 不兼容，因而通常使用基于 YAML 规范的模板格式，该模板格式称为 CFN（CloudFormation Compatible Format，CloudFormation 兼容格式），顾名思义，该格式与 AWS CloudFormation 相兼容。CFN 模板使用 JSON（JavaScript Object Notation，JavaScript 对象表示法）规范来格式化模板。

> **YAML**
>
> YAML 是一种标记语言，首字母缩写 YAML 是递归缩写方式，因为它代表 "YAML Ain't Markup Language"（YAML 不是标记语言）。

Heat 编制服务同时支持基于虚拟机和基于容器的云部署需求，Heat 服务通常运行在 OpenStack 控制器节点中（有关 OpenStack 节点类型的详细信息将在后面讨论）。与其他 OpenStack 模块相似，Heat 模块也支持两种访问方式，一种是通过 CLI 客户端实现 API 调用，另一种是在 Horizon 仪表盘中通过 Web 客户端进行访问。

有关 Heat 模板的具体格式信息已经超出了本书写作范围，大家可以参阅 OpenStack 的相关文档。理解 Heat 模板所定义的参数（如需要使用的镜像、需要分配的资源以及网络类型等）以及这些参数对构建虚拟环境的作用，对于大家的学习来说非常有帮助。此后就可以利用 Heat 模板来部署已定义的虚拟环境的多个实例。完成部署操作之后，Heat 将调用 Nova 进行计算，调用 Neutron 实现网络功能，或者调用其他 OpenStack 模块来获得其所需的资源。

> **注**：YAML 和 JSON 都属于数据格式化与编码语言。JSON 指的是由 RFC 7150 定义的 JavaScript 对象表示法。这里所说的数据编码并不是指比特和字节层面的低级编码，而是指数据结构、变量及其数值以及应用层参数的编码。常见的数据编码方式还有 XML（Extensible Markup Language，可扩展标记语言）、谷歌的 ProtoBuf（Protocol Buffer，协议缓冲区）以及 Facebook 的 Thrift 等多种方法。目前有很多开源工具都能实现这些格式的相互转换，因为这些编码方式在本质上只是以不同的方式打包相同的数据，因而可以在这些格式之间进行翻译。

JSON 格式使用大括号来界定数据结构，使用 ":" 来链接键值对（见图 4-27）。

```
{ "Books":
    {"Technology":

    {   "title" : "NFV with a touch of SDN",
            "ISBN" : "0134463056"
        },
        "Fiction":
        {    "title" : "To Kill a Mocking Bird",
            "ISBN": "0446310786"
        }
    }
}
```

图 4-27   JSON 编码示例

YAML 也使用 ":" 来分隔键值对，并采用缩进方式来定义数据结构或对象块。将例 4-27 转换成 YAML 格式则如图 4-28 所示。

```
Books:
    Technology:
     title: "NFV with a touch of SDN"
     ISBN: "0134463056"
    Fiction:
     title: "To Kill a Mocking Bird"
     ISBN: "0446310786"
```

图 4-28   YAML 编码示例

有关 JSON 和 YAML 的详细信息已经超出了本书写作范围。

11. 小结

为了更好地总结前面提到的 OpenStack 关键模块，我们在图 4-29 中列出了这些模块的功能与作用。需要强调的是，OpenStack 及其模块属于 NFVI 体系架构中的 MANO 模块，这意味着这些模块本身并不会部署虚拟机。例如，Nova 只能请求需要为虚拟机配置的计算资源量，但实际使该配置可用并生成虚拟机的是 Hypervisor。同样，Glance 和 Cinder/Swift 的作用也只是管理和方便使用虚拟化存储资源，其本身并不创建虚拟存储。

图 4-30 给出了 OpenStack 各个模块之间协同工作的示例，可以看出这些模块相互交互以实现 OpenStack 云的概念模型。

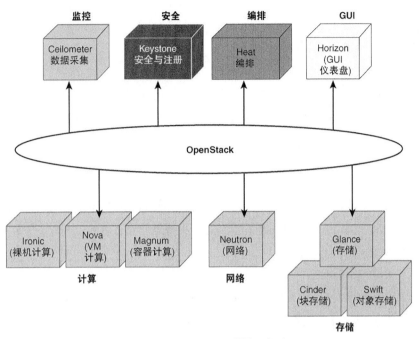

图 4-29 OpenStack 模块示意图

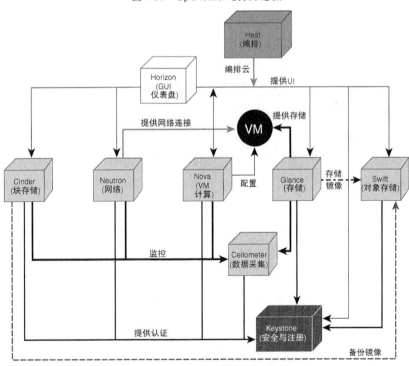

图 4-30 OpenStack 概念性体系架构

4.4.5　OpenStack 网络

OpenStack 利用 Neutron 模块来实现 OpenStack 云中的网络能力，考虑到使用 OpenStack 实现 NFVI 的重要性，本节将进一步讨论 Neutron 模块的相关信息。

1. Neutron 概述

Neutron 模块可以管理包括子网、端口及网络在内的 3 类实体，简单而言，这 3 类实体组合起来就可以定义一个虚拟二层网络，其中包括为连接在该二层网络上的所有虚拟机都定义的 IP 地址空间。为了更好地理解 Neutron 模块，有必要理解 Neutron 对这些术语的定义方式。

（1）子网

子网表示可以分配给虚拟机的 IP 地址块，因而子网块就是一个二层广播域，而且可以选择一个与外部进行通信的默认网关。如果 OpenStack 用户希望在他们的虚拟环境中创建网络，那么就可以通过 Neutron API 调用来定义子网，方法是提供希望虚拟机所使用的 IP 地址空间。

（2）端口

Neutron 将连接在虚拟机上的虚接口称为端口，并从这些端口所属的子网 IP 池中为这些端口分配 IP 地址，因而端口负责将虚拟机纳入特定网络。可以利用 Neutron API 创建、读取、更新和删除（称为 CRUD[Create、Read、Update、Delete]功能）这些虚接口。

（3）网络

Neutron 将整个虚拟二层域称为网络，网络包括已定义的子网以及相关联的端口。OpenStack 用户需要在关联子网以及端口之前先定义网络，并通过 OpenStack API（更准确的说法应该是 Neutron API）来管理网络。如果用户希望在虚拟环境中使用多个子网，那么就可以定义多个网络。单个网络中的设备可以通过二层方式进行通信，但是如果定义了多个网络，那么就必须通过路由器来连接这些网络，否则这些网络将无法相互通信。

图 4-31 给出了 Neutron 模块所管理的这些实体之间的关系图，从图中可以看出，端口与虚拟机/VNF 相关联，网络包括了端口及子网，存在多个网络时需要通过路由器进行相互通信。此外，从图中还可以看出 Neutron 及其实现的网络是 NFV 基础设施的一部分。

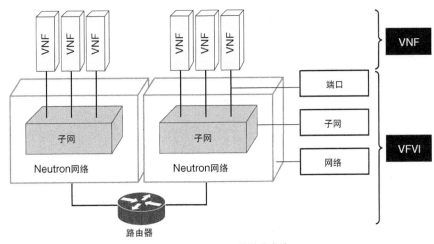

图 4-31 Neutron 的基本实体

OpenStack 租户可以利用 Neutron API 在其虚拟环境中创建和管理自己的私有网络，图 4-32 给出了 OpenStack 租户在使用这些 Neutron API 时所必须遵循的流程。

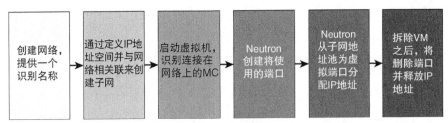

图 4-32 Neutron 配置流程

2. Neutron 网络类型

Neutron 可以创建多种类型的网络，其中值得关注的网络类型主要有以下几种。

- **扁平化网络**：扁平化网络只有单个网段，所有设备都属于同一个广播域，因而扁平化网络的子网使用的 IP 地址对于主机及其他网络实体来说都是共享、可见的。
- **本地网络**：该网络与扁平化网络正好相反，这类网络可以进行分段，而且每个网段都包含一个独立的广播域，因而本地网络中的每个网段都要占用一个 IP 地址空间，而且该 IP 地址空间完全本地化，对于同一网络中的其他网段来说不可见。
- **VLAN 网络**：该网络利用 802.1Q VLAN 标记来区分用于外部通信的网络，所有离开网络的流量均采用 802.1Q 进行封装，允许同一 VLAN 中的虚拟机使用交换机（通常是虚拟交换机，不过也可以是物理交换机）进行相互通信，而不需要通过路由器进行互连。如果要与外部的其他 VLAN 进行通信，那么就需要利用路由器（虚拟路由器或物理路由器）来互连这些 VLAN 网络。

3. Neutron 提供商和租户网络

到目前为止所讨论的 Neutron 网络主要集中在利用 Neutron 模块配置租户网络，OpenStack 本身还需要一个由服务提供商管理的网络，通过该网络将 OpenStack 服务器与物理网络相连，同时互连多个 OpenStack 服务器。

该网络（在 OpenStack 术语中称为提供商网络）由 OpenStack 管理员进行部署并管理，Neutron 也能提供该网络的管理和配置功能。通常情况下，这类网络应该是扁平化网络或 VLAN 网络，且拥有指向外部网关的连接。

租户或用户为各自的云创建的网络（同样使用 Neutron 功能）称为租户网络，每个租户都维护自己的租户网络，OpenStack 利用 Linux 命名空间方法来实现这些网络的相互隔离。

4. Neutron 插件

可以通过 Neutron 插件来扩展和增强 Neutron 的核心网络功能，这些插件都是附加软件，对 Neutron 的基本 API 进行了扩展，可以由 OpenStack 管理员添加这些插件并提供给最终用户，使得 Neutron 能够支持更加广泛的网络技术，并且为客户利用这些技术（如 VXLAN[Virtual Extensible LAN，虚拟可扩展局域网]或 GRE[Generic Routing Encapsulation，通用路由封装]）管理自己的云网络提供更多选择，或者提供防火墙、路由器或负载平衡器等附加服务，从而在虚拟网络中使用这些服务。

图 4-33 给出了常见的 Neutron 插件信息，可以看出 Neutron 插件主要分为核心插件（Core Plug-In）和服务插件（Service Plug-In）两类。对于最终用户（只是简单地利用 OpenStack 的前端环境以及 API 来部署它们的云环境）来说，可以不必过分关注这些插件的分类信息，只需要了解 CSP 所提供的 Neutron 功能即可。下面将简单介绍这些 Neutron 插件。

（1）核心插件

这类插件可以增强 Neutron 对于网络协议及设备的理解与管理能力，如 Neutron 可以利用核心插件来增加对 VXLAN 或 GRE 协议的支持能力，提供协议增强能力的核心插件通常被称为 Type Driver。与此相似，Neutron 在各种厂商设备上使用这些协议的能力是由另一类名为 Mechanism Driver 的核心插件实现的。图 4-31 给出了这两种核心插件的示例。简而言之，核心插件负责处理二层和三层功能，而且可以通过 Neutron 在不同的厂商设备（虚拟或物理设备）上实现这些功能。

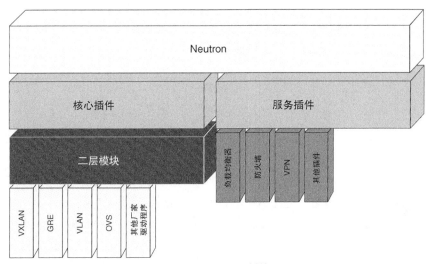

图 4-33　Neutron 插件

（2）服务插件

服务插件支持网络服务且允许通过 Neutron 来管理这些网络服务（从而允许 OpenStack 用户管理、配置及使用这些服务），常见的服务主要有实现路由协议的路由服务、实现流量过滤与阻塞的防火墙服务以及负载均衡服务等。

这些插件通常由网络厂商开发并提供，使得 Neutron 能够与 VNF 协同工作。例如，对于通过 Neutron API 管理的 Cisco CSR1000v 或 Nexus1000v 来说，可以在 Neutron 中使用 IOS-XE 或 NX-OS 的 Cisco 插件（确切而言，应该是 Mechanism Driver 核心插件）。如果 OpenStack 管理员（实际上是 CSP）选择使用设备商的插件以及该设备商的 VNF，那么 CSP 的客户就可以在他们的虚拟环境中选择使用该 VNF 的实例（可能是路由器、防火墙、交换机或其他网络功能），并且可以使用可调用的 Neutron API 来管理这些实例（请注意，这些 API 可能是标准 API，也可以是标准 API 的扩展）。对于 CSP 来说，这样做的好处是可以在自己的 OpenStack 服务中提供更多的高级网络功能，从而大大增强服务提供能力，并实现与竞争对手的差异化竞争。对于厂商来说，则可以根据 VNF 的使用及许可情况获得收入。

请注意，Neutron 管理的厂商设备并不一定非得是 VNF，也可以利用物理设备或集成在 Hypervisor 中的软件来实现该网络功能。如果使用物理设备（如 ToR[Top-of-Rack，架顶式]交换机）来实现该网络功能，那么只要有相应的可交互插件，Neutron就能管理该物理设备。在这种情况下，虽然客户不能在自己的虚拟环境中创建实例，但是仍然可以通过 OpenStack 环境中的 Neutron API 设置相关的设备参数。如果这些网络功能集成在 Hypervisor 中，那么就可以像 VNF 一样将这些网络功能所提供的能力提供给 CSP 的客户，不过这种紧密集成方式可以提供更好的性能及管理能力。

> 注：一般情况下并不直接将 Type Driver 和 Mechanism Driver 用作插件，而是将其纳入 ML2（Modular Layer 2，二层模块）驱动程序插件。根据设计规则，Neutron只能添加一个核心插件，那就意味着如果 Neutron 将某个设备商的插件用作核心插件，那么 Neutron 就无法同时将其他插件用作核心插件。ML2 核心插件则可以解决这个问题，ML2 核心插件可以同时使用多个设备商插件，允许不同的二层/三层技术同时存在。这些 API 扩展能力是通过驱动程序（Type Driver 和 Mechanism Driver）代码实现的，我们可以将驱动程序视为 ML2 的插件，将 ML2 视为 Neutron的插件，不过为了将它们与插件区分开来，这里仍然使用术语驱动程序。对于 Neutron 来说，ML2 是 Neutron 的唯一核心插件，充当 Neutron 与驱动程序之间的中介。

5. OVS

传统网络中的服务器都通过物理交换机连接网络，从而实现网络的连接性。服务器虚拟化之后，不同的虚拟机之间也需要建立连接能力，从而催生出了与物理交换机相似的软件实体，该交换机不但可以互连不同的虚拟机，而且可以连接物理接口，从而提供物理服务器的外部连接。OpenStack 将提供该功能的软件模块称为虚拟交换机。

OVS（Open Virtual Switch 或 Open vSwitch，开放虚拟交换机）是一种开源虚拟交换机，最初由 Nicira（现已被 VMware 收购）开发并提供，后来将其代码作为开源软件对外发布。OVS 是一种多层虚拟交换机，可以提供虚拟接口与物理接口之间的标准交换协议。

其他厂商也推出了很多类似的软件交换机，常见的有 Cisco 的 Nexus 1000v 以及 VMware 的虚拟交换机（分布式 vSwitch 或标准 vSwitch）。不过，考虑到 OVS 是开源软件，所以 OpenStack 社区将 OVS 作为默认交换机。除此之外，所有的外部控制器都能控制 OVS，而且对于 OpenStack 来说，利用 Neutron 的 OVS 插件就能轻松实现 OVS 功能。不过，OVS 并不是 OpenStack 的一部分，OpenStack 也可以使用其他可用虚拟交换机，只要这些交换机有一个可用于 Neutron 的插件（更确切地说是一个 ML2 模块）即可。

OVS 支持 802.1ag、NetFlow、sFlow 以及 IPFIX 等多种协议，而且还支持 GRE、VxLAN、链路绑定以及 BFD 等。

> 注：OpenStack 在 Neutron 中支持 SR-IOV（Single-Root-I/O Virtualization，单根 I/O 虚拟化），方法是使用 ML2 模块实现具有 SR-IOV 功能的 NIC（Network Interface Card，网卡）。如果使用了该软件，那么就可以利用具备 SR-IOV 功能的硬件所提供的虚拟化 I/O 端口来替代软件 vSwitch。

6. 配置 OpenStack 网络

前面描述了包括子网、端口以及网络在内的 3 个基本网络实体，为了更好地理解 Neutron 通过这些参数配置网络的方式，下面将详细解释相应的配置步骤。虽然这里给出的配置步骤使用的是 Horizon 仪表盘（基于 Icehouse 版本），但是与其他 OpenStack 模块一样，所有步骤都可以通过 API 调用来实现，使用 GUI 仪表盘是为了更加友好。不过对于自动化脚本来说，通过 API 调用的方式更加直接有效。

- **第 1 步**：配置网络。登录 Horizon 仪表盘之后，OpenStack 租户通过 Keystone 进行身份验证，然后输入网络名称来配置网络，如图 4-34 所示。

图 4-34 Neutron 网络配置：网络名称

- **第 2 步**：定义 3 个网络实体中的第一个实体——子网。可以利用 IPv4 或 IPv6 地址来定义子网（见图 4-35），此时可以将网络与新创建的虚拟机相关联，并将该网络的端口与虚拟机相关联。这样一来，与该网络相关联的所有虚拟机都位于同一个二层网络中，可以进行相互通信。

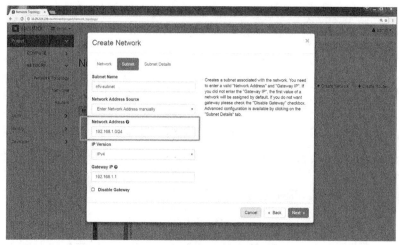

图 4-35　Neutron 网络配置：网络子网地址

- **第 3 步**：如果虚拟机需要与外部网络或者其他二层域进行通信，那么就需要通过路由器设备。此时可以通过同样的 GUI 创建路由器，然后再将路由器连接到可路由域。从图 4-36 可以看出，本例中的路由器还连接了外部网络，从而提供了外部云环境的网络可达性。

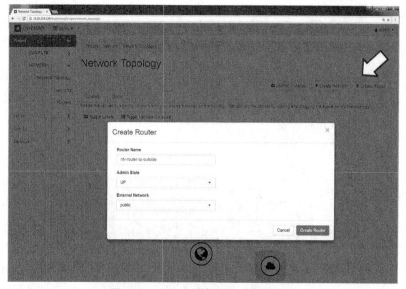

图 4-36　Neutron 网络配置：创建路由器

图 4-37 给出了创建拥有外部网络连接的路由器之后的拓扑结构图。

图 4-37　创建了路由器之后的 Neutron 网络配置

- **第 4 步**：为了将二层网络连接到路由器，需要在路由器上创建一个接口，从而将路由器连接到前面定义的子网上（见图 4-38）。完成该步骤之后，子网就拥有了外部网络可达性（见图 4-39），并通过为该子网定义的默认网关访问路由接口。

图 4-38　Neutron 网络配置：增加路由器接口

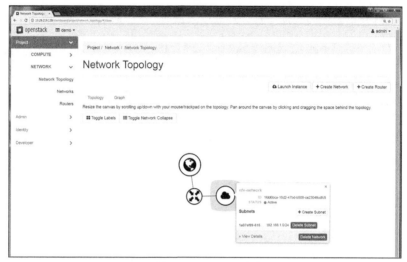

图 4-39 Neutron 网络配置：子网已通过路由器连接外部网络

4.4.6 OpenStack 部署节点小结

前面介绍了 OpenStack 部署节点的类型，每种部署节点都只需要 OpenStack 的部分相关模块。图 4-40 从全局角度展示了这些模块信息，可以看出这些模块都具有客户端—服务器模型。控制器节点是中心控制模块，客户端仅在提供相关虚拟化资源的

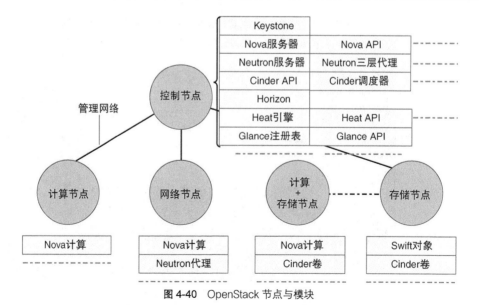

图 4-40 OpenStack 节点与模块

节点上运行。例如，虽然存储节点只需要运行 Cinder 客户端模块（Cinder-Agent），但是作为 Cinder 中心节点的 Cinder API 需要运行在 OpenStack 控制器节点上。某些组件（如 Keystone、Horizon 或 Heat）仅属于控制器节点，如果出于某种原因，控制器节点与其他节点之间的管理网络的连接出现故障，那么该节点就无法提供功能，因为该节点需要其模块的服务器端部分以及通过管理网络连接的其他基本服务（如 Keystone）。

4.4.7 OpenStack 高可用性

基础设施的高可用性意味着需要部署高可用性机制及设计选项，以避免硬件、应用程序或操作系统中的任何 SPOF（Single Point Of Failure，单点故障）对基础设施上运行的服务造成影响。对于 NFV 部署方案来说，网络的高可用性极其关键，如第 3 章所述，运营商级的实现方案需要确保 99.999% 的可用性。NFV 部署方案中的服务器、网络传输设备、NFVI 组件、MANO 工具、OSS/BSS（Operational and Business Support System，运营和业务支持系统）层以及 VNF 都可能存在故障点，必须对这些故障点加以保护。前面讨论了与 VNF 设计相关的注意事项，本节将着重讨论 MANO 及 NFVI 层的高可用性问题，特别是基于 OpenStack 的基础设施的高可用性问题，以及通过 MANO 和 NFVI 层提供的相应机制来实现 VNF 及虚拟机的冗余性。如果由故障原因而导致管理及编排功能受到影响，虽然不一定会影响 VNF 或 VNF 所执行的功能，但是一定会影响 NFV 的功能，如敏捷性、弹性以及所有的常规管理功能。

SPOF
单点故障是系统中的单一要素（可以是硬件、软件或操作系统），其故障行为可能会影响整个系统并导致宕机或数据丢失。

本节将以 OpenStack 的高可用性为例来说明保护 MANO 模块所需的高可用措施，同时还将介绍高可用云的相关设计选项。

1. OpenStack 服务的高可用性

虽然 OpenStack 的基础设施并没有提供大量措施来保障其弹性能力，但完全可以依靠主机操作系统提供的弹性和集群技术以及各种常规的高可用性机制来实现高可用性。

借助 OpenStack 的模块化基础设施（如 Nova、Swift、Glance、Neutron 以及 Keystone 等多种服务），可以采用多种形式的高可用性机制，本节将讨论一些常用的体系架构。OpenStack 的每个模块或服务都有各自的高可用性机制，随着这些服务的逐渐成熟，新的功能和特性不断被添加到 OpenStack 当中，这种高可用性实现机制可能还会不断发展变化并最终形成一个通用架构。

每项 OpenStack 服务的高可用性都遵循以下概念，而且要根据具体的业务需求进行评估，因而基础设施的总体部署方案可以是这些模型的任意组合。

（1）有状态与无状态服务

OpenStack 服务分为有状态服务和无状态服务。无状态服务在响应其客户的请求时无须额外的握手进程，对无状态服务的查询与请求都是相互独立的，而且响应也与之前的历史状态无关。因而复制无状态服务的服务模块较为简单，可以同时使用多个副本来提供服务的冗余性与负载平衡，任意实例出现故障后，其他实例都能接管其负载而不会出现服务中断。常见的无状态 OpenStack 服务主要有 nova-api、glance-api、keystone-api、neutron-api 以及 nova-scheduler。为了降低服务中断的可能性，CSP 可以运行服务的多个副本，并将它们分散到不同的服务器或 OpenStack 节点中，向这些服务发出请求的客户端可以访问任何可用的有效服务，而且可以随时访问这些服务。

与此相对，有状态服务则要求服务模块与发出服务请求的客户端之间执行数据交换或握手进程。有状态服务对于后续请求的响应可能依赖于该客户端先前请求的响应，这就意味着对于同一个事务来说，客户端的每个请求或查询都必须连接到同一个服务实例。这类服务的高可用性实现机制相对较为复杂，服务模块的简单重复已无法保证会话期间客户端的每次请求都能到达同一个服务实例。对于这类服务来说，如果要通过服务模块的复制方式来实现冗余性，那么就需要在这些重复的服务模块之间执行某种程度的协调操作，以便让它们知道彼此的状态，此时可以采用主动—主动冗余技术（Active-Active Redundancy）或主动—被动冗余（Active-Passive Redundancy）技术。常见的 OpenStack 有状态服务主要有数据库服务以及消息队列。

有状态服务与无状态服务之间的关系可以用 TCP（Transport Control Protocol，传输控制协议）与 UDP（User Datagram Protocol，用户数据报协议）进行类比。与 TCP 需要握手且面向连接一样，有状态服务也需要在客户端与服务模块之间建立连接，而且每次查询及响应都与之前的查询及响应结果相关。UDP 的无连接实现与无状态服务相似，客户端与服务模块之间的每次请求、查询以及响应结果都完全独立。

（2）主动—主动冗余与主动—被动冗余

使用多个有状态服务实例的常见方法之一就是将这些实例部署为主动—被动或主动—主动实例。在主动—被动冗余模式下，每次只有一个服务实例处于有效状态，其他服务实例则作为备份而处于备用状态，这样就能确保客户端始终可以到达相同的实例（有效实例）。如果有效实例出现故障，那么就由某个备用实例接管并处理客户端的请求，客户端与故障实例之间的当前会话可能会出现中断，可能需要重新建立会话。

在主动—主动冗余模式下，所有实例副本均处于有效状态，通过负载均衡器来处理客户端请求，向服务实例分发流量并跟踪每个服务的同一个会话。

（3）单服务器安装模式

如前所述，OpenStack 可以采用 AIO（All-In-One，一体化）部署模式，所有模块均位于同一台服务器上。这种单服务器安装模式可以在同一台物理服务器上使用多个 AIO 实例，因而具有软件冗余性。不过从硬件角度来看，由于所有服务均运行在单台物理服务器上，因而不具备硬件冗余性。因此，AIO 部署模式仅适用于演示或实验室环境，生产级部署方案则要求同时保护系统的核心模块（即控制器节点）和其他模块。

（4）集群与仲裁

为了实现大规模生产级部署方案的冗余性，可以采用集群技术。该冗余性方案的实现方式是将多个控制器节点组合在一起形成一个集群，部署多个集群并形成集群级冗余，从而获得额外的冗余性能力。

对于拥有偶数个控制器节点的集群来说，有效控制器节点可能并未出现故障，只是与备用控制器节点之间的连接出现了故障，主用与备用控制器节点之间的连接故障可能会导致备用节点错误地检测到主用节点故障并将自己设置为有效状态，此时就会出现多个有效控制器节点，从而导致服务出现中断。

为了解决这个问题，可以部署奇数个控制器节点或奇数个集群。在这种情况下，如果有效服务器出现了故障，那么切换到冗余节点的故障切换决策就将基于多数准则，从而保证数据和进程不受任何影响。我们将这种多数准则称为仲裁，如果仲裁范围内的多个节点出现故障，而且已定义策略强制要求的有效服务器数量不满足阈值要求，那么就会关闭整个集群，从而由另一个集群接管所有负载。

在 OpenStack 中使用集群技术时，通常采用标准的 Linux 集群管理软件，如 Pacemaker 或 Veritas 集群服务器。

基于 Pacemaker 的集群部署方案支持以下 3 种可能的部署选项。

- **Collapsed（折叠）模式—AIO 服务**：该模式下的所有服务都托管在单个控制器节点上，并且将整个节点都复制到多台服务器上以实现冗余性。该部署方式要求服务器的处理能力必须足够强大，从而能够一次性托管所有服务。

- **Collapsed（折叠）模式—分布式服务**：该模式下的服务分布在多台服务器上，每台服务器都托管多种服务，实现冗余性的方式是复制这些服务器。该模式对服务器的计算能力需求较低，因为与 AIO 服务相比，该部署方式下的主机仅托管部分服务。由于只在每台服务器上分发一组服务，因而该部署方式需要更多的服务器。

- **基于 Segregated（隔离）模式的部署方式**：每种服务都在服务器上作为单一服务运行，从而可以根据需要对每种服务提供灵活的扩展能力，而不会影响其他服务。该部署方式的冗余性能力是通过复制每台服务器实现的，缺点是需要更多的服务器。

图 4-41 给出了这 3 种服务部署选项的示意图。

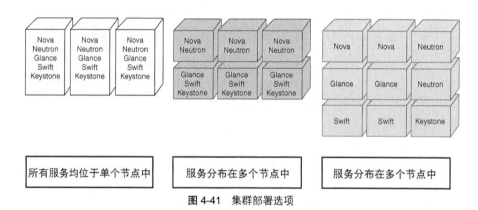

图 4-41　集群部署选项

Keepalived

Keepalived 是一款可提供负载均衡和高可用 Linux 基础设施的开源软件，用于管理去往 OpenStack 服务的数据包流量（基于四层负载来均衡去往有效服务的流量）。Keepalived 的高可用性基于 VRRP 协议。与基于集群的场景相比，Keepalived 的高可用性架构中没有额外的管理软件部署该功能。

VRRP

VRRP（Virtual Router Redundancy Protocol，虚拟路由器冗余协议）是一种解决网络单点故障的动态协议。VRRP 将一台主用设备指派为虚拟网关以处理所有入站流量，如果主用设备出现了故障，那么备用设备就会接管主用设备的功能，从而保证网络的连续性，实现高可用性网络。VRRP 起源于专有协议 HSRP（Hot standby Router Protocol，热备份路由器协议）。

2. OpenStack 云的冗余性

OpenStack 云冗余机制是为了实现 OpenStack 云的高可用性，确切而言，这些冗余机制的目的是保证 OpenStack 控制器节点的可用性。虽然这些方法为 OpenStack 云用户提供了更可靠的基础设施，但是对于用户来说却是不可见的，并没有减轻用户设计方案的冗余性需求，用户仍然需要在设计方案中部署额外的冗余措施，从而在 VNF 上实现应用级的冗余性（如路由协议、VRRP 等），同时还要在虚拟机与容器之间为 VNF 设计冗余措施。OpenStack 提供了一些有用的特性来简化和帮助用户实现 VNF 级别的冗余性设计。

例如，用户可以创建虚拟机的多个副本来实现虚拟机级别的冗余性。这些虚拟机可能处于主用/备用配置状态（即一组虚拟机被动地作为另一组虚拟机的备份），也可能处于主用/主用配置状态（即运行在两组虚拟机上的进程相互备份，同时还实现负载分担），无论处于哪种状态，都应该采取一定的虚拟机（或虚拟机组）部署策略，以免共享基础设施（或者具体地说是计算节点）出现故障，从而最大限度地减少同时发生故障的可能性。如果没有实现故障域的隔离，那么整个冗余性机制都会因单个控制器节点的故障而全部失效。

为了实现虚拟机的策略部署，OpenStack 提供了 Affinity（亲和性）以及可用区（Availability Zone）机制。在介绍这两个概念之前，有必要先解释一下 OpenStack 的区域（Region）概念。如果 OpenStack 站点采用了分布式部署模式且属于单个云，那么就可以将它们划分成多个区域，每个区域都有一套完整的 OpenStack 模块，仅在各个区域之间共享 Keystone 模块，这样就可以在分布式 OpenStack 部署方案中实现分组并基于地理距离进行隔离。每个区域都会提供一个独立的 API 端点，可以看到区域内的所有模块。例如，Glance 只能查看本区域内的镜像，而不能查看其他区域内的镜像。因此，区域内的模块使用的都是本地资源，创建虚拟机时，由 Nova 提供计算资源，然后请求本区域内的 Cinder 和 Neutron 提供相应的网络和存储资源。从本质上来说，可以将 OpenStack 区域视为独立部署的 OpenStack 模块子组，这些子组通过一个共同的 OpenStack 云连接在一起。

OpenStack 可以在每个区域内定义可用区，每个可用区都代表一个故障域。连接在相同电源上的服务器都共享同一个可用区，因为一旦该电源出现中断，那么所有的服务器都将同时受到影响。同样，连接在相同上行交换机上的服务器也都位于同一个可用区内，因为它们共享相同的数据路径。为了最大限度地实现虚拟机的高可用性，必须将冗余虚拟机放置在不同的可用区中。用户创建虚拟机时，可以在自己的区域内指定可用区，并将其作为参数之一传递给 Nova 模块。

Affinity 组为 OpenStack 提供了另一种控制虚拟机部署位置的方法。可以由提供商为每个 Nova 实例指派 Affinity 组，OpenStack 用户可以请求将他们的虚拟机运行在同一个 Affinity 组中，也可以请求将部分虚拟机运行在其他 Affinity 组中，这样就可以在一定程度上允许用户将自己的虚拟环境分发到提供商预先创建的多个主机组上。

图 4-42 给出了 OpenStack 的区域及可用区概念。

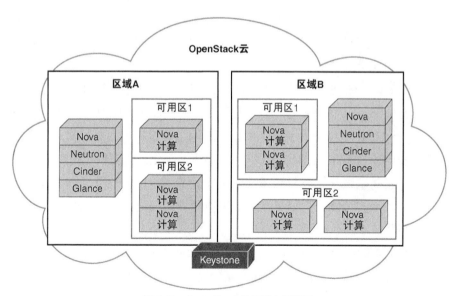

图 4-42   OpenStack 的区域与可用区

4.4.8 支持 VNF 移动性的实时迁移

对于任何云部署方案来说，考虑到业务及维护等原因（如定期维护时段、服务器或数据中心的整合或迁移、将 VNF 迁移到低电价数据中心以提高能效、将 VNF 从高利用率的服务器迁移到低利用率的服务器等），都需要用到 VNF 的移动性。在 OpenStack 部署的云中，使用 OpenStack 提供的实时迁移功能，可以在不影响客户的情况下实现 VNF 的移动性。为了实现无缝实时迁移，需要在云的初始部署阶段考虑如下设计要求。

- VNF 应使用共享存储。
- 应在有效节点和迁移节点上使用相同类型的 Hypervisor 软件。
- 应在实时迁移期间考虑网络带宽及时延。

图 4-43 给出了实时迁移的进程信息。

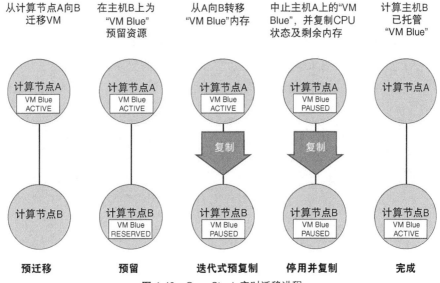

图 4-43 OpenStack 实时迁移进程

4.4.9 部署 OpenStack

如前所述，使用 OpenStack、vCenter 以及其他 COS（Cloud Operating System，

云操作系统）等软件工具的目的是简化和自动化云应用程序的部署与管理操作，但是必须部署和安装 COS。OpenStack 因其开放性、模块化以及快速迭代等特性，使得其部署过程显得尤为复杂，由于 OpenStack 由社区提供技术支持（免费版本），因而其部署过程较为困难。绝大多数常见的 Linux 系统（如 CentOS、Ubuntu、Red Hat、SUSE 以及 Debian）都支持 OpenStack，可以提供多种定制版本和付费版本的 OpenStack，提供的服务主要集中在为公有云或私有云的定制化 OpenStack 基础设施提供部署、支持以及管理服务，常见的有 Red Hat 的 Red Hat OpenStack、SUSE 的 SUSE Cloud、Cisco 的 Meta-Pod 以及 Ubuntu 的 Ubuntu OpenStack。

虽然 OpenStack 的部署细节以及可用工具的用法不在本书写作范围之内，但是为了让大家对常见工具有一个基本了解，这里仍然做必要地简单介绍。

1. Devstack

Devstack 适用于非生产或开发目的的 OpenStack 安装，主要采用脚本方式安装 OpenStack，经过优化之后可以快速创建用于开发、测试以及演示的 OpenStack 环境。可以在支持 Devstack 的操作系统上安装 Devstack，然后从代码存储库中提取稳定的 OpenStack 存储库。还有一些预置映射可以使用，这些镜像中内置了 Devstack，安装之后可以将 OpenStack 安装在其上。Devstack 的启动非常简单，只要下载 Devstack 并运行 Shell 脚本即可（见图 4-44）。

```
[root@localhost ~]# git clone
https://git.openstack.org/openstack-dev/devstack
[root@localhost ~]# cd devstack; ./stack.sh
<snip>
```

图 4-44　DevStack 安装过程

2. Packstack

Packstack 是一款可以实现 OpenStack 自动部署的实用工具，它利用 Puppet（一种配置管理工具）来编排 OpenStack 的部署操作。

安装 Packstack 的时候，必须先将其作为软件包添加到 Linux 环境中，然后再启动以确定所需的 OpenStack 安装类型以及需要安装哪些组件。Packstack 可以根据交互式问答（或基于命令行参数）创建一个问答文件，安装脚本则利用该文件来完成 OpenStack 的安装过程，也可以使用 all-in-one 选项来安装 Packstack（见图 4-45）。

```
[root@localhost ~]# packstack --all-in-one
Welcome to the Packstack setup utility

The installation log file is available at
/var/tmp/packstack/20160407-183305-c2bBs5/openstack-setup.log

Installing:
Clean Up                                      [ DONE ]
Setting up ssh keys                           [ DONE ]
<snip>
**** Installation completed successfully ******
Additional information:
<snip>
```

图 4-45 Packstack 安装过程

Puppet

Puppet 是一款专用于配置管理操作的开源软件，它通过自己的描述语言来编写逻辑，相应的语言文件称为 Puppet-Manifest，这些文件决定了其正在管理的服务器（或虚拟机）的配置要求。

3. Ubuntu OpenStack 安装程序

Canonical（提供 Ubuntu 开源 Linux 的公司）和 Ubuntu 为 OpenStack 云环境提供安装程序，Canonical Autopilot 支持构建私有云，其他 Ubuntu 安装程序则支持单节点和多节点安装，这些安装程序可以使用 Juju 和 MAAS（Metal as a Service，裸机即服务）等 Ubuntu 工具来执行 OpenStack 的部署操作。

简单而言，Ubuntu 的 OpenStack 安装程序可以在单台计算机上安装 OpenStack，拥有简单易行的 CLI 部署步骤以及可用于更新和管理 OpenStack 环境的图形用户界面。图 4-46 显示了可以选择安装类型的简单 GUI，安装完成之后就可以利用图 4-47 所示的 GUI 来轻松管理 OpenStack。

Juju

Juju 是一款由 Canonical（Ubuntu）开发的用于编排及自动化安装的实用工具，Juju 并非专用于 OpenStack，它可以为云环境部署任意服务。Juju 的编排逻辑由 Juju-Charm 定义，可以利用为 OpenStack 定义的 Juju-Charm 来编排 OpenStack 的部署操作。

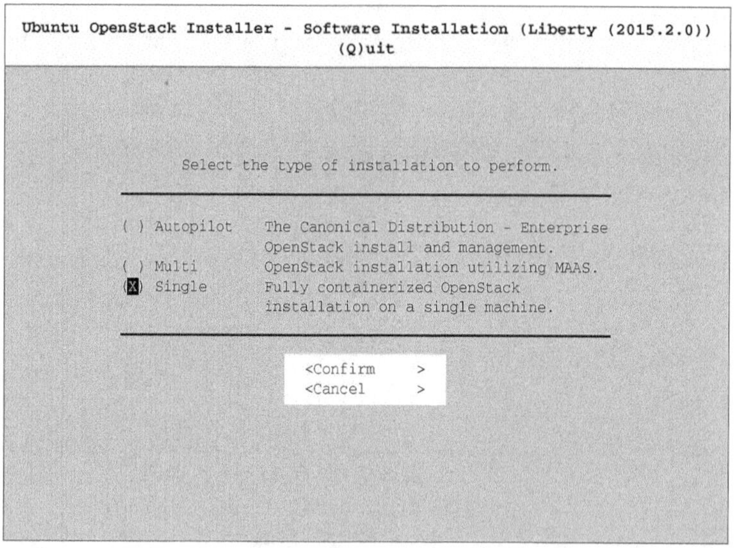

图 4-46　Ubuntu OpenStack 安装程序

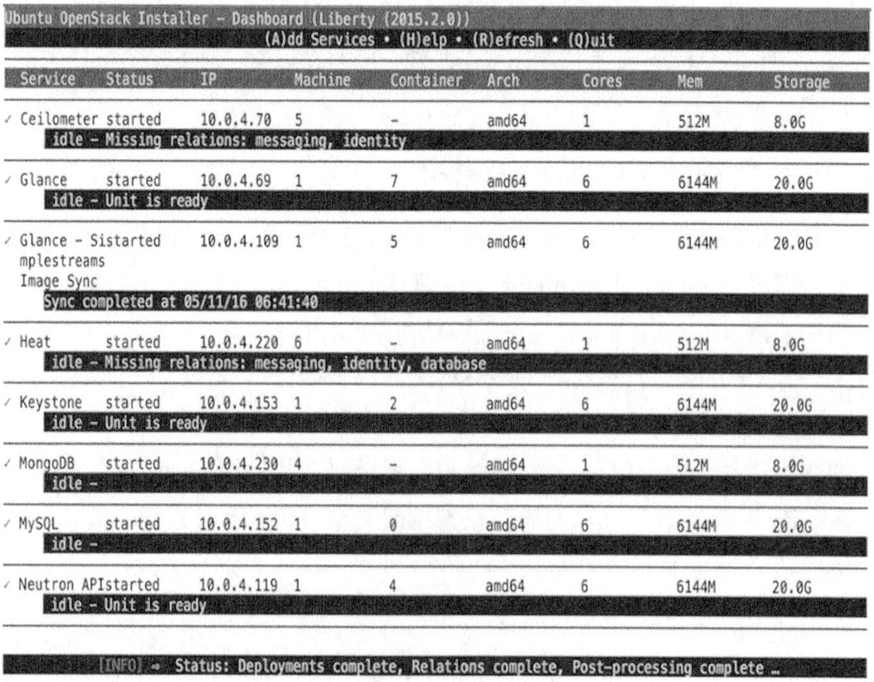

图 4-47　Ubuntu OpenStack 安装程序：监控和状态

MAAS

MAAS 是 Metal as a Service(裸机即服务)的缩写, 由 Canonical/Ubuntu 提供的 MAAS

是一款配置和部署裸机服务器（云的一部分）的工具。MAAS 识别出服务器或虚拟机之后，就可以启动它们、验证其硬件并在这些服务器或虚拟机上部署软件。MAAS 利用 Juju 在系统上执行软件配置操作。对于 Juju 来说，该服务器可能是一台虚拟机（MAAS 已经处理了物理设备），因而 Juju 完全可以根据指示执行部署操作。

4. Fuel

Fuel 由 Mirantis 提供，是一款可以部署 OpenStack 的开源工具。Fuel 提供了交互式 GUI，可以确定应该安装哪些组件和模块以及将这些组件和模块安装在什么位置。

4.4.10 将 OpenStack 用作 VIM

前面讨论了利用 OpenStack Horizon 仪表盘 GUI 为虚拟环境配置网络时所需的配置步骤，为了更好地了解使用 OpenStack 部署 VNF 的整体情况，本节将解释 OpenStack 作为 VIM 时所提供的基本监控功能，同时还将详细介绍利用之前部署的网段构建 VNF 所需的步骤。需要强调的是，如果使用了脚本和自动化工具，或者其他功能模块正在实例化 VNF，那么就会通过直接调用 API 打开源端模块，或者通过 CLI 执行以下操作。

- **第 1 步**：登录 Horizon 之后，用户可以看到计算节点的利用率信息（见图 4-48），这是因为 OpenStack 计算节点正在管理 NFVI 所使用的硬件（控制器节点资源并不用于 VNF 的资源分配）。

图 4-48 OpenStack VNF 部署：计算资源监控

- **第 2 步**：对于要实例化的 VNF 来说，需要将其呈现为镜像。具体的文件格式可以是第 2 章中提到 QCOW2、VMDK 等（用于打包虚拟机）或 Docker 镜像（用于容器），也可以是作为虚拟机镜像（用于启动虚拟机）的只读 ISO 文件，如图 4-49 所示。

图 4-49   OpenStack VNF 部署：创建镜像时的可选镜像类型

- **第 3 步（可选）**：作为可选项，用户还可以在同一个界面上定义需要给虚拟机分配的最小磁盘容量以及内存大小（如果要使用该镜像），从而确保实例化该 VNF 时不会出现分配的资源量不足，进而导致性能下降或者不稳定。图 4-50 给出了设置这些资源下限的菜单选项信息，同时还给出了加载镜像文件时的两个选项，镜像文件可以位于任何可达的 URL 地址，也可以位于本地机器中。提供了该文件信息之后，OpenStack 就可以将这些信息录入 Glance 数据库并将镜像存储在 OpenStack 的存储库中。此后就可以利用 **Image**（镜像）选项卡查看 Glance 数据库，如图 4-51 所示。
- **第 4 步（可选）**：可以利用 **Instance**（实例）选项卡启动实例（见图 4-52）。
- **第 5 步**：VNF 可以使用预定义模板，这些预定义模板由 OpenStack 管理员定义，提供了计算、内存以及存储空间资源的容量选项。如果管理员已经为镜像文件配置了最低的磁盘和内存要求，那么选定的模板就必须满足这些最低要求。图 4-53 显示了实例化 VNF 时所选择的模板以及最终分配的 VCPU（Virtual CPU，虚拟 CPU）、Root Disk（根磁盘）以及 Ephemeral Disk（临时磁盘）等信息。

图 4-50 OpenStack VNF 部署：创建镜像、镜像位置以及内存需求

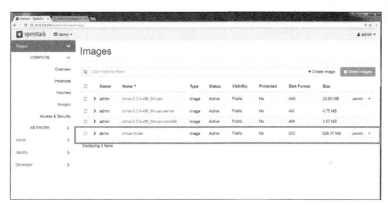

图 4-51 OpenStack VNF 部署：Glance 数据库视图

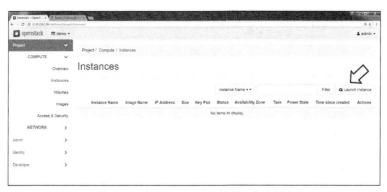

图 4-52 OpenStack VNF 部署：启动实例

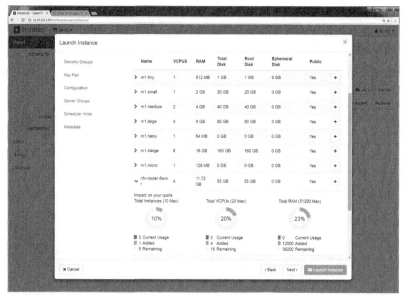

图 4-53　OpenStack VNF 部署：预定义及定制实例

- **第 6 步**：所有已创建的 VNF 都应该有去往其他 VNF 或外部网络的连接，因而与网段建立关联是 VNF 实例化进程的一部分，用户可以将 VNF 与已有网段（属于该用户的网段或者该用户共享的网段）相关联。从图 4-54 可以看出，前面创建的网络 "nfv-network" 可用，VNF 与该网络建立了关联关系。

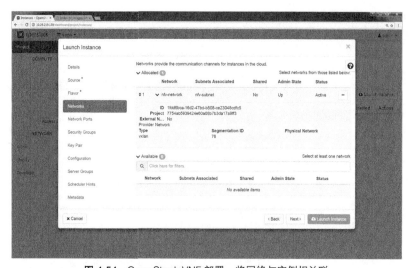

图 4-54　OpenStack VNF 部署：将网络与实例相关联

● **第 7 步**：最后需要定义的就是 VNF 的启动镜像，该镜像就是之前上传的镜像（见图 4-55）。作为可选方式，VNF 也可以从已保存的快照中启动，此时可以验证所有的资源参数，然后再启动镜像。

图 4-55　OpenStack VNF 部署：实例的镜像源

此时可以从 **Instance**（实例）选项卡查看刚刚启动的 VNF 的状态（见图 4-56），可以看出该镜像已经成功启动并处于运行状态。

图 4-56　OpenStack VNF 部署：实例状态

新创建的 VNF 实例与网络"nfv-network"相关联之后，Neutron 就可以创建端口并在其 GUI 中显示该关联关系，如图 4-57 所示。

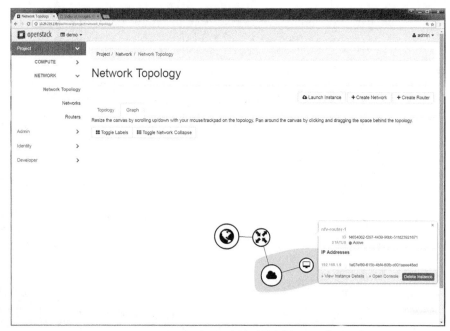

图 4-57　OpenStack VNF 部署：新启动的实例已经连接到网络上

4.5　VNF 的生命周期管理

虽然 NFVO 功能模块负责管理网络服务的生命周期，但是对于单个 VNF 来说，生命周期管理功能则是由 MANO 中的 VNFM（VNF Manager，VNF 管理器）功能模块来完成。第 3 章在讨论 VNF 的设计及成本考虑因素时曾经讨论过生命周期问题，图 4-58 给出了前面曾经介绍过的 VNF 生命周期，描述了生命周期的每个阶段以及管理方式。

1. 实例化与配置

VNFM 与 NFVO 功能块交互以了解需要为网络服务创建或管理的 VNF，然后利用 VNF 目录（VNF Catalogue）中的信息来确定实例化 VNF 时的资源需求。VNF 目录中的编排信息可能需要使用指定镜像启动一个或多个虚拟机（或容器或裸机服务器），然后再利用初始配置进行编程。

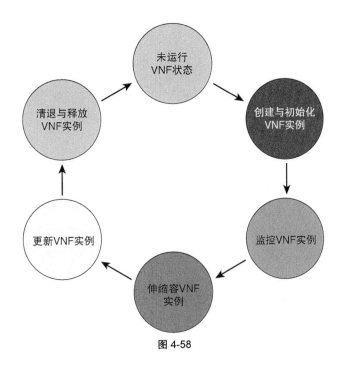

图 4-58

VNFM 与基础设施或 Hypervisor 之间没有任何交互，VNFM 可能采用的一种方式就是让 NFVO 处理 VIM 的资源预留请求，并将 VNFM 的角色限定为确定 VNF 所需的硬件资源或所需的虚拟机数量（基于来自 VNFD 的细节信息）。在这种情况下，VNFM 可以将结果信息传回 NFVO，NFVO 则在请求 VIM 创建并分配所需虚拟机资源之前考虑可用资源的情况（通过 NFV 资源存储库）。另一种可选方式就是由 VNFM 检查 NFVO 的资源可用性，然后直接将资源分配给 VIM。为了完成实例化过程，VNFM 还需要利用初始配置来配置 VNF。

2. 监控 VNF

VNFD 中有一个参数定义了 VNF 的性能指标及监控参数（该参数被 ETSI 定义为 monitoring_parameter），该参数的作用是告诉 VNFM 应该监控的性能及故障参数。

3. 缩放 VNF

监控参数用于确定 VNF 的缩放及修复需求，VNFD 中的 auto_scale_policy 参数负责定义具体操作及操作规则，很多常见操作都与通过资源缩放来解决问题有关。例如，如果 CPU 的消耗量很大，那么可能的操作选项就是增加更多的计算能力（缩放）、切换到冗余 VNF（修复）或生成一个额外的 VNF 副本以降低原有 VNF 的压力（弹性）。

4. 更新 VNF

另一种可能的操作需求是更新 VNF 的软件版本、配置或连接，这些操作需求来源于 VNF 目录的变更或 VNFD 中定义的生命周期事件。

5. 终结 VNF

如果不再需要某 VNF 的功能或者系统需要缩减，那么就可能会终结 VNF。此时，会释放该 VNF 消耗的所有资源并返回给资源池。终结操作可以由 VNFD 的 lifecycle_policy 参数来定义，或者由请求端（如用户或 OSS/BSS 等）发起，或者作为弹性操作的一部分，在不需要时减少 VNF 的数量。

VNFM 软件实例

很多网络厂商都与开源社区合作提供执行 VNFM 功能的应用软件，这些厂商（如 Ericsson、Cisco、Nokia）还提供相应的商用版本，并为此提供技术支持、技术服务以及升级演进。在某些情况下，VNFM 软件可能是网络厂商已经认证并提供的软件包的一部分。不过在大多数情况下，按照 NFV 所要求的开放性需求，该软件可以通过标准的 API 与所有的 VIM 及 NFVO 软件配合使用。下面将简要介绍截至本书写作之时常见的可用软件及其功能情况。

1. Cisco 的 ESC

Cisco 提供的 VNFM 产品是 ESC（Elastic Services Controller，弹性服务控制器）。ESC 是一款受支持的软件，可以与 OpenStack 及 vCenter 一起用作 VIM。ESC 支持任何可以使用 RESTCONF 或 NETCONF（Network Configuration，网络配置）API 调用的 NFVO，ESC 的一大优势就是在无须任何额外插件的情况下支持所有的第三方 VNF。

2. Nokia 的 CloudBand Application Manager

Nokia 提供的 VNFM 工具是 CloudBand Application Manager（CloudBand 应用管理器），属于 Nokia MANO 解决方案的一部分，该解决方案还包括作为 NFVO 的 CloudBand Network Director（CloudBand 网络导向器）以及作为 VIM 的 CloudBand

Infrastructure Software（CloudBand 基础设施软件）。不过该工具也可以与其他 NFVO 及 VIM 应用程序协同工作，而且还支持第三方 VNF。

3. Oracle 的 Application Orchestrator

Oracle 的 Application Orchestrator（应用编排器）提供了全面的 VNFM 功能，如支持高可用性、支持弹性机制以及支持通过模板来配置 VNF。在南向接口，Application Orchestrator 可以与 VMware 的 VIM（vCenter）和 Oracle 自己的 VIM 工具协同工作。Application Orchestrator 软件本身被编译成运行在 Red Hat、CentOS 或 Oracle Linux 发行版之上。

4. Ericsson 的 Cloud Manager

Ericsson 通过其 Cloud Manager（云管理器）软件提供 VNFM 功能，Cloud Manager 可以提供基本的 VNFM 功能，如资源利用率、管理 VNF 和 PNF、利用目录来部署 VNF 以及配置管理等。

5. HP 的 NFV Director

HP 提供了名为 NFV Director（NFV 导向器）的捆绑式 NFVO 及 VNFM 解决方案，其内置功能可以实现 ETSI 定义的 VNFM 功能，而且还可以与其他厂商的 VIM 及 NFVO 协同工作。

4.6　网络服务的编排与部署

NFV 中的网络服务的编排、部署及管理由 ETSI 框架中的 NFVO 功能模块负责处理。如前所述，NFVO 使用多个数据存储库来确定网络服务需求及 VNF 需求、定义 VNF 之间的链路以及端到端的拓扑结构，同时还要跟踪已部署的网络服务的状态以及基础设施的可用性状态。

OSS（Operation Support System，运营支撑系统）直接与 NFVO 进行交互，如果 OSS 请求更改网络服务或部署（或删除）网络服务，那么 NFVO 就会处理该请求并将所需的请求传递给其他功能模块（如 VIM 和 VNFM）。厂商以及开源社区提供的很多软件都支持 NFVO 功能，下面将简要介绍截至本书写作之时常见的可用软件及其功能情况。

4.6.1   Cisco 的 NSO

Cisco 提供的 NFVO 产品是 NSO（Network Service Orchestrator，网络服务编排器），NSO 同时使用物理设备和虚拟设备来编排网络服务。NSO 可以与多个厂商的设备及 VNFM 协同工作，可以通过 NETCONF 使用设备的 CLI、SNMP 或标准 YANG 模型的插件。

4.6.2   Telefonica 的 OpenMANO

Telefonica 开发并发布的 OpenMANO 是一款开源的管理及编排工具，OpenMANO 包括 openmano、openvim 以及 openmano-gui 等 3 大组件，其中的 openmano 负责提供 NFVO 功能并与 openvim 进行交互。如果要管理和使用 openmano，用户可以选择 CLI、REST API 调用或 openmano-gui 提供的内置 GUI 界面。

目前 Telefonica 已经将该产品开源化，可以通过 GitHub 在开源许可下获得该产品。OpenMANO 是名为 OSM 的开源 MANO 的核心组件，具体内容将在本章后面进行讨论。

4.6.3   Brocade 的 VNF Manager

Brocade 的 VNF Manager（VNF 管理器）将 NFVO 及 VNFM 功能作为一个软件包捆绑支持，VNF Manager 基于 OpenStack 的开源项目 Tracker（将在本章后面介绍），可以视为 Tracker 的商业化厂商支持版本。虽然 VNF Manager 与 Brocade 的其他 VNF 管理工具集成在一起，但是也可以通过 VNF 目录（由 TOSCA[Topology and Orchestration Specification for Cloud Application，云应用拓扑及编排规范]语言进行定义）来实现灵活性以及与厂商无关性。

4.6.4   Nokia 的 CloudBand Network Director

谈到 Nokia 的 VNFM 产品时，必然要提到 CloudBand Application Manager（CloudBand 应用管理器），CloudBand Network Director（CloudBand 网络导向器）是

该产品系列的一款软件，支持 NFVO 功能。CloudBand Network Director 支持通过 TOSCA 定义服务目录，可以提供资源及服务编排功能，而且还能充当分析及响应网络服务变更时的策略引擎。

4.6.5 Ciena 的 Blue Planet

Ciena 收购了 Blue Planet 软件的原始开发商 Cyan，为 NFV 提供了运营级编排系统。Blue Planet 从一开始就考虑了多厂商支持需求，建立了由该平台验证和支持的 VNF 厂商生态系统。Blue Planet 支持 RESTful API 以及 YANG/TOSCA 模型驱动式方法与 NFV 解决方案中的其他系统进行交互，Blue Planet 平台可以通过基于容器的微服务架构与其他系统实现轻松集成。

4.6.6 HP 的 NFV Director

前面提到了 NFV Director（NFV 导向器）的 VNFM 功能，HP 的 NFV Director 将 NFVO 及 VNFM 功能打包在一个软件包中，可以使用其内置的 VNFM 功能，也可以作为独立的 NFV 编排器工具，与第三方 VNFM 进行交互。

4.6.7 Ericsson 的 Cloud Manager

与 HP 的 NFV Director 以及 Brocade 的 VNF Manager 类似，Ericsson 的 Cloud Manager（云管理器）NFVO 解决方案也与其 VNFM 软件捆绑在一起。Cloud Manager 支持 NFVO 的主要功能，如资源和服务编排以及存储库管理等，同时还能与 Ericsson 的 Network Manager（网络管理器）进行紧密集成以实现端到端的网络管理。

4.6.8 OpenStack 的 Tracker

OpenStack 最初专注于 VIM 功能模块，主要原因在于其最初目的是替代 AWS。随着 OpenStack 逐渐适配 NFV 和 ETSI 规范，OpenStack 社区也开始启动 Tracker 项目来执行更高层级的管理功能模块，Tracker 重点关注 OpenStack 的 NFV 编排及 VNF 管理功能。

Tracker 是一个开源项目，它利用 TOSCA 来描述 NFV 的编排操作，某些厂商（如

Brocade）已经利用 Tracker 开发了自己的 NFVO 和 VNFM 产品，并将其定制到自己的应用环境中，同时为最终产品提供技术支持。

4.6.9　RIFT.io 的 RIFT.ware

RIFT.io 为执行 NFVO 和 VNFM 功能提供了一款名为 RIFT.ware 的开源引擎，该引擎与 ETSI 体系架构相兼容，其 NFVO 和 VNFM 软件已成为开源 MANO（OSM）的一部分，具体内容将在下一节深入讨论。

4.7　NFV MANO 与开源解决方案

NFV 自概念阶段开始，与开放平台之间的密切关系以及开放标准的发展演进就是其主要推动力之一，因而 NFV 与开源的发展密不可分，很多开源项目都开始支持 NFV，而且很多已有的开源项目都在研究整合 NFV 的体系架构，如 OpenStack Neutron 和 OpenStack Tracker。目前已有大量开源解决方案可以提供 MANO 模块的完整功能，常见的有效新兴技术有 OPNFV（Open Platform NFV，开放平台 NFV）以及 OSM（Open Source MANO，开源 MANO）。

4.7.1　OPNFV

OPNFV 是 Linux 基金会提供的完整的 NFV 开源解决方案，虽然 ETSI 描述了 NFV 的体系架构，但主要贡献还是服务提供商，不过软件及工具开发并不是服务提供商的优势，这就意味着体系架构的实现需要交给厂商及软件开发人员。2014 年 9 月，Linux 基金会介入并宣布将 OPNFV 建成 NFV 的开放平台。

OPNFV 并非从零开始，而是集成了大量可以帮助其实现 ETSI NFV 模型的开源项目。由于最初的 OPNFV 仅关注 VIM 功能块和 NFVI 功能块，因而选择了 OpenStack（用于 VIM）、Linux（用于服务主机）、KVM（用作 Hypervisor）、Ceph（处理存储需求）以及 Open vSwitch（用于 VNF 连接）、Data Plane Development Kit（用于网络性能）以及 OpenDayLight（用于管理和配置）等开源软件。图 4-59 列出了 OPNFV 平台集成的部分开源软件，需要注意的是，其中的某些软件（如 ONOS[Open Network Operating System，开放网络操作系统]和 OpenContrail）更接近于 SDN（Software-Defined Networking，软件定义网络）（详见第 5 章），从 OPNFV 集成了 SDN 开源软件的事实可以看出，这两种技术已经逐渐交融在一起。

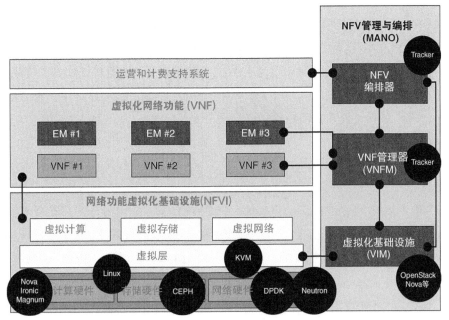

图 4-59　OPNFV 开源组件

2015 年底，OPNFV 决定扩展其功能范围，计划将整个 MANO 功能块的工具和软件（包括 NFVO 和 VNFM）都集成到 OPNFV 软件中。OPNFV 希望整合这些组件之后，为服务提供商提供一个完全符合 ETSI 体系架构且开放免费的平台，而且（更重要的是）经过测试及优化，可以提供电信级的性能和灵活性。OPNFV 的第一个版本是 Arno，随后的版本是 Brahmaputra，这些版本已具备实验室使用条件，经过 OPNFV 的集成测试和加固措施之后，服务提供商就可以使用相关版本在自己的应用环境中部署 NFV。集成是 NFV 部署过程中必须面对的挑战之一，OPNFV 则解决了这一重大挑战，允许提供商更容易地适应其集成和测试版本。

注：OPNFV 的版本名称使用著名的河流按照字母顺序进行命名。Arno（阿诺河）是意大利中部的一条著名河流，而 Brahmaputra（雅鲁藏布江）则是亚洲的一条重要河流，OPNFV 的第三个版本被命名为 Colorado（科罗拉多），它是北美的一条重要河流。

4.7.2　Open-O

Open-O（Open Orchestration Project，开源编排项目）源自中国移动的一个开源项目，目前已成为 Linux 基金会的开源项目，旨在通过 NFVO、VNFM、VIM 以及 VNF 编排等功能模块来提供端到端的 MANO 实现方案。此外，Open-O 还希望为多厂商 MANO 实现之间的交互以及 SDN 与 NFV 之间的交互定义开放的接口标准。目前已有多个服务提供商和厂商联手加入该开源项目。随着该项目的逐渐成熟，Linux 基金会计划将其集成到 OPNFV（也是 Linux 基金会的项目）中，不过截至本书写作之时，该项目的未来演进路径尚未明确定义。

4.7.3　OSM

OSM（Open Source MANO，开源 MANO）于 2016 年 2 月在世界移动通信大会（Mobile World Congress）上发布，旨在提供完全符合 ETSI 架构的开源 MANO 功能。OSM 已经收到来自 Telefonica 的 OpenMANO（前面曾经讨论过，包括 VIM 和 NFVO 功能）、Canonical 以及 Rift.io 的贡献，与该行业相关的其他大公司（如 Intel 和 Mirantis）也都为 OSM 做出了一定的贡献。鉴于该项目仍处于起步阶段，该工具的发展走向将在未来及时确定，截至本书写作之时，OSM 的 MANO 实现已经获得如下贡献。

- **VIM**：Telefoica OpenMANO 的 openvim。
- **VNFM**：Canonical 的 Juju-generic。
- **NFVO**：Riti.io 的 Rift.ware、Telefonica OpenMANO 的 openmano 以及 Mirantis 的 Murano Cataloging 和 Fuel 等。

4.8　描述 NSD

对于 NSD（Network Service Descriptor，网络服务描述符）以及其他模板的描述来说，目前已经有多种流行的描述格式和描述语言，如 OpenStack 的 HOT（Heat Orchestration Template，Heat 编排模板）、TOSCA、Amazon 的 CloudFormation 以及 Canonical 的 Juju

Charms 等，这些描述方式相互影响，如 HOT 与 TOSCA 之间就互相借用，虽然 TOSCA 看起来似乎越来越受欢迎，但这些描述方式并没有哪一个拥有压倒性优势。ETSI 对这些描述方式也没做任何限制。本节将简要介绍其中的一些模板格式，特别是 TOSCA（考虑到受欢迎程度），有关模板结构及使用方式的详细内容已经超出了本书的写作范围，感兴趣的读者可以通过后面提供的参考资料进行深入学习。

4.8.1　Juju Charms

Juju 由 Canonical 开发并提供，是一款简化预配置和预定义应用程序的部署及管理工具。Juju 使用 Charms 格式的数据模板来定义所要部署的组件，Charms 将描述配置（通常以 YAML 进行编码）及操作脚本（称为钩子[hook]）的文件组合在一起，从而管理生命周期事件（如安装、缩放、升级等）。虽然 Juju 本身更适合作为 VNFM，但 Charms 模板确实可以定义 NFV 描述符。

4.8.2　HOT

HOT 是 Heat Orchestration Template（Heat 编排模板）的首字母缩写，是 OpenStack 的 Heat 服务支持的模板之一，OpenStack Heat 原生支持与 CloudFormation 相兼容的 CFN 格式，HOT 的目的是替代 CFN 格式。HOT 采用 YAML 编码方式并使用一种非常简单的方式来表示数据。HOT 的字段信息如图 4-60 所示。

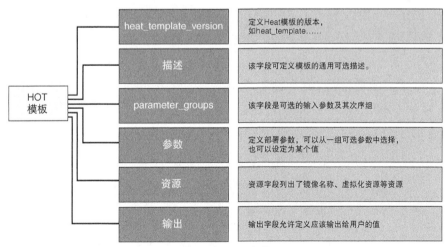

图 4-60　HOT 字段

4.8.3 TOSCA

TOSCA 是 Topology and Orchestration Specification for Cloud Application（云应用拓扑及编排规范）的缩写，是一种描述云服务（包括 NFV）的开放标准语言，很多供应商的 NFVO 实现都支持通过 TOSCA 来描述网络服务的编排规范。由于 TOSCA 是一种开放语言，任何人都可以使用，因而 NFVO 引擎支持 TOSCA 之后可以提供更为灵活且与供应商相独立的网络服务描述，从而为服务提供商选择供应商的 NFVO 应用程序提供极大的自由性。

TOSCA 由名为 OASIS（Organization for the Advancement of Structured Information Standard，结构化信息标准推进组织）的标准组织负责制定，该组织致力于制定各种标准。它最初采用 XML 方式进行编码，目前正在探索 JSON 和 YAML 编码方式。但是需要注意的是，TOSCA 并不是编码规范，而是描述语法结构。

> **注：** 可以采用不同的方式对数据进行编码，如早期的 JSON 与 YAML 编码。语法负责定义变量、变量值以及变量之间的关系，而编码只是传递这些信息的一种方式，如果通信过程发生在应用程序之间，那么就可以使用简单的 XML 等编码机制，但是如果通信信息需要使用可读格式，那么采用 YAML 等编码格式就显得尤为必要了。

TOSCA 信息分布在多个使用 CSAR（Cloud Service Archive，云服务归档）格式绑定在一起的文件中，其中有一个文件是服务模板（Service Template）（使用文件扩展名.tosca），对于 NFV 来说，该服务模板文件是存放 NSD 编码信息的地方。前面曾经说过，NSD 引用了 VLD、VNFFGD 以及 VNFD，因而在 NSD 的 TOSCA 描述中，由定义在服务模板文件中的节点模板（Node Template）来表示这些描述符，图 4-61 以图形化方式描述了该映射关系。

> **CSAR**
>
> CSAR 是 Cloud Service Archive（云服务归档）的缩写，是 OASIS（也是 TOSCA 的标准制定组织）制定的一种归档标准，通过特定的文件及目录结构将多个文件打包到一个压缩文件中。

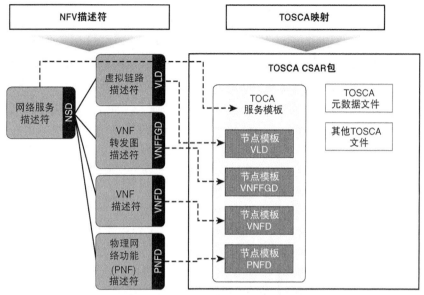

图 4-61 NFV 描述符到 TOSCA 的映射

4.9 本章小结

本章讨论了 NFV 的一些重要主题、多种云服务模型，以及 NFV 的编排与部署问题。与传统网络相比，管理与编排的概念对于 NFV 网络来说尤为重要。本章基于 ETSI 的 MANO 模块架构，讨论了大量基本概念，并深入分析了 3 个子模块（VIM、VNFM 和 NFVO）的功能角色：管理、编排、部署并监控 NFV 基础设施、VNF 以及网络服务。此外，本章还介绍了大量厂商及开源社区针对这些子模块开发的实用工具及软件，由于近年来开源工具（尤其是 OpenStack）在 NFV 服务提供商中得到大量应用，因而本章也着重介绍了这些开源工具的相关内容。

4.10 复习题

为了提高学习效果，本书在每章的最后都提供了复习题，参考答案请见附录。

1. 常见的云服务有哪些？

    a. 基础设施即服务（IaaS）、平台即服务（PaaS）和软件即服务（SaaS）

    b. SDN 即服务（saaS）、平台即服务（PaaS）和软件即服务（SaaS）

    c. 基础设施即服务（IaaS）、平台即服务（PaaS）和应用程序即服务（AaaS）

    d. 基础设施即服务（IaaS）、硬件即服务（HaaS）和软件即服务（SaaS）

2. 下面哪种云模型能同时兼顾私有云的安全性和公有云的低成本性？

    a. 融合云

    b. NFV 云

    c. 混合云

    d. 企业云

3. ETSI 架构中负责 NFV 管理与编排功能的 3 个主要模块是什么？

    a. VIM、VNFM 和 NFVI

    b. VIM、VNFM 和 NFVO

    c. VIM、VNF 和 NFVO

    d. VNF、VNFM 和 NFVI

4. 虚拟机的生命周期管理是否属于 NFVO 的一部分功能？

    a. 是

    b. 否

5. 在 OpenStack 部署方案中，OpenStack 的哪个模块负责网络组件？

    a. Cinder

    b. Neutron

    c. OVS

    d. Nova

6. ETSI 架构中的 VNFM 的作用是什么？

    a. NFVO 与 VIM 之间的桥接通信

    b. Hypervisor 生命周期管理

    c. 硬件生命周期管理

    d. VNF 生命周期管理

7. 下面哪一项是 NFVI 部署时的首选开源 VIM 软件？

    a. OpenStack

    b. Cloudstack

    c．VMware vSphere

    d．XEN

8．OpenStack 的 Keystone 模块负责什么？

    a．身份验证和 GUI 仪表盘

    b．认证和授权

    c．存储和网络

    d．管理和编排

9．当前可用的两个主要硬件虚拟化部署选项是什么？

    a．基于虚拟机的虚拟化和基于 Docker 的虚拟化

    b．基于裸机的虚拟化和基于容器的虚拟化

    c．基于 Hypervisor 的虚拟化和基于容器的虚拟化

    d．基于裸机的虚拟化和基于 Hypervisor 的虚拟化

10．构成网络服务目录的 3 种描述符是什么？

    a．VNF 转发图描述符、网络服务描述符和虚拟平台描述符

    b．VNF 转发链描述符、网络服务编排描述符和虚链路接描述符

    c．VNF 转发图描述符，网络服务描述符和虚链路描述符

    d．VNF 转发链描述符，网络服务编排模板和虚链路描述符

11．OpenStack 每隔多长时间提供一款新的稳定版本？

    a．6 个月

    b．12 个月

    c．是一个持续集成与持续开发过程（CI/CD）

    d．3 个月

第 5 章

SDN

前面的章节主要讨论了 NFV 的概念、体系架构以及部署等问题，虽然 SDN （Software-Defined Networking，软件定义网络）是一种与 NFV 相对独立的不同技术领域，但是由于 SDN 的目标与 NFV 非常一致，因而这两种技术又具有很强的互补性，两者结合可以形成极具竞争力的解决方案，可以获得共同的期望目标。要想完整地了解 NFV，就必须讨论 SDN。本章将详细讨论 SDN 的相关内容，从高层视角度来分析 SDN 的概念，并解释 SDN 与 NFV 结合所带来的好处。

本章主要内容如下。

- SDN 的概念以及 SDN 的发展驱动力。
- SDN 在端到端网络架构中的应用。
- SDN 与 NFV 之间的关联性。

5.1 SDN 基本概念

传统网络设备实现网络功能的软件通常都会包含多个角色，我们可以将这些角色归类成独立工作的功能平面，这些功能平面通过专有或开放的 API（Application Program Interface，应用程序接口）进行交互。从高层视角可以将这些角色分成如下 4 类。

- **控制平面**：主要功能是确定数据流经设备时的路径、决定是否允许数据穿透设备、数据的排队行为以及数据所需的各种操作等，该角色称为控制平面。
- **转发平面**：这部分软件的作用是根据控制平面的指令在设备上实现数据的转发、排队与处理，该角色称为转发平面或数据平面。因此，控制平面的职责是确定进入设备的数据的处理方式，而数据平面的职责则是根据控制平面的决定来执行具体操作。
- **管理平面**：控制平面和转发平面负责处理数据流量，而管理平面则负责网络设备的配置、故障监控及资源管理。
- **操作平面**：设备的运行状态由操作平面监控，操作平面可以直接查看所有设备实体。管理平面直接与操作平面进行协同工作，并利用操作平面检索设备的运行状况信息，同时还负责推送配置更新以管理设备的运行状态。

对于传统网络设备来说，这些平面完全耦合在一起并通过专有接口及协议进行通信，如图 5-1 所示。

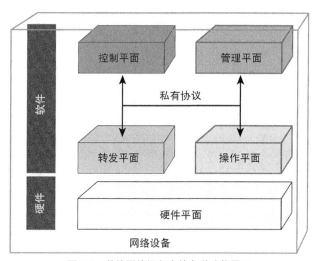

图 5-1　传统网络设备中的各种功能平面

为了更好地解释这些概念，我们以路由器为例。负责路由器配置工作的管理平面提供了一种机制来定义主机名、要使用的接口 IP 地址、路由协议配置、用于 QoS（Quality of Service，服务质量）的阈值及分类等参数，操作平面则负责监控接口的状态、CPU 的消耗以及存储器的利用率等，并将这些资源的状态信息传送给管理平面以进行故障监控。路由器上运行的路由协议（通过管理平面进行定义）构成控制平面，可以预先确定数据流以建立路由查找表（称为 RIB[Routing Information Base，路由信息库]），并将该数据映射到路由器的特定出接口。转发平面则使用该路由查找表并确定数据穿越该路由器的路径。

由于控制平面集成在设备软件中，因而网络架构具备分布式控制平面，每个节点都会执行自己的控制平面计算操作，而且这些控制平面之间可以相互交换信息。例如，运行在每台设备上的路由协议相互交换信息以确定整网拓扑或相互学习路由信息。虽然管理平面也随之本地化，但 NMS（Network Management System，网络管理系统）通过在管理平面上增加一层管理层，从而实现了管理功能的集中化。通常采用 Syslog、SNMP（Simple Network Management Protocol，简单网络管理协议）和 NetFlow 等协议来执行监控操作，而配置操作则利用专有的 CLI、API、SNMP 或脚本来完成。图 5-2 给出了传统网络设备的部署架构示意图。

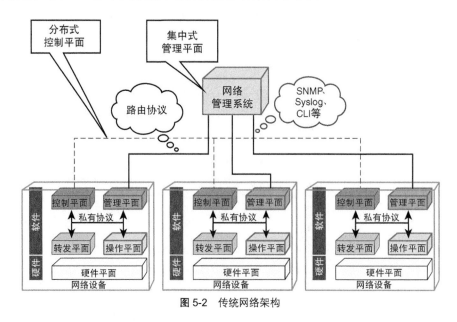

图 5-2　传统网络架构

有了上述背景知识之后，下面将具体介绍 SDN。

5.1.1　什么是 SDN

对于前面介绍的传统网络设备部署模式来说，基于整个网络状态的决策都要由每台网络设备独立承担，如果执行控制平面功能的模块的处理能力达到了设备极限，即便数据平面带宽仍有富余，也可能会出现瓶颈。此外，如果控制平面决策进程涉及多个节点的信息，如 RSVP（Resource Reservation Protocol，资源预留协议）应用场景，那么就需要在节点之间执行额外的通信操作以收集相关信息，进而给设备带来不必要的开销负担。

SDN 定义了一种全新的控制平面集中化方法，将控制平面功能从网络设备转移到中心设备或集群中，使转发平面与控制平面相分离，将控制平面功能从网络设备中释放出去，允许设备执行纯粹的转发平面功能。随着控制平面与转发平面的分离，SDN 还希望通过开放的得到行业接受的通信协议来代替这些平面之间的专有接口，因而 SDN 使得厂商中立的异构网络成为可能，控制平面可以与不同厂商提供的多个数据平面进行交互。

虽然 SDN 的目标是实现控制平面与转发平面分离，但并不强制要求将集中化的控制平面限定在单个节点上。为了实现可扩展性和高可用性，允许将控制平面进行水平扩展以形成控制平面集群，包含该集群功能的模块可以通过 BGP（Border Gateway Protocol，边界网关协议）或 PCEP（Path Computational Element Communication Protocol，路径计算单元通信协议）等协议进行通信，实现单一的集中控制平面。图 5-3 给出了 SDN 的基本概念以及与传统网络架构的差异之处，需要注意的是，由于 SDN 的重点是控制平面和转发平面，因而图中并没有强调这些平面与硬件平面或操作平面以及管理平面之间的交互问题。

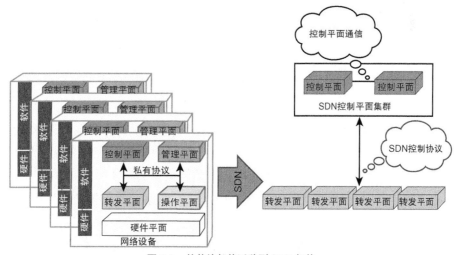

图 5-3 从传统架构迁移到 SDN 架构

应用平面

在 SDN 实现中，可以通过应用程序来管理控制平面，应用程序可以与控制平面及管理平面进行交互，从管理平面提取设备信息及设备配置，从控制平面提取网络拓扑结构和流量路径信息，因而应用程序拥有完整统一的网络视图，并利用这些信息做出可传递给控制平面或管理平面的处理决策，如图 5-4 所示。

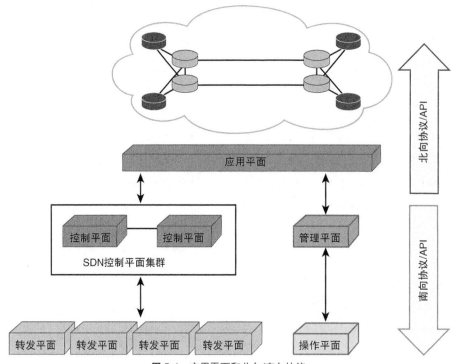

图 5-4　应用平面和北向/南向协议

这类应用的一个典型案例就是按需带宽，应用程序可以监控网络中的流量，并在一天中的某些时段或超过预定阈值时提供额外的流量路径，管理平面必须向应用程序提供有关网络接口的状态以及利用率等信息，控制平面则提供实时的转发拓扑，应用程序就通过这些信息来确定是否需要为特定流量提供额外的流量路径。可以使用用户自定义策略来预设应用程序的阈值，从而触发相应的操作，应用程序传达该操作的方式是指示管理平面提供新的流量路径并告知控制平面开始使用该流量路径。

图 5-4 还给出了北向和南向协议以及 API 的概念，这些术语的含义与使用它们的

环境相关，图中给出的是 SDN 控制平面及管理平面应用场景，此时的南向协议指的是从控制平面或管理平面到底层平面的通信，管理平面和控制平面提供给上层平面（如应用层）的接口则称为北向 API 或北向协议。

5.1.2　SDN 的优势

最初引入 SDN 的时候，其优点并不足以使厂商或服务提供商坚定不移地朝着这个方向迈进。当时的网络扩展部署方案仍然采用部分自动化的配置及管理机制，控制平面与数据平面的紧耦合方式也没有成为网络扩展的重大瓶颈，因而当时的 SDN 主要停留在学术界，没有成为实用化、商业化技术。后来网络逐渐面临指数级的规模增长需求，使得传统网络的扩展机制出现了大量限制因素。NFV 就是网络行业开拓创新并采用新技术以摆脱厂商锁定障碍的一个成功案例，SDN 则是另一个成功案例。从学术界到现实世界的应用部署，SDN 并没有花费太多的时间，由于 SDN 能够实现灵活、可扩展、开放且可编程的网络，因而得到越来越广泛的应用部署。下面将详细讨论 SDN 的一些重要优势，这些优势都与降低网络运营成本息息相关。

1. 可编程性与自动化

通过应用程序来控制网络的能力是 SDN 一个重要的优势，当前的网络需要具备更强大的网络恢复能力、大规模的可扩展性、更快速的部署机制以及运营费用的优化能力，但是由于人工处理流程无法提供快速处理机制，因而整个网络的运营不得不放慢速度，最大限度地使用自动化工具和应用程序已成为满足网络需要的必备条件，需要自动化和可编程能力来支持网络的随需配置、设备数据的监控与解析，而且还需要根据流量负荷情况、网络中断情况以及网络中发生的已知和未知事件进行实时更改。在传统意义上，厂商提供的解决方案主要面向它们自己的设备或 OS（Operating System，操作系统），有时也会对外部设备提供有限的支持能力（如果有的话），根据网络上的逻辑和约束条件做出决策。

SDN 解决方案将应用程序与网络相耦合，解决了手动控制与管理流程存在的问题。由于 SDN 将智能放在集中的控制设备（即 SDN 控制器）上，因而可以直接在控制器中构建自动响应预期事件和意外事件的程序及脚本。作为可选方式，应用程序也可以运行在控制器之上，利用北向 API 将逻辑传递给控制器，并最终传递给转发设备。应用程序可以处理故障以及越来越多的管理需求，实现故障的快速解决与恢复。这种方法可以显著减少服务宕机时间、缩短配置时间并提高设备与网络运营人员的比例，从而最大限度地降低运营成本。

2. 支持集中控制

控制平面集中化之后，可以更加容易地获得所有重要信息，控制逻辑的实现也就显得较为简单。SDN 可以实现网络视图的统一化，简化网络控制逻辑，降低操作复杂性及维护成本。

3. 多厂商和开放式架构

由于 SDN 采用了标准化协议，因而打破了对供应商特定控制机制的依赖性。传统供应商提供的设备访问及设备配置方法都是专有方法，不易编程，而且在开发应用程序和脚本以实现某些配置及管理过程自动化时会遇到很多障碍，特别是在混合供应商（甚至是混合 OS）环境中，应用程序必须考虑设备接口的变化和差异。此外，如果供应商在实现标准的控制平面协议时存在差异（可能是解析差异），那么就可能会导致互操作性问题。这些挑战长期存在于传统网络中，但是 SDN 将设备的控制平面释放出来，仅留下数据平面，因而潜在解决了混合供应商部署环境下的控制平面互操作性问题。

4. 简化网络设备

网络设备的控制平面通常会占用大量网络资源（尤其是运行了多种协议的网络设备），并在这些协议之间传递各种信息（如内部路由、外部路由和标签等），然后在本地存储这些信息，同时还运行其他协议逻辑以利用数据进行路径计算，这些操作都会给设备带来不必要的开销，并限制其扩展性和性能。由于 SDN 将这些开销都从设备中剥离，让网络设备专注于主要职责（转发数据），将设备的处理资源和内存资源释放出来，因而大大降低了设备成本、简化了软件实现，从而获得了更好的可扩展性，实现设备资源的最佳利用。

5.2 SDN 实现与协议

如前所述，SDN 的核心理念是分离控制平面，将控制平面从转发平面中分离出来。实现该目标的一种直接方式就是在外部设备（称为 SDN 控制器）上实现控制平面的功能，将转发平面功能留在数据路径中的设备上。这就是大多数人最初设想的实现方式，也是本章前面介绍的实现视图。不过，随着大家越来越深入地了解 SDN 的理念，就会发现可以通过多种方式来实现集中控制以及简化数据平面的基本目标。本节将介绍目前业界的多种实现方式，在此之前将首先介绍 SDN 控制器。

5.2.1 SDN 控制器简介

SDN 控制器是一种实现 SDN 控制平面功能的独立设备，负责将控制平面的决策信息传递给网络设备。与此同时，SDN 控制器还能从网络设备检索信息，以做出合理的控制平面决策。SDN 控制器通过 SDN 控制协议与网络设备进行通信，具体内容将在本章后面详细讨论。

从地理位置的角度来看，SDN 控制器不需要与网络设备部署在同一个地理位置上，只要能够与它们所控制的网络设备进行通信即可。目前业界提供了多种开源及商用 SDN 控制器，后面将详细讨论这些 SDN 控制器的相关内容。

5.2.2 SDN 实现模型

从技术角度来看，供应商将网络设备的控制平面完全分离出来并让网络设备执行单纯的转发功能并非始终可行，因而供应商们采用了不同的方法来实现 SDN，与我们目前讨论的 SDN 实现机制并非完全一致。服务提供商们也面临着很多实际操作困难，很难将自己的网络完全迁移到 SDN，因而有可能采用某种替代方案来部署 SDN，只要这些替代实现方案能够充分享受 SDN 带来的好处，能够实现控制平面与转发平面的分离，就是有效的 SDN 实现方式。常见的 SDN 实现方式主要有如下 3 种。

1. 开放（经典）SDN

该方法是实现控制平面与转发平面相分离的经典实现方式。由于供应商研发的网络设备还暂时无法实现这一目标，因而这种方式利用 SDN 支持层（SDN Support Layer）来代替本地控制平面，以实现 SDN 的支持能力。新的 SDN 支持层能够与 SDN 控制器以及设备的转发平面协同工作，使得网络设备具备通过 SDN 协议与 SDN 控制器进行通信的能力，而且还能直接控制转发平面，如图 5-5 所示。

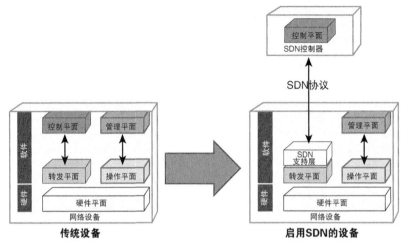

图 5-5　开放 SDN

2. 混合 SDN

很多供应商都采用了通过 SDN 支持层修改设备控制平面的 SDN 实现方式，并声称其设备已支持 SDN。但是这并不意味着设备的本地控制平面已不复存在，本地智能仍然可以与外部控制器实现的控制平面协同工作。对于这种实现方式来说，由于设备会运行自己的（分布式）本地控制平面，并由外部 SDN 控制器通过修改这些协议使用的路由参数或者直接修改转发平面来增强设备的智能，因而将该实现方法称为混合 SDN（见图 5-6）。请注意，与经典 SDN 实现方式相比，混合 SDN 实现方式的主要区别在于设备仍然使用本地控制平面。

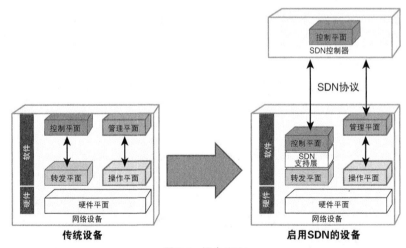

图 5-6　混合 SDN

3. 通过 API 实现 SDN

有些供应商通过提供用于部署、配置和管理设备的 API 来实现 SDN，应用程序可以通过 API 控制设备的转发平面，等同于控制器与网络设备之间使用的南向 API。不过，由于 API 可以直接插入到应用程序中，因而这种 SDN 实现方式可能不需要使用标准南向协议的 SDN 控制器。

与供应商一直使用的私有 CLI（Command-Line Interface，命令行接口）相比，该实现方式是向更加协作化和开放化的方向进行转变，但很难做到真正的开放性，因为这些 API 很可能无法实现多供应商之间的兼容性，因而并没有真正解决私有性问题。使用这种基于 API 的 SDN 实现方式的应用程序必须知道它们正在与哪些供应商的设备进行通信，从而能够使用正确的 API。

支持这种 SDN 实现方式的观点认为，该实现方式允许应用程序影响转发决策，而且任何想要构建应用程序和使用 API 的人都能公开使用 API，因而实现了 SDN 的核心目标。虽然这种方式让网络具备了可编程性，但灵活性不足（因为私有的南向 API）。部分供应商通过提供自己的控制器来解决灵活性问题，这些控制器使用私有的南向 API（面向网络设备）和标准的北向 API。图 5-7 给出了通过 API 实现 SDN 的实现方案。

4. 通过叠加方式实现 SDN

从网络中分离控制平面的另一种方法是在现有网络之上创建独立的叠加网络，该实现方式中的底层网络仍然拥有采用传统方式进行本地管理的控制平面。不过，对于叠加网络来说，该底层网络实质上仅提供连接并转发数据。对于网络用户来说，底层网络及其拓扑结构和控制平面都是透明的，叠加网络就是与用户进行交互的网络。该实现方式下的用户可以通过外部控制器来管理叠加网络，不需要构成底层网络的设备支持任何 SDN 功能。该 SDN 网络实现方式符合 SDN 的基本要求，唯一的约束条件就是要求底层设备必须支持实现叠加网络的协议。前面讨论了虚拟网络的概念，虚拟网络实际上就是叠加网络。采用该 SDN 实现方式的技术方案主要包括由大量供应商支持的 VXLAN（Virtual Extensible LAN，虚拟可扩展 LAN）以及由 Microsoft 支持的 NVGRE（Network Virtualization using Generic Routing Encapsulation，采用通用路由封装的网络虚拟化）。

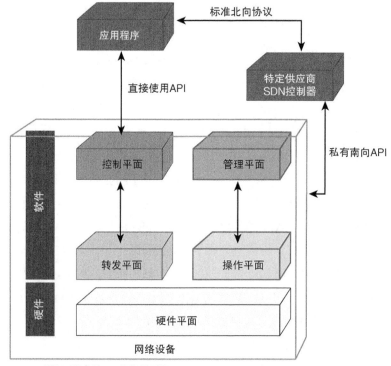

图 5-7   通过 API 实现 SDN

5.2.3   SDN 协议

无论采用何种方式实现 SDN，都必须使用某种类型的协议来完成转发设备、应用程序以及控制器之间的通信与信息交换。从 SDN 控制器的角度来看，可以将这些协议分成北向协议和南向协议。如前所述，南向协议用于控制平面设备（如 SDN 控制器或者是应用程序）与转发平面之间的通信，而北向协议则用于应用程序与 SDN 控制器之间的通信。

1. 南向协议

可以将南向协议分为两类，一类是控制平面可以直接与转发平面进行通信，另一类是控制平面通过管理平面改变设备参数从而间接影响转发平面。直接与转发平面进行交互的协议称为 SDN 控制平面协议，使用管理平面来改变转发平面的协议则简单地称为管理平面协议。图 5-8 给出了 SDN 协议分类示意图。

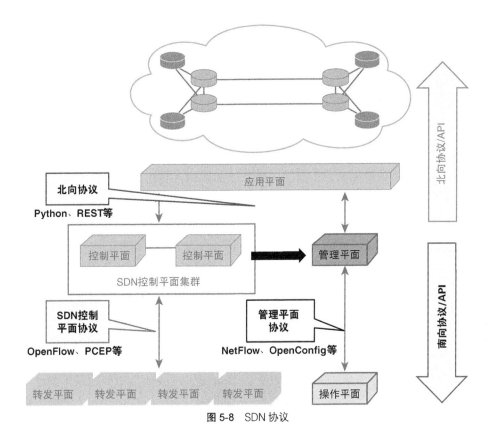

图 5-8 SDN 协议

2. SDN 控制平面协议

SDN 控制平面协议在网络设备上以低层协议方式进行操作，可以对设备硬件进行编程以直接控制数据平面。常见的 SDN 控制平面协议主要有 OpenFlow、PCEP（Path Computation Element Communication Protocol，路径计算单元通信协议）以及 BGP 流规范（BGP Flow-Spec）。下面将对这些协议做一个简要分析。

（1）OpenFlow

设备商提供的传统网络设备的控制平面与转发平面之间的通信过程都发生在同一台设备中，这些设备使用专有通信协议和内部进程调用。对于 SDN 环境来说，由于控制平面与转发平面分离，因而需要一个支持多供应商的标准协议来完成它们之间的通信过程。OpenFlow 就此应运而生，OpenFlow 是业界第一个用于 SDN 控制器与网络设备之间的通信并对转发平面进行编程的开源控制协议。OpenFlow 已从最初的实验室版本逐渐发展成熟，目前已经提供 1.3 及以上版本的产品级软件。

OpenFlow 负责在设备上维护被称为流表（flow table）的信息，流表中包含了如何转发数据的相关信息。SDN 控制器可以通过 OpenFlow 协议对支持 OpenFlow 的交换机的转发平面进行编程，实现方式是更改设备上的流表。

为了对转发信息进行编程并在网络中设置路径，OpenFlow 支持两种操作模式，即被动模式和主动模式。被动模式是利用 OpenFlow 实现 SDN 的默认操作模式，假设条件是网络设备无智能或者未运行控制平面的相关功能。在被动模式下，所有转发节点收到的数据流量中的第一个数据包都会发送给 SDN 控制器，由 SDN 控制器利用该信息对穿越整个网络的数据流进行编程，该进程会在路径上的所有后续设备中创建流表，并相应地切换数据流量。在主动模式下，SDN 控制器会预先配置一些默认流值，待交换机启动之后，就会对流量流进行预编程。

SDN 控制器与交换机通过网络交换信息流时，建议通过安全通道进行 OpenFlow 通信，如 SSL（Secure Socket Layer，安全套接字层）或 TLS（Transport Layer Security，传输层安全性）。

图 5-9 给出了 OpenFlow 的体系架构。

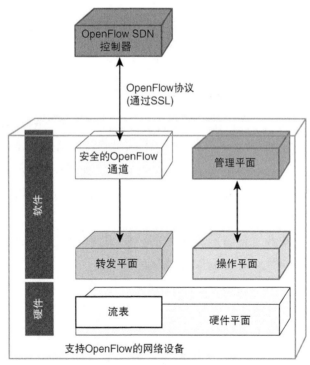

图 5-9　OpenFlow 体系架构

注：OpenFlow 主要关注控制平面与数据平面之间的关系，但是如果设备的管理平面和操作平面仍然必须以传统方式进行管理，那么就会削弱 OpenFlow 给 SDN 带来的可编程性优势。最初的 OpenFlow 是为交换机开发的，较少考虑管理功能，为了获得可编程性的全部好处，就要求管理平面也应该具备应用程序可使用的接口。因此，可以采用两种不同的协议来提升 OpenFlow 的管理能力和配置能力：OF-CONFIG（OpenFlow Configuration，OpenFlow 配置）管理协议和 OVSDB（Open vSwitch Database，开放虚拟交换机数据库）管理协议。

（2）PCEP

PCEP（Path Computation Element Communication Protocol，路径计算单元通信协议）是一种工作在两台设备之间的协议，其中一台设备利用 TE（Traffic Engineering，流量工程）进行转发，另一台设备则负责执行确定流量工程路径所需的所有计算。PCEP 由 RFC 4655 定义，该 RFC 将运行 TE 协议的设备定义为 PCC（Path Computation Client，路径计算客户端），将执行全部计算功能的设备定义为 PCE（Path Computation Element，路径计算单元），PCE 与 PCC 之间的协议则称为 PCEP。PCC 可以是任何已经启用了与 PCE 协同工作能力的传统路由设备，传统意义上的路由器会执行自己的计算操作并相互交换信息，而 PCEP 模型中的路由器（充当 PCC）则执行流量转发以及标签的添加与处理等操作，将所有的计算及路径决策进程都留给了 PCE。如果有多台 PCE 协同工作，那么也可以将 PCEP 用作这些 PCE 之间的通信协议。如果要从网络中学习 LSDB（Link State DataBase，链路状态数据库）信息，那么就可以由 PCE 设备与网络中的设备建立被动 IGP 关系，但是由于这样做会限制 PCE 对网络区域边界的认知，因而提出了一种被称为 BGP LS（BGP Link State，BGP 链路状态）的替代解决方案，BGP LS 是一种新的 BGP 扩展协议，可以向 PCE 提供 LSDB 信息。

由于 PCEP 的设计基于 SDN 的流量工程用例，因而采用了 RSVP-TE、基于 GMPLS（Generalized MPLS，通用 MPLS）的 TE 以及 SR-TE（Segment Routing TE，分段路由 TE）等协议，这些场景下的 PCEP、PCC 以及 PCE 的角色都相同。例如，PCC 可以请求 PCE 执行特定约束条件下的路径计算操作，而 PCE 则可以返回满足约束条件的可能路径。

（3）BGP-FS

BGP-FS（BGP Flow Spec，BGP 流规范）是 BGP 协议的一种补充协议，定义了 BGP 路由器向上游 BGP 对等路由器通告流过滤规则的方法，流过滤规则包括匹配特定流量的标准以及对这些匹配流量执行的特定操作（包括丢弃这些匹配流量）。BGP-FS 是一种标准协议，定义在 RFC 5575 中，得到大量厂商的支持。BGP-FS 定义了一种新的 BGP NLRI（Network Layer Reachability Information，网络层可达性信息），可用来创建流规范。从本质上来说，流规范就是匹配条件，如源地址、目标端口、QoS 值以及数据包长度等。对于匹配流量来说，系统可以执行限速、QoS 分类、丢弃以及重定向到某个 VRF（Virtual Routing and Forwarding，虚拟路由和转发）实例等操作。

对于 SDN 场景来说，SDN 控制器可以与转发设备建立 BGP 邻居关系，只要所有设备都支持 BGP-FS，那么就可以通过 BGP-FS，由控制器向这些设备发送流量过滤规则，从而控制转发行为。事实上，BGP-FS 的最初目的是重定向或丢弃 DDoS（Distributed Denial of Service，分布式拒绝服务）攻击流量，该场景下的控制器（检测到攻击之后）指示面向攻击流量的路由器丢弃匹配流量或者将这些流量转移到流量清理设备中。

3. SDN 管理平面协议

管理平面协议负责处理设备配置操作，从而间接影响转发平面。由于管理平面协议假定采用混合 SDN 实现方式，因此网络设备都运行自己的控制平面协议，这些控制平面协议受到使用管理平面协议的外部应用程序的影响。下面将对这些协议做一个简要分析。

（1）NETCONF

NETCONF（Network Configuration Protocol，网络配置协议）是 IETF（Internet Engineering Task Force，因特网工程任务组）标准协议（定义在 RFC 6242 中），很多网络厂商都已经支持该协议，以支持网络设备的编程接口。NETCONF 采用客户端-服务器模型，应用程序充当客户端，为充当服务器的设备配置参数或者从服务器上检索操作数据。通过 NETCONF 交换的配置数据或操作数据均采用 YANG 数据模型所描述的预定义格式。由 Tail-f 研发的 Cisco NSO（Network Service Orchestrator，网络服务编排器）、ODL（Open Daylight）、Cisco OSC（Open SDN Controller，开放 SDN 控制器）以及 Juniper 的 Contrail 等 SDN 控制器都将 NETCONF 作为南向协议。有关 NETCONF 和 YANG 的详细内容将在后面讨论。

YANG

YANG 是 Yet Another Next Generation 的缩写，是一种前面曾经讨论过的数据建模语言。虽然 YANG 的最初开发目的是与 NETCONF 协同工作，但实际应用并不仅限于此。

（2）RESTCONF

RESTCONF 是 NETCONF 的一种替代协议，也采用数据建模语言 YANG 来解析设备与应用程序之间交换的配置及操作数据。RESTCONF 的操作与 NETCONF 相似但并非完全相同。RESTCONF 源自 REST（Representational State Transfer，表述性状态转移）API，CSP（Cloud Service Provider，云服务提供商）通常利用 REST API 对自己的计算基础设施进行编程。RESTCONF 采用与 REST API 相似的原理及操作与网络设备进行通信，为使用 YANG 模型访问配置及操作数据的 NETCONF 提供了一种替代解决方案。由于 RESTCONF 与 REST API（服务提供商可能已经采用 REST API 管理其计算资源）具有很多相似性，因而使用 RESTCONF 可以为服务提供商的计算及网络基础设施提供非常方便的公共接口，如支持 OPTIONS、GET、PUT、POST 以及 DELETE 等操作。

REST API

REST 是 Representational State Transfer（表述性状态转移）的缩写，REST 架构为客户端—服务器关系中的两个实体之间的无状态通信定义了通信机制，符合 REST 架构的 API 称为 RESTful API，很多时候也将术语 RESTful API 简化为 REST API。

常见的基于 REST 通信的传输协议是 HTTP，REST 使用一组动作（称为 REST 方法）来定义自己的操作，常见操作主要有 POST（创建条目）、GET（检索条目或数据）、DELETE（从服务器中删除条目或数据）以及 PUT（替换现有数据或条目）和 PATCH（修改服务器上的现有数据）。

对这些动作及其相关信息进行编码时，REST 首选 JSON（JavaScript Object Notation，JavaScript 对象标记），不过也可以选择 XML 或其他方法，只要服务器能够解码这些信息并理解操作请求即可。

（3）OpenConfig

OpenConfig 是一种支持网络设备实现厂商中立性的编程接口的技术框架，由 Google、AT&T、BT 等成立的网络运营商论坛发起，希望推动业界创建一个实用化的用例模型，以可编程方式来配置和监控网络设备。

OpenConfig 采用 YANG 模型作为其传输数据的标准，虽然没有为操作指定任何底层协议，但某些厂商已采用 NETCONF 来支持 OpenConfig 框架。此外，OpenConfig 还通过支持来自设备的数据流遥测（Streaming Telemetry）数据来支持网络监控能力。

数据流遥测

与传统的网络监控方法（如 SNMP、Syslog 以及 CLI）相比，数据流遥测是一种从网络设备收集数据的新方法。传统方法主要基于轮询或事件收集数据，而数据流遥测则基于推送模型使用网络设备的信息流，将必要的操作状态及数据信息发送给中心服务器，也可以采用编程方式，让其定期发送数据或基于特定事件发送数据。

（4）XMPP

某些 SDN 控制器厂商（如 Juniper Contrail 以及 Nuage Network）已经开始使用 XMPP（eXtensible Messaging and Presence Protocol，可扩展消息及表示协议）作为集中式控制器与网络设备之间的通信协议，XMPP 是一种开源、免费且可扩展的通信协议，可以提供基于 XML 的实时数据交换能力。XMPP 的开发目的是作为厂商开发的即时通信系统的替代解决方案，XMPP 的主要功能特性如下。

- 开放和自由。
- 基于 IETF 标准的协议。
- 安全，支持 TLS（Transport Layer Security，传输层安全）和 SASL（Simple Authentication and Security Layer，简单身份验证和安全层）。
- 去中心化（所有组织机构都能实现自己的 XMPP 系统，并根据特定需求进行增强）。
- 灵活且可扩展，可以利用 XML 创建自定义功能。

（5）I2RS

I2RS（Interface to the Routing System，路由系统接口）是 IETF 支持混合 SDN 实现方式的一个工作组，其目的是提供一种以编程方式在网络设备上访问、查询和配置路由基础设施的方法。I2RS 的立场是不需要将控制平面完全移出网络设备，与最初的 SDN 建议一样。I2RS 建议通过某种方式来影响分布式路由决策，对设备进行监控并将策略推送给设备，从而解决设备缺乏可编程性、自动化能力不足以及供应商绑定等问题。

I2RS 定义了代理和客户端。I2RS 代理运行在网络设备上，与 LDP、BGP（Border Gateway Protocol，边界网关协议）、OSPF（Open Shortest Path First，开放最短路径优先）、IS-IS（Intermediate System to Intermediate System，中间系统到中间系统）、RIB

管理器以及设备的操作平面和配置平面等路由组件进行交互。I2RS 代理可以为运行在独立设备上的 I2RS 客户端提供读写访问能力,允许 I2RS 客户端通过查询 I2RS 代理来控制路由参数或检索路由信息。此外,I2RS 客户端还可以订阅来自代理的事件通知,因而已订阅的任何路由组件的变化情况都能以推送模型方式从代理传递给客户端。

I2RS 架构定义的代理要求支持和处理来自多个外部客户端的请求,I2RS 客户端既可以是应用程序中的嵌入式代码,也可以位于路由设备与应用程序之间,如图 5-10 所示。

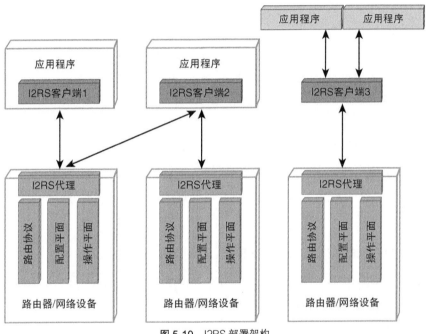

图 5-10   I2RS 部署架构

4. 北向协议

北向协议是 SDN 控制器与上层应用程序之间的接口(见图 5-11),应用程序通常执行服务编排功能或者根据应用程序定义的逻辑或策略来制定并实现决策。SDN 控制器与应用程序之间的通信与两个软件实体之间的通信没有任何区别,因而不需要任何特殊的新协议。现在使用的很多协议都能实现北向通信,如 RESTful API 或 Python、Ruby、Go、Java、C ++等编程语言中的库。

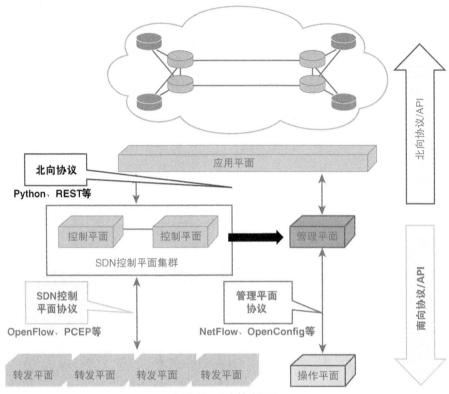

图 5-11   北向协议/API

5. 再论 NETCONF、RESTCONF 以及 YANG

如前所述，NETCONF 和 RESTCONF 都使用数据建模语言 YANG 进行信息交换。如果不分析它们使用的编码技术以及传输机制，那么有关这些协议的讨论就不够完整。下面将首先分析一下这些协议之间的关系。从图 5-12 可以看出，数据（包括操作数据、配置数据以及用户数据）加上编程逻辑以及分析模块就构成了应用程序的 recipe（注：recipe 文件包含了给定软件的相关信息），如果应用程序希望配置网络设备，那么就可以利用 YANG 之类的数据建模语言来构造配置信息。构造了配置信息之后，就可以由配置协议（如 NETCONF）利用该数据定义所要执行的操作类型（例如，下发配置数据之后，NETCONF 可以执行 edit-config 操作）。接下来还要对协议的操作及数据模式信息进行编码，最后再利用传输协议（如 SSH[Secure Shell，安全外壳]、HTTPS 以及 TLS 等）来传递信息。

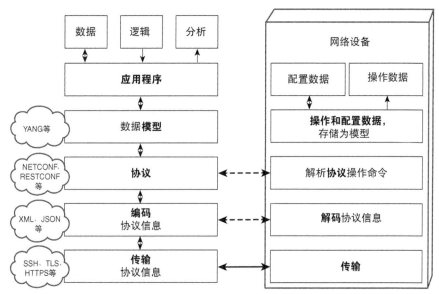

图 5-12　南向协议通信

网络设备需要具备使用相同传输方法进行通信的能力。与此相似，网络设备需要对这些协议信息数据进行解码，然后传递给协议代码以确定必须执行的操作类型。要求网络设备能够理解所用的数据建模语言，并在预定义结构中识别配置数据和操作数据。由于应用程序和设备使用的数据模型都相同，因而能够轻松解析与该被交换数据相关的参数及字段。

> **注**：数据模型、协议以及编码器之间的差别对于初次接触这些概念的读者来说可能具有一定的挑战性。例如，虽然可以用 JSON 格式来表示 YANG 数据建模，但是不应该与协议编码相混淆。为了更好地理解这些概念，可以用人们的日常交流进行类比。
>
> - 传输介质：空气。
> - 编码：音素和声音。
> - 传输介质：空气。
> - 编码：音素和声音。
> - 协议：使用的语言（如英语）。
> - 数据模型：语法结构（如果没有形成正确的句子，那么语言中的单词将没有意义）。
> - 应用：舌头和耳朵，即人类的语言与听觉器官。
> - 数据逻辑分析：人的大脑。

在此基础上，我们可以进一步分析 NETCONF 和 RESTCONF。它们都是非常流行且应用广泛的配置协议，可以利用跨平台、跨厂商的标准应用程序来配置网络设备。NETCONF 和 RESTCONF 都使用 YANG 作为数据建模语言，而且都通过 RFC 进行标准化。NETCONF 倾向于使用 XML 作为编码技术，而 RESTCONF 则常常使用基于 JSON 和基于 XML 的编码技术。在传输层面，NETCONF 标准建议采用安全的、经认证的、能提供数据完整性和安全性的传输协议，虽然具有一定的灵活性，但 SSH 仍被列为强制选项之一。RESTCONF 的常用传输协议是 HTTP，不过很多时候也使用 HTTPS 等传输协议。图 5-13 列出了这些模块之间的关系以及 RESTCONF 和 NETCONF 的常用选项。

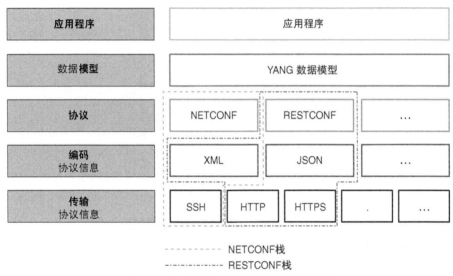

图 5-13   南向协议 RESTCONF 和 NETCONF

6. 关于 YANG 模型的更多信息

在理想情况下，所有功能特性及操作数据的 YANG 模型都可以实现完全标准化。事实上，经过 IETF 的持续努力，已经为不同的功能特性和可配置参数提供了通用的标准 YANG 模型，虽然这些 IETF YANG 模型可以实现跨厂商的无缝工作，但缺点是无法支持厂商针对配置参数或操作数据的各种增强型功能。从图 5-14 可以看出，很多厂商都开发（或基于标准模型进行修改）了单独的 YANG 模型，这些模型通常称为原生 YANG 模型，更适合厂商自己的实现方案，这些 YANG 模型会被发布到公共存储库中，供应用程序开发人员导入和使用。虽然这种方法与标准方法背道而驰，但却非常现实，而且保留了灵活性和开放性。第三类 YANG 模型则是由服务提供商推动的 YANG 模型，在 OpenConfig 工作组的领导下，服务提供商们认为 IETF 的标准化时间难以满足他们的需求，有时受厂商的影响太大，因而服务提供商们也开始着手开发和发布自己的 YANG 模型以填补空白。

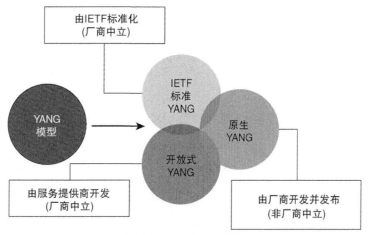

图 5-14　YANG 模型类别

前面提到的 YANG 模型都是网元级模型，可以表示功能特性的配置信息或操作数据的结构（如接口的比特率或协议的路由规模），这些 YANG 模型都工作在网元级别。值得一提的是，YANG 模型还能定义完整的网络服务，这类服务级 YANG 模型可以描述整个服务（如 L3VPN 服务或 VPLS 服务）的结构及参数，编排器可以利用该模型来实现整个服务。虽然 IETF 草案定义了很多这类 YANG 模型，但是在很多情况下，厂商或提供商们都在开发自己的模型以满足特定的服务部署需求。图 5-15 给出了这两类 YANG 模型之间的关系。

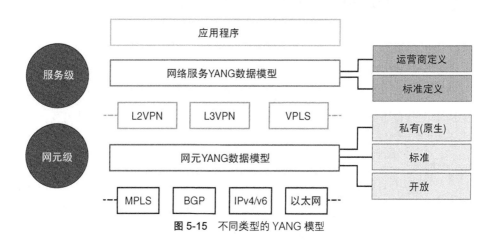

图 5-15　不同类型的 YANG 模型

5.3　不同网络域的 SDN 用例

SDN 最初被认为是专用于解决数据中心可扩展性和流量控制难题的解决方案，后来这项新技术又逐渐进入很多网络领域，并在这些领域取得了一定的应用。考虑到 SDN 在不同网络领域使用的协议和技术因具体的解决方案不同而有所不同，因而本节将从 5 个不同的网络领域来分析 SDN 在这些领域中的作用，如图 5-16 所示。

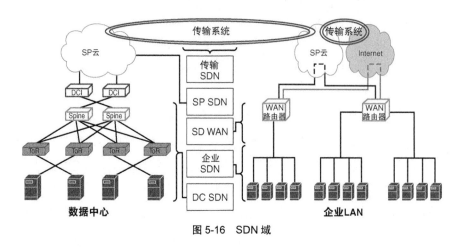

图 5-16　SDN 域

5.3.1　数据中心中的 SDN（SDN DC）

虽然数据中心从大型机时代就一直存在，但是在过去的十多年中，数据中心的规模和容量都出现了指数级增长。互联网和云的出现以及服务提供商维护在线业务以满足消费者需求的趋势极大地推动了数据中心的迅猛增长，导致大规模数据中心安装了成千上万台服务器，它们被部署在数十英亩的土地上，消耗了数以兆瓦计的电力资源。

1. 问题与挑战

数据中心的发展是服务器虚拟化的主要推动力，虽然虚拟化提高了机房空间利用率、能耗水平及成本效率，但同时也给互连这些虚拟服务器的网络架构带来新的严峻挑战。其中的一个挑战就是 VLAN（Virtual LAN，虚拟 LAN）的可扩展性被限定为 4096，虚拟服务器通常都位于同一个二层域中，需要利用 VLAN 来隔离这些虚拟服务器以支持多租户应用，而且企业对云托管服务的大量应用也催生了跨多个数据中心延伸企业 VLAN 域的需求，这些都给可用 VLAN 空间带来了巨大压力。

为了解决这个问题，人们引入了 VXLAN（Virtual Extensible LAN，虚拟可扩展 LAN）协议。VXLAN 可以通过三层网络为虚拟服务器提供二层邻接性，VXLAN 利用 VXLAN ID 建立的叠加式网络，最多可扩展到 1600 万个网段，从而解决了前面所说的可扩展性问题。不过，VXLAN 也带来了新的挑战，即叠加网络的管理、监控及编程。

图 5-17 所示为基于 VXLAN 的叠加网络。

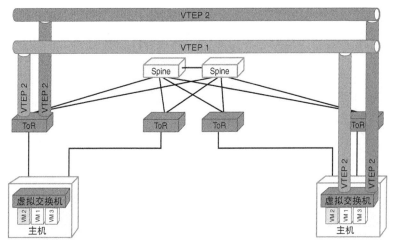

图 5-17　基于 VXLAN 的叠加网络

2. SDN 解决方案

VXLAN 叠加网络的端点（即 VTEP[VXLAN Tunnel End Point，VXLAN 隧道端点]）通常位于 ToR（Top of Rack，架顶）交换机或主机的虚拟交换机上，这两种情况下的 VTEP 都需要编程并与租户的虚拟机相关联。大规模数据中心的虚拟机都采用编排工具进行部署，第 4 章已经讨论了这些编排工具（如 OpenStack），可以采用自动化方式部署 VM，因而可以将虚拟机部署在任意物理服务器上。不过为了通过 VXLAN 连接网络，还需要提供相应的机制来查看整个网络，此时就要用到 SDN，因为 SDN 拥有完整的网络视图，而且还能与虚拟开发工具相协调，对转发平面（位于 ToR 或虚拟交换机上）的 VTEP 和 VXLAN 信息进行编程。从图 5-18 可以看出，SDN 控制器（详细内容将在本章后面讨论）与交换机进行通信，并根据交换机所服务的服务器上配置的虚拟机创建 VTEP 接口。由于虚拟机可能会在物理服务器之间移动或拆除，因而有可能需要重新编程或删除 VTEP 信息，此时也由 SDN 控制器负责处理。

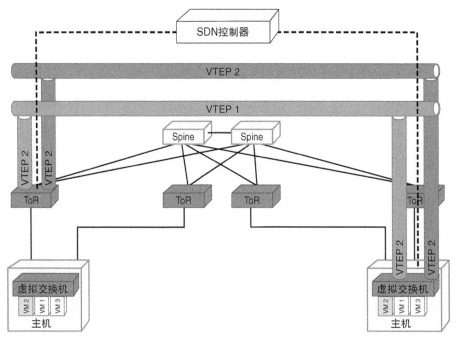

图 5-18　在虚拟设备及物理设备上配置 VXLAN 网络的 SDN 控制器

5.3.2　服务提供商网络中的 SDN（SP SDN）

可以从高层视角将 SP（Service Provider，服务提供商）网络中的路由设备分为 PE（Provider Edge，提供商边缘）和 P（Provider，提供商）路由器。PE 路由器直接连接客户网络，因而 PE 路由器拥有大量接口，并执行分类、QoS、访问控制、故障检测以及路由等各种操作，这些路由器通常都会携带大量客户路由信息和 ARP 缓存，构成服务提供商网络的边界。PE 路由器通常都通过大带宽上游链路将流量汇聚到 P 路由器。

P 路由器的功能特性并不复杂，而且数量相对较少，但 P 路由器之间需要通过地理位置分散的 POP 点提供的大带宽链路进行互联。对于大多数 SP 网络来说，通常提供的语音、视频、数据和 Internet 等服务都要用到公共的核心链路和核心路由器，这些核心链路承载了服务提供商们所服务的大量客户的聚合流量，大带宽链路的任何中断都会给大量用户带来严重影响，因而为了避免故障并提供运营级的可用性，通常都要为这些核心链路以及通过这些链路互联的核心路由器部署物理冗余机制。

1. 问题与挑战

由于 SP 流量面对着大量的冗余链路、节点及路径,因而节点间的最短可用路径通常可能并不是每比特成本最优的路径,或者可能无法一次性承载所有流量。因此,SP 的常见做法是利用流量工程技术,根据重要程度、成本、时延以及网络状态等因素将流量引导到特定路径,从而优化网络成本并实现更优的性能。图 5-19 所示为 SP 网络的通用视图,并举例说明了通过流量工程隧道将流量从最佳路径引导到用户首选路径的实现方式。

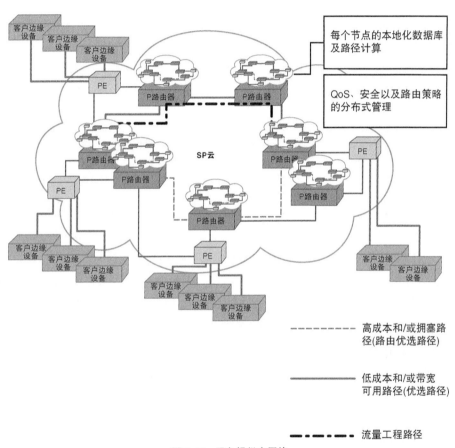

图 5-19 服务提供商网络

如上所述,最佳路由路径可能并不是优选的流量路径(考虑到成本、时延、带宽可用性等因素),而且还会通过特定的流量工程技术改变路由协议的行为以满足特定需要。MPLS-TE(MPLS Traffic Engineering,MPLS 流量工程)是实现此类目标的常用技术,SR-TE(Segment Routing Traffic Engineering,分段路由流量工程)

也得到了广泛应用。对这两种协议来说，并不是所有的节点都拥有网络链路带宽、链路偏好、共享故障组（如共享相同传输设备的链路）、流量工程路径的切换信息等端到端视图，需要利用特殊协议或协议扩展在节点之间进行协调以交换这些信息，并确定完整的流量工程路径。每个节点都要进行路径计算并做出决策，因而必须在所有节点上保留所需数据。由于这些操作都要消耗大量 CPU 资源并占用大量内存，而且这种分布式实现机制还要进行端到端的协调操作，因而这些开销会占用大量设备资源。

SP 网络的另一个挑战是发生潜在故障时对网络及服务造成的影响范围。虽然可以部署 FRR（Fast Re-Route，快速重路由）等机制，但是当加上网络容量规划以及 QoS 保证需求时，整个网络设计工作就会变得非常复杂且难以优化。

2. SDN 解决方案

由于集中式控制器拥有全网链路状态视图，而且还可以跟踪带宽分配情况并允许控制器处理决策过程，因而使用集中式控制器能够有效解决跨网络的流量工程管理与设计挑战。

SDN 非常适合该场景。对于基于 SDN 的解决方案来说，路由器不需要做出决策或者保留决策所需的数据库，从而大大减少了路由器的内存和 CPU 资源开销。集中化的 SDN 控制器完全可以超越基于流量和链路利用率的基本决策标准，与高层应用程序进行交互，实现基于策略的流量重路由，如在维护窗口到来之前预先进行流量重路由，根据一天中的特定时间或特定事件更改流量方向，或者针对特定流量流动态更改带宽分配方案以满足临时需求。

集中式控制器对于管理特性丰富的 PE 路由器来说也非常有用。在 PE 路由器上配置新客户时，可以根据 SLA（Service Level Agreement，服务等级协议）需求为这些客户配置一致的 QoS、安全性、扩展性以及连接性体验，如果客户需求出现了变化（如客户对特定数据流拥有更高偏好），那么就可以通过集中式 SDN 控制器轻松一致地将配置变更数据推送到 SP 网络的所有边缘路由器（见图 5-20）。

SDN 解决方案的另一大优势就是提高 SP 网络的安全性和高可用性。如果服务提供商网络正在遭受大流量的 DDoS（Distributed Denial-of-Service，分布式拒绝服务）攻击（攻击 SP 网络或者托管在 SP 网络上的客户），那么就可以利用集中式 SDN 控制器将攻击流量偏离标准的路由路径，并重定向到集中式或分布式流量清洗设备上，从而有效保护 SP 的基础设施。

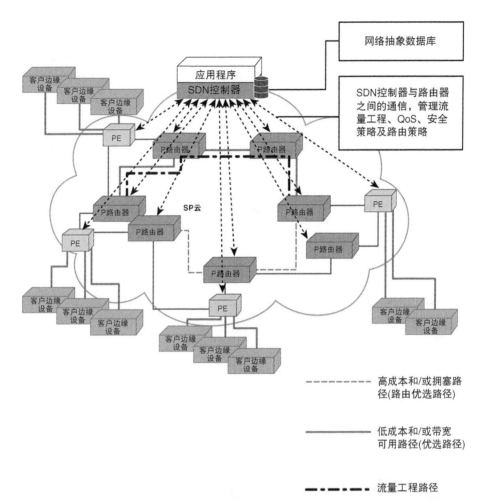

图 5-20 服务提供商网络中的 SDN

5.3.3 广域网中的 SDN（SD WAN）

企业及其商业客户的网络分布在不同的地理位置，众多分支机构都要连接到总部的网络。这些站点都通过专用 WAN（Wide-Area Network，广域网）电路（如 T1或 T3）或 VPN（Virtual Private Network，虚拟专用网）服务提供商提供的专线连接不同的办公室，这些链路或服务的价格都非常昂贵，大大增加了企业网的运营费用。为了降低成本开销，很多企业都利用 DMVPN（Dynamic Multipoint VPN，动态多点VPN）或 MPLS VPN 等新技术将这些网络连接转向安全的互联网链路。增加了数据加密保护机制之后，动态建立的叠加网络就可以使用共享的 Internet 链路为企业的私有流量提供服务。不过，Internet 连接可能无法保证 SLA，而且即便采用了加密技术，也可能并不适合传送高度敏感的企业数据，因而这种方法虽然降低了专用链路的带宽要求，但并未完全消除对专用 WAN 链路的需求。可以根据 SLA 需求或数据敏感性要求，将流量引导到 Internet 链路或专用 WAN 链路。除了主用的专线链路之外，使用这种共享的 Internet 提供商链路，客户能够以经济有效的方式连接不同的分支机构和总部，如图 5-21 所示。

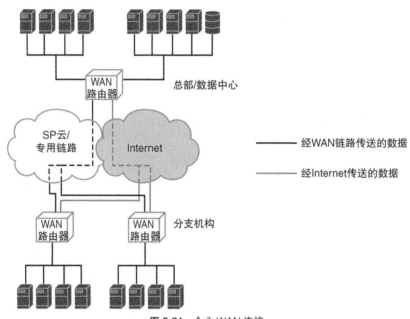

图 5-21　企业 WAN 连接

1.　问题与挑战

对于具有成百上千个站点的大规模 WAN 部署方案来说，要在使用分离的专线链路和互连链路的同时维护好各分支机构之间的互连性，是一项非常复杂的任务。此外，还需要在每个站点位置上管理可以引导到 Internet 链路上的流量类型的流量策略，仅此一项就构成了极大的管理开销。根据实时度量结果优化这些策略或者经常性地动态调整这些策略都不是一件简单的事情。虽然成本与性能之间的关系非常清晰，但是如果没有可以集中管理流量流并配置 WAN 路由器的管理系统，那么追求这样的效果就显得力有不逮了。

2. SDN 解决方案

使用集中式网络拓扑结构的 SDN 模型，可以将拥有多条链路的 WAN 抽象为一个集中式管理系统（称为控制器），控制器可以监控 Internet 链路上的 SLA，并指示分支机构或总部使用正确的链路传送数据，而且还可以根据流量的类型及敏感性管理流量流，让不同的流量分别使用专线电路和 Internet 链路。另外一个好处就是可以提高远端路由器的链路利用率，对离开源端路由器的流量流做出有效的路径决策。因此，SDN 解决方案能够有效节省运营费用，这一点是传统解决方案极难实现的。我们将该解决方案称为 WAN 的 SDN 解决方案，简称为 SD WAN，常见的商用 SD WAN 产品主要有 Viptela 的 vSmart、Cisco 的 IWAN 或 Riverbed 的 Steel-Connect。图 5-22 给出了 SD WAN 解决方案示意图，可以看出集中式 SDN WAN 控制器负责管理 WAN 路由器，监控上行链路的性能并基于链路性能、流量特性以及时间等因素，集中管理流量策略以改变流量路径。

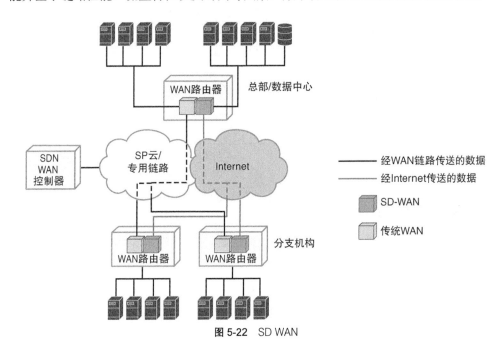

图 5-22 SD WAN

5.3.4 企业 SDN

企业网通常由跨本地 LAN 和 WAN 连接的网络设备组成，根据企业规模的不同，LAN 可以通过无线和有线方式连接计算机、打印机、语音/视频终端以及其他网络设备。如果要连接远程分支机构或数据中心，可以为 WAN 连接配置专用的 WAN 链路或 Internet 链路。企业网通常都会部署多种服务，如用于内部及外部通信的语音网络、连接本地用户的数据网络以及在私有数据中心或公共云中的数据存储等。此外，大型企业网还经常会根据工程、财务、市场、销售以及合作伙伴等部门差异对企业网进行隔离。图 5-23 展示了典型企业网的网络部署。

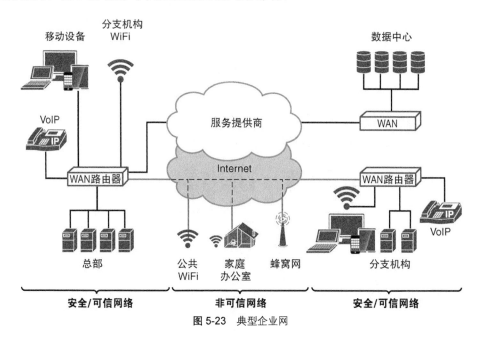

图 5-23 典型企业网

1. 问题与挑战

对于实际网络环境来说，可能需要从 LAN 访问企业网，也可能需要从 WAN 访问企业网，此时就要为企业网部署不同的控制策略，因而安全性和灵活性对于部署和管理这类企业网架构来说至关重要。此外，企业部署了基于私有云的网络架构之后，原有的网络访问控制机制、防火墙策略以及安全措施都要作出有针对性地调整与完善，从而充分享受私有云部署方案的好处。随着大量新型业务敏捷性模型的不断涌现（如 BYOD[Bring Your Own Device，自带设备办公]）和计算设备的大量普及（如笔记本电脑、移动设备以及平板电脑等），以及从任意设备访问企业网的能力不断增强，企业 IT 部门必须在不损害网络的情况下支持所有需求。从本质上来说，网络访问的安全策略属于动态策略，极其复杂。例如，用户访问设备（如运行多种操作系统的笔记本电脑）需要部署不同的安全进程，网络传输层需要采用 VPN 和安全加密机制，而数据中心服务器则需要部署数据隐私保护机制。需要在所有用户接入点都部署用户策略，同时还要在全网部署 QoS 策略。

由于企业网部署了无线及移动设备的网络传输机制，网络接入灵活多变，因而必须在用户所连接的网络边缘的接入端口上部署所有这些策略。

2. SDN 解决方案

利用 SDN 的集中式网络视图及其从单一源点对整个网络进行编程的能力，可以解决企业网所面临的种种挑战。对于 BYOD 来说，这些设备接入网络之后，SDN 控制器就能检测到，进而根据用户或设备类型下发适当的配置文件，从而在设备上强制执行相应的访问策略，同时还可以通过适当的策略机制对网络边缘及传输层进行编程。通过这种从集中式源点创建动态策略的方法，企业客户可以让自己的用户/员工或合作伙伴从任意位置访问企业网，而不需要局限于特定的物理办公室/桌面。如果没有 SDN 模型，那么 IT 人员就得针对每台设备或每个用户在网络上动态配置 QoS/安全策略，这将是一项极其烦琐的工作。如果企业拥有数千名员工且分布在多个地点，那么采用这种传统动态配置方式几乎是一件不可能完成的工作。此外，SDN 在保护企业网免受 DDoS 或其他安全攻击方面也能起到非常重要的作用，只要从任意源端检测或学习到攻击签名，SDN 控制器就能在全网范围内防范攻击，从而为企业数据提供安全保护。常见案例就是利用 BGP-FS 来处理 DDoS 攻击流量，只要 SDN 控制器识别出了攻击流量，运行在 SDN 控制器之上的 BGP 服务器就能发现攻击流量，此后 BGP 服务器就能利用 BGP-FS 要求对等的边缘设备丢弃或引导（用于清除）所有与攻击流量特性相匹配的流量。如果没有这种方法，那么就只能通过注入静态路由（只能根据流量目的端进行匹配）的方式来实现 RTBH（Remote Triggered Black Hole，远程触发黑洞），以调整每台边缘设备的路由，将攻击流量引导到清洗中心。

目前越来越多的企业网正逐步采用这种新型 SDN 网络架构，SDN 技术给企业带来了自助 IT 等服务优势，而且也降低了运营成本，安全性和合规性也得到了显著增强。

> **BYOD（Bring Your Own Device，自带设备办公）**
> BYOD 允许员工将自己的个人设备（如笔记本电脑或智能手机）带到办公室，并享有与企业提供的设备相同的权限访问企业网。有时人们也将 BYOD 称为 IT 消费化（IT consumerization）。

5.3.5 传输 SDN

传输网可以为网络 POP（Point Of Presence，接入点）提供一层连接性基础设施，CSP 通常利用传输网来互连数据中心，网络服务提供商则利用传输网在核心路由器之间构建网络。传输网可能归属同一个提供商或独立的传输网提供商，通常包括光纤链路、光交换机、光复用器（MUX）和解复用器（DEMUX）以及光再生器（REGEN）等组件，而且拥有大量逻辑电路，这些共享物理介质的逻辑电路通过不同的波长（通常称为 Lambda）进行分离，而且可以在逻辑网络的入口或出口处将这些波长/Lambda 分离或插入到传输网中。图 5-24 给出了一个简化的传输网示意图。

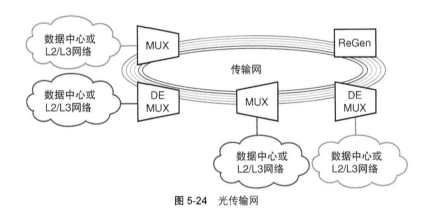

图 5-24 光传输网

目前的传输网已经将 MUX 和 DEMUX 功能整合为可以通过重新配置以确定上下波长的单台设备，称为 ROADM（Reconfigurable Optical Add-Drop Multiplexer，可重构光分插复用器）。ROADM 在传输网中的功能与 IP 网络中的交换机（二层交换机，甚至是标签交换路由器）功能非常相似。由于光链路每次承载多个波长并利用波长来确定相应的切换操作，因而也将由 ROADM、REGEN 和光链路等组成的网络称为基于 WDM（Wave Division Multiplexing，波分复用）的交换光网络或 WSON。

1. 问题与挑战

正如交换机维护 MAC 表或 MPLS 路由器维护 LFIB（Label Forwarding Information Base，标签转发信息库）表一样，ROADM 也要维护相应的表格以确定如何从复合光信号中交换、分插波长。历史上的波长交换决策进程都是由设备在本地进行手动管理的，导致配置新电路花费的时间较长，为了让该进程自动化并且能够让设备交换控制平面信息，人们又陆续开发了一些独立协议，其中值得一提的是 IETF 的 GMPLS（Generalized MPLS，通用 MPLS）和 ITU（International Telecommunication Union，国际电信联盟）的 ASON（Automatically Switched Optical Network，自动交换光网络），两者的目标相似，但实现方法不同。GMPLS 基于 MPLS-TE 及其他相关协议，目的是希望将 MPLS 协议通用化，与光网络协同工作，而 ASON 则是为光网络开发的一种全新的自动化控制平面架构。由于不同的供应商对这两种方法的支持程度不同，而且不同的供应商之间还存在很多互操作性问题，因而在采用供应商异构部署方案时，进行端到端的信息交换以及跨传输网的波长分配与管理还存在很多挑战。同样，即便是供应商同构部署，也存在一定的信息交换限制，并没有做到集中交换，与 SP 核心网络面临相似的效率低下问题。

> **注**：波长选择是光传输网中非常重要的一个处理步骤，必须根据需求选择能够到达目的端的可用波长，可以先从起始节点选择一个波长，然后在中间节点通过光电转换和电光转换操作转换成另一个波长。不过，由于电子器件的转换和处理操作速率受限，因而该实现方式会增加网络的复杂性和成本，而且也给传输速率带来严重影响。因此，网络应尽可能地保持端到端的光操作，从而能够使用功率更高的发射器和质量更好的光纤以避免再生。

除了波长可用性之外，影响波长选择的其他因素还有信号衰减或损伤以及信号差错率等因素，这些参数都要进行逐跳测量，与网络中的其他设备交换这些信息有助于做出合理的交换决策。除非能够掌握传输网的所有这些信息，否则设备（ROADM 或交换机）都无法做出电路交换的最佳、快速和自动化决策。

2. SDN 解决方案

SDN 提供的集中化控制平面解决方案，可以利用提取到的网络信息来解决前面提到的各种挑战。实现传输 SDN 功能的控制器可以从光设备提取波长及信号信息，从而拥有可用波长的完整视图以及每一跳收到的信号的质量，从而可以在源端与目的端之间计算出最佳的光信号交换路径，并对沿途的 ROADM、交换机及中继设备（信号再生器）进行编程。在传输网中使用 SDN，不但能大大缩短配置时间（从几周缩短到几分钟时间），而且还能为快速业务恢复、检测并修复业务劣化以及实现最佳利用率提供实现的可能性。

截至本书写作之时，提供商和供应商们还正为传输 SDN 解决方案的标准化以及产品实现持续努力。由于每个供应商都可能通过不同的接口来接收信息或发送指令，因而有必要开发一套通用的 YANG 模型来实现该目的并提供相应的通用接口。在这方面的努力还有 OpenFlow，很多供应商都在自己的实现中支持 OpenFlow。在标准制定方面，OIF（Optical Interworking Forum，光互连论坛）已经发布了传输 SDN 的通用 API 框架，并提出了后续演进计划。在这方面开展标准化工作的还有 PCEP 协议扩展，目前 PCEP 协议扩展已被提议用于确保 PCEP 与 GMPLS 网络之间的互操作性，并作为执行路径选择决策时考虑 WSON 网络健康性的协议机制。

5.4　再论 SDN 控制器

前面已经介绍了 SDN 控制器的主要作用以及使用的各种协议，接下来将讨论目前可用的常见 SDN 控制器，包括开源 SDN 控制器和网络设备供应商提供的商用 SDN 控制器。在讨论这些可用 SDN 控制器之前，大家必须知道所有的 SDN 控制器都应该具备如下功能。

- 提供与各类网络设备进行通信的能力，可以通过支持多种 SDN 南向协议来实现。
- 提供开放和/或良好记录的北向 API，以开发能够与 SDN 控制器交互的应用程序。
- 保持网络的全局视图。
- 提供网络事件监控能力，并提供定义响应操作以响应这些事件的功能。
- 为网络提供执行路径计算及决策的能力。
- 提供高可用性能力。
- 提供模块化和灵活性机制，可以对网络进行编程和定制，以满足不断变化的需求或新出现的协议。必须确保 SDN 控制器的可扩展性，能够随着需求的增长而增长。

接下来将详细讨论目前可用的一些常见 SDN 控制器。

5.4.1　开源 SDN 控制器

目前供应商和开源社区提供了很多可用的开源 SDN 控制器，与其他开源软件类似，这些控制器没有任何许可成本，所有人都能拿到代码并按原样使用或根据需要对其进行修改。当然，这些优势都有赖于开源社区的支持能力和开发能力。下面将讨论一些常见的开源 SDN 控制器。

1. ODL（OpenDaylight）

OpenDaylight 基金会是一家主要由网络供应商成立的论坛，目的是提供开放的 SDN 平台并支持多厂商网络环境。该基金会负责开发并维护 OpenDaylight SDN 控制器，目前该控制器已成为网络界开源 SDN 平台的事实标准。

ODL 采用微服务架构，具有模块化和灵活性特点，仅需安装必要的协议及服务。ODL 支持多种常见的南向协议（如 OpenFlow、PCEP、BGP、NETCONF、SNMP 以及 LISP[Location/ID Separation Protocol，位置/ID 分离协议]）和北向 API（如 RESTCONF），对多种南向协议的支持能力使得 ODL 非常适合半开放式部署环境，因为这些部署方案可能需要使用特定协议。ODL 是一种纯软件产品，作为 Java 虚拟机运行在 Java 之上。图 5-25 给出了 ODL 架构图。

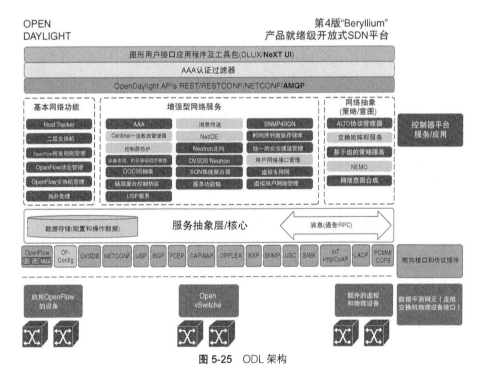

图 5-25 ODL 架构

由于 ODL 是开源软件，因而很多供应商（如 HP、Cisco、Oracle 等）都在为 ODL

代码贡献自己的软件，主要是为了支持 ODL 与自己的设备进行交互。还有一些供应商在开源 ODL 的基础上开发出自己的 ODL 产品，支持更多的附加功能，并作为商用产品提供技术支持。

ODL 的版本名称以元素周期表命名，第一个版本 Hydrogen 于 2014 年年初首次亮相，后续的版本分别是 Helium、Lithium 和 Beryllium.。截至本书写作之时，ODL 已经提供了名为 Boron 的第五个可用版本。

2. Ryu

Ryu 是一款由开源社区支持的开源 SDN 控制器，完全采用 Python 编写，基于组件化方式，拥有良好文档化的 API，可以轻松地开发任何应用程序与其进行交互。Ryu 通过南向库，可以支持 OpenFlow、OF-CONFIG、NETCONF 以及 BGP 等主要南向 API。

Ryu 支持多厂商网络设备，已经在 NTT（Nippon Telegraph and Telephone，日本电报电话公司）的数据中心得到应用部署。图 5-26 给出了基于 Ryu SDN 控制器的部署架构。

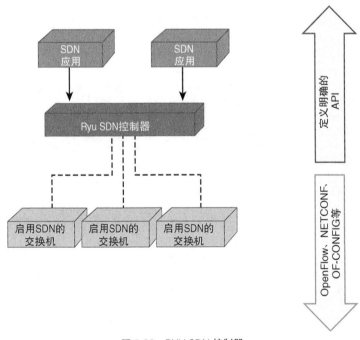

图 5-26　RYU SDN 控制器

3. ONOS

ONOS（Open Network Operating System，开放网络操作系统）是一款分布式 SDN 操作系统，可以提供丰富的高可用性和运营级的 SDN。ONOS 于 2014 年作为开源软件方式出现，旨在为服务提供商提供一种构建软件定义网络的开源平台。目前 ONOS 已得到大量服务提供商、供应商以及其他合作伙伴的广泛支持，还有大量新成员不断加入 ONOS 社区。

图 5-27 给出了 ONOS 架构示意图，图中强调了 ONOS 的分布式核心，这也是 ONOS 拥有高可用性和弹性能力以满足运营级标准的根本原因。该分布式核心层位于北向核心 API 与南向核心 API 之间，这两个核心 API 的目的都是从各自方向为分布式核心提供协议无关性 API。分布式核心则负责整个集群的协同，处理从北向和南向核心发起的状态管理及数据管理操作，确保全网各种控制器的协同工作，同时还能保持基于全网视图的公共视图，而不仅仅是基于可见性的隔离视图，所有与 ONOS 交互的应用程序都可以拥有该网络的公共视图，这也是 ONOS 分布式架构的核心优势。

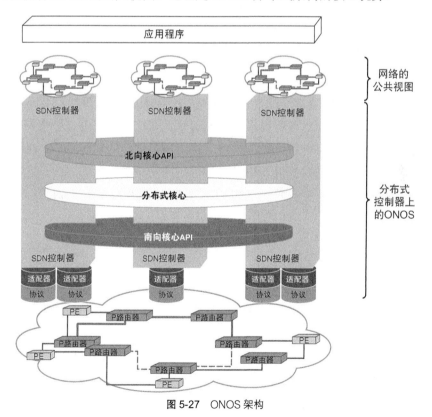

图 5-27　ONOS 架构

ONOS 在南向核心 API 上采用可插拔适配器,支持多种流行的 SDN 南向协议,因而极具灵活性。北向 API 则允许应用程序与 ONOS 交互并使用 ONOS,而无须了解分布式 ONOS 的部署情况。

ONOS 的版本名称以鸟类进行命名,而且 ONOS 的徽标也是飞鸟图形。截至本书写作之时,ONOS 的最新版本名为 Hummingbird。常见的 ONOS 应用之一就是将 ONOS 包含在名为 CORD(Central Office Re-architected as a Datacenter,端局重构为数据中心)的项目中,CORD 的目的是加快推动供应商采用 SDN 和 NFV 技术,有关 CORD 的详细内容将在本章后面讨论。

4. OpenContrail

OpenContrail 是 Juniper 开发的一款开源 SDN 平台,旨在通过叠加模型实现 SDN。OpenContrail 采用网络虚拟化技术,将叠加网络的转发功能(如 MPLS 或 VXLAN)与数据转发功能解耦,控制功能则由 SDN 控制器负责。目前 OpenContrail 遵从 Apache 2.0,支持虚拟路由器以及常用北向 API 等附加功能。

5.4.2　商用 SDN 控制器

很多 SDN 控制器都拥有商用版本,这些商用 SDN 控制器不仅来自网络设备供应商,还来自很多业内新进入者,他们希望通过提供更好、更有利可图的 SDN 控制器来获得网络市场的份额。如前所述,很多供应商都以 ODL 为基础,通过提供增强型功能、演进路线以及技术支持等措施来实现自己的 SDN 控制器。当然,也有一部分供应商从头开发自己的 SDN 控制器。本节将逐一介绍这些常见商用 SDN 控制器。

1. VMware NSX

VMware NSX 是由供应商开发的第一款 SDN 控制器,最初由一家名为 Nicira 的创业公司开发完成,后来被 VMware 收购。NSX 平台利用叠加网络方式实现 SDN,可以创建基于 VXLAN 的叠加网络,也支持路由、防火墙、交换以及其他网络功能。NSX SDN 平台可以与任意硬件及 Hypervisor 配合使用,为最终用户提供所有的网络逻辑功能,如逻辑负载平衡器及逻辑路由器,同时还能提供灵活的可编程网络。

2. Cisco SDN 控制器

Cisco 开发了多款 SDN 控制器以满足不同细分市场的需求。最初 Cisco 开发了一款开放的 Cisco XNC（eXtensible Network Controller，可扩展网络控制器），该控制器可以通过 Cisco 的 onePK 协议支持南向通信，后来又陆续加入了其他供应商并成为 ODL 的创始成员之一。Cisco 支持名为 Cisco OSC（Open SDN Controller，开放 SDN 控制器）的商用版 ODL，OSC 建立在 ODL 之上，支持标准的南向和北向 API 以及相关协议。

Cisco 为数据中心和企业提供的 SDN 控制器解决方案称为 APIC（Application Policy Infrastructure Controller，应用策略基础设施控制器），企业版的 APIC 是 APIC-EM（APIC Enterprise Module，APIC 企业模块），本章将稍后讨论。数据中心版本的 APIC 则被称为 APIC-DC（APIC Data Center，APIC 数据中心），是 Cisco ACI 生态系统的一部分，该生态系统使用 Cisco 专有解决方案。Cisco APIC-DC 是 ACI 解决方案的核心组件，支持网络的可编程性、管理与部署、策略实施以及网络监控等功能。APIC-DC 提供 GUI 和 CLI 接口以实现北向交互，在南向通信方面则支持专有协议 iVXLAN（通过 VXLAN 覆盖网络实现 SDN）以及标准的 OpenFlex 协议（由 Cisco 开发并成为开源协议）。此外，Cisco 还提供开放的标准化的 SDN 控制器，称为 Cisco VTS（Virtual Topology System，虚拟拓扑结构系统），用于叠加网络的管理与配置，VTS 通过 MP-BGP EVPN（Multi-Protocol BGP Ethernet Virtual Private Network，多协议 BGP 以太网虚拟专用网）提供 SDN 叠加功能。Cisco VTS 支持基于 REST 的北向 API，从而与其他 OSS/BSS 实现集成，同时还支持丰富的南向协议，如 RESTCONF/YANG、Nexus NX-OS API 等。

> **注**：在基于 VxLAN 的网络部署方案中，二层地址承载在三层传输系统之上。可以通过两种方式学到终端主机的二层 MAC 地址：采用数据路径的泛洪和学习机制或采用控制协议交换 MAC 地址。MP BGP EVPN 使用的是控制协议方式，由 MP BGP 提供在不同 VxLAN 端点之间交换 MAC 地址的功能。

3. Juniper Contrail

Juniper 提供的开源 OpenContrail SDN 平台的商用支持版本是 Juniper Contrail（见图 5-28）。与 OpenContrail 一样，商用版本通过支持叠加模型来实现 SDN，与现有的物理网络协同工作，并在其上部署网络虚拟化层。Contrail 支持使用 XMPP 以及 NETCONF、BGP 与 Juniper 的虚拟路由器（vRouter）进行南向通信。

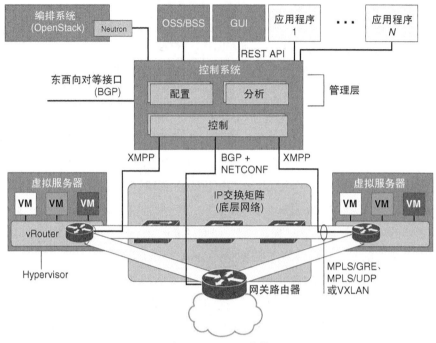

图 5-28　Contrail 架构

Juniper 于 2016 年退出 ODL 项目，目前支持 Juniper Contrail 和 OpenContrail 作为其 SDN 控制器。

4. Big Network 控制器

Big Switch Networks 是早期进入 SDN 控制器市场的少数几家公司之一，为 SDN 开源社区贡献了 3 个重要项目。

- **Floodlight**：开源 SDN 控制器。
- **Indigo**：在物理和虚拟环境中支持 OpenFlow。
- **OFTest**：在交换机上测试 OpenFlow 一致性的框架。

在商业方面，Big Switch 的 SDN 控制器已经从最初的 Floodlight 项目发展成为市场化的 Big Network 控制器，该控制器支持标准的南向协议（如 OpenFlow），采用经典的 SDN 实现方式，能够与物理设备及虚拟设备协同工作。

5. Nokia Nuage VSP

Nokia 通过 Nuage VSP（Virtual Service Platform，虚拟服务平台）来提供 SDN 控制器解决方案，该产品最初由 Nuage Networks 公司开发完成，后来被 Alcatel-Lucent

收购，目前成为 Nokia 的一部分。

VSP 主要包括 3 个组件，VSC（Virtual Services Controller，虚拟服务控制器）是主要的 SDN 控制器，用于对数据转发平面进行编程，支持 OpenFlow 通信协议。VSC 通过 XMPP 与北向的 VSD（Virtual Service Directory，虚拟服务目录）进行通信，VSD 是策略引擎。与 Open vSwitch 类似，Nuage 也有 VRS（Virtual Routing and Switching，虚拟路由和交换）平台，与提供网络功能的 Hypervisor 集成在一起。

6. SD-WAN 控制器

如前所述，SDN 正逐渐渗透到网络的各个层面，其中的一个重要应用领域就是 SD-WAN，目前已经有多个供应商明确提供了可用的 SD-WAN 控制器。由于这些控制器的架构都相似，因而本节将笼统地描述这些控制器。目前企业 WAN 市场刚刚开始采用 SDN 技术，除了传统供应商之外，还有很多新进入者也试图占领这块市场，市面上由大公司提供的 SD-WAN 控制器包括 Cisco 的 APIC-EM、Riverbed 的 SteelConnect 以及 Viptela 的 vSmart Controller。这些产品的主要功能如下。

- Cisco APIC-EM。
- 该功能特性丰富的 SD-WAN 解决方案是 Cisco IWAN（Intelligent WAN，智能 WAN）解决方案的一部分。
- 适用于任何 WAN 链路技术。
- 利用 DMVPN 进行站点间通信。
- Riverbed SteelConnect。
- 利用应用程序数据库目录在不同的 WAN 链路上引导流量，为使用云应用程序产品（如 MS Office365、Salesforce 以及 Box）的客户带来增值服务。
- 利用 Riverbed 的 SteelHead CX 平台提供 SaaS 服务，可以动态创建更靠近分支机构或最终用户的虚拟机，从而提供低时延、低抖动以及高速接入等优势。
- Viptela vSmart Controller。
- 该 SD-WAN 解决方案是 Viptela SEN（Secure Extensible Network，安全可扩展网络）平台的一部分，SEN 平台还包括用于管理网络的 vManage 应用程序以及 vEdge 路由器。
- 简化部署和管理操作，实现接入设备的即插即用。
- 控制平面与数据平面通过专有协议进行通信。
- 控制器和配置管理软件免费，客户只需支付边缘硬件系统。
- 使用 L3VPN 进行站点间通信。

5.5　SDN 与 NFV 的关系

　　SDN 与 NFV 是两种完全独立的创新技术，只不过 SDN 的很多目标都与 NFV 一致，因而两者能够相互促进并协同应用。

　　对于供应商提供的传统网络设备来说，控制平面、数据平面和硬件平面都紧密集成在一起（见图 5-29），无法独立扩展这些平面，因而该体系架构无法灵活部署新型服务，也难以灵活更改其功能。从图 5-29 可以看出，SDN 和 NFV 在两个不同的维度发挥作用。SDN 的重点是实现控制平面与转发平面的分离，并通过独立的控制平面来管理、控制和监控转发平面。NFV 的重点则是将网络功能与供应商提供的硬件设备相分离，有助于通过通用硬件来运行实现网络功能的软件。

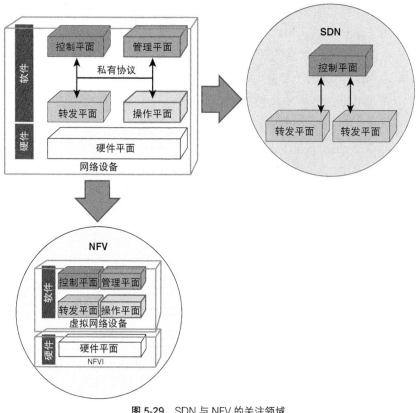

图 5-29　SDN 与 NFV 的关注领域

　　SDN 和 NFV 都可以提供灵活、可扩展、弹性且敏捷的网络部署机制，虽然可以独立部署这两种技术，但是也可以通过虚拟化网络功能以及将控制平面与转发平面分离等方式将 SDN 原理应用于 NFV。图 5-30 反映了两者之间的协同关系，此时的 NFV 使用商用硬件并实现了网络功能的转发平面，而控制平面功能则由 SDN 控制器完成。应用程序可以为 SDN 与 NFV 的协同工作提供黏合剂，最大限度地发挥这两种技术的优势，从而实现新型网络环境。从图 5-31 可以看出，SDN、NFV 以及应用程序相互协同之后，完全可以满足按需扩展、优化、部署以及速度等方面的云扩展需求。

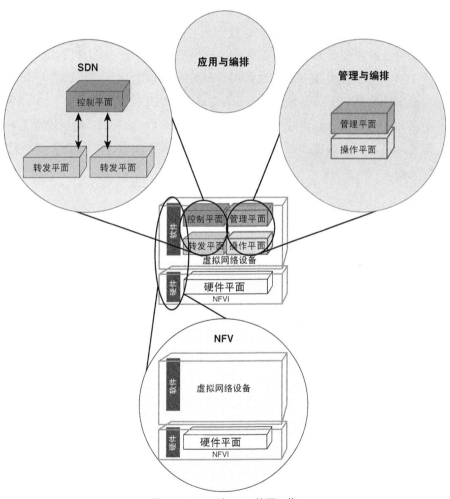

图 5-30　SDN 与 NFV 协同工作

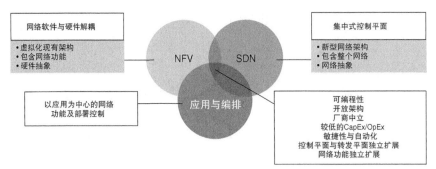

图 5-31 SDN、NFV 以及应用程序之间的协同

服务提供商们都在朝这个方向努力，希望提升自己的商业优势并为最终用户快速部署新型服务。随着行业的积极转变，主流供应商和新进入者们纷纷支持这一发展趋势，并希望成为新市场领域的主要供应商。由于 SDN 和 NFV 都提供了大量开源工具，因而需要认真评估这些联合研究项目以更好地使用这些工具，其中的一个典型案例就是 ON.Lab（Open Networking Lab，开放网络实验室）与 AT&T 联合开展的名为 CORD（Central Office Re-Architected as Datacenter，端局重构为数据中心）的研究项目，下面将详细介绍该项目以展示和解释 NFV、SDN 以及应用程序之间的协同关系。

CORD：SDN 与 NFV 的协同案例

CORD 是 AT&T 实验室与 ON.Lab 共同发起的一个研究项目，希望为传统电信端局的转型升级提供一种全新的体系架构，该平台可以为下一代网络服务提供可扩展、敏捷的部署方案。CORD 将 SDN 和 NFV 作为体系架构的核心组件，采用开放的编排工具和应用程序的可编程性，同时将数据中心部署架构的相关概念结合在一起。这种 SDN 与 NFV 结合方式，为新型网络服务的设计、实现及部署变革提供了一种非常完美的技术融合案例。SDN 和 NFV 都以开源软件为基础，能够打破供应商的边界，这一点在 CORD 项目上得到了很好的体现，从本质上来说，CORD 项目的核心就是由运行在供应商的通用硬件之上的开源软件实现的。

整个 CORD 架构包含硬件、软件以及服务编排功能，ONOS 作为 SDN 控制器，网络服务由运行在 COTS 硬件上的 VNF 实现，OpenStack 负责执行 NFVI 编排功能，最后由开放式云操作系统 XOS 将这些组件组合在一起，共同实现网络服务的创建、管理、运行以及提供能力。图 5-32 给出了 CORD 架构示意图。

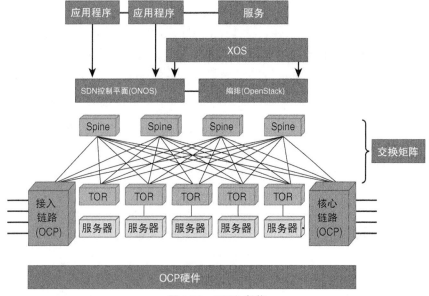

图 5-32 CORD 架构

从图 5-32 可以看出，CORD 的商用服务器以及底层网络采用了数据中心的 spine-leaf 架构。SDN 控制器及应用程序执行控制平面功能，而 XOS 和 OpenStack 则分别执行服务编排和 NFVI 编排功能。

> **开放计算项目（Open Compute Project）**
> 开放计算项目最初由 Facebook 发起，旨在为数据中心基础设施资源（计算、存储、网络、交换矩阵、电力以及制冷等）开发有效的设计规范。经过两年的努力，该项目大大提升了 Facebook 位于俄勒冈州的数据中心的能效水平，成本效益提高显著。后来 Intel、Rackspace 以及其他公司也共同参与了该项目，并将该项目称为开放计算项目。

业界已开始利用 CORD 基础设施架构在特定领域积极探索 CORD 的应用示范。例如，移动供应商正探索将 CORD 用于 5G 移动服务，称为 M-CORD。M-CORD 通过将 MME（Mobility Management Entity，移动性管理实体）、SGW（Serving Gateway，服务网关）以及其他模块虚拟化成相应的虚拟等效组件来应用 NFV，同时利用 SD-WAN 等方法优化网络利用率，根据需要将流量引导到缓存服务器或 Internet。其他领域的探索还有 E-CORD（Enterprise CORD，企业 CORD），E-CORD 利用 vFW、vLB 以及 SDN 的理念来定制按需网络，以增强企业网的可编程性和适应性。

接下来介绍一下 CORD 在家庭宽带接入领域的应用情况。向用户提供宽带接入服务的传统端局架构起源于 TDM（Time-Division Multiplexing，时分复用）时代。随着接入需求的快速增加，特别是通过 G.fast 和 GPON（Gigabit Passive Optical Network，千兆无源光网络）等技术为用户提供千兆接入服务，需要调整传统端局的设计模式以满足各种新型服务提供需求。CORD 的目标就是构建一种可扩展且灵活有效的基础架构，在降低运营成本及设备成本的情况下有效提供各种新服务。

图 5-33 给出了传统 PON（Passive Optical Network，无源光网络）网络的系统架构图，PON 网络连接用户的光纤（无论终结在什么位置）是无源器件，多个用户共享同一条去往接入端口的上行链路。

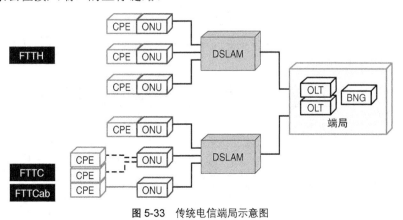

图 5-33　传统电信端局示意图

> 注：PON 接入技术可以将光纤延伸到用户家中，通常将该接入方式称为 FTTH（Fiber To The Home，光纤到户），此时的用户数据可以直接进入光纤链路，并与其他 FTTH 用户的数据复用在同一条光纤链路上。实际部署中的光纤接入形式还有很多。例如，仅将光纤部署到家庭附近，然后通过双绞线为家庭用户提供接入能力，该方式称为 FTTC（Fiber To The Curb，光纤到路边）。其他的还有类似于 FTTC 但用于多栋楼宇接入的 FTTB（Fiber To The Basement，光纤到楼），以及从用户家庭到就近电信交接箱采用 DSL（Digital Subscriber Line，数字用户线）技术的 FTTCab（Fiber To The Cabinet，光纤到交接箱）。无论采用何种接入方式，总体的系统架构都与前面的描述基本一致。

PON 部署方案中的关键组件如下。

- CPE（Customer Premises Equipment，客户端设备）位于用户前端，可以提供网络接入、本地网络管理以及通过 ONU（Optical Network Unit，光网络单元）连接网络等功能，ONU 的作用是进行光信号与电信号的转换。

- 虽然 ONU 的位置可能会因不同的 FTTx 部署方案而有所不同，但是对于所有场景来说，来自用户（或多个用户）ONU 的数据都会在 DSLAM（DSL Access Multiplexer，DSL 接入复用器）上通过 WDM（Wave Division Multiplexing，波分复用）技术进行复用，由 DSLAM 将复用后的信号传送到 CO（Central Office，端局）。

- CO 是大量 DSLAM 光纤连接的汇聚端，这些光纤链路都终结在 OLT（Optical Line Terminator，光线路终端）设备上。OLT 的作用与 ONU 相同，但顺序相反。接下来由 BNG（Broadband Network Gateway，宽带网络网关）设备对用户进行认证，此后用户就可以访问 CO 所连接的任意网络。

> **G.fast 和 GPON**
>
> 这两种技术是目前实现家庭用户千兆接入的前沿技术。G.fast 是 VDSL（Very high-speed DSL，超高速 DSL）的后续产品，可以提供千兆/秒的接入速率，比 VDSL 的速率快得多。GPON 则是另一种向用户提供千兆接入速度的家庭宽带接入技术，采用 FTTH 的点对多点部署方案。希望充分利用现有铜线资源为家庭用户提供宽带接入服务的服务提供商们，更愿意采用 G.fast 技术，将光纤尽可能部署到靠近用户的边缘（如 FTTCab 将光纤延伸到交接箱），然后再利用 G.fast 技术将用户连接到光纤所在位置。不过，G.fast 只能工作在离光纤终结点几百米的范围内。对于 G.fast 和 GPON 这两种技术来说，去往端局的光纤都要在用户之间共享。

通过 CORD 架构改造这类网络时，需要将 CPE 替换成 vCPE（virtual CPE，虚拟 CPE），将 OLT 替换为 vOLT（virtual OLT，虚拟 OLT），此时就要用到如下 NFV 技术。

- CPE 的虚拟化相对简单。如第 3 章所述，CPE 虚拟化可以利用非智能设备取代 CPE，ONT 的功能也可以在同一设备中实现。vCPE 可以在端局运行新服务以及各种新用户功能。

- OLT 的虚拟化相对较为复杂，因为 OLT 在硬件平台中的作用非常重要。虽然也能解耦 OLT 的硬件和软件，但需要为 vOLT 的 VNF 打造专门的硬件，为此提出的解决方案是，与 OCP（Open Compute Project，开放计算项目）合作开发具有开放规范的硬件设备。虽然该硬件是专门为 OLT 的虚拟化打造的，但并不依赖于任何特定供应商，而是全面支持开放式规范，任何人都能制造和复制，因而它的使用并没有违反 NFV 规则。

- 不需要通过 vBNG VNF 虚拟化 BNG 的功能。此时需要利用 SDN 技术，由 SDN 控制器（托管在 ONOS 上）管理交换矩阵中的流量流并传送给核心网络，该功能在传统网络中由 BNG 完成，BNG 的身份认证及 IP 地址分配功能由 vOLT 完成。因此，vBNG 的功能由基于 SDN 的流控制设备以及其他 VNF 设备共同完成。
- OpenStack 编排器负责管理 NFV 基础设施，ONOS 通过交换矩阵管理流量流（如前所述），XOS 与 ONOS 及 OpenStack 协同工作以实现宽带接入服务。

图 5-34 给出了宽带网络的 CORD 实现架构图。

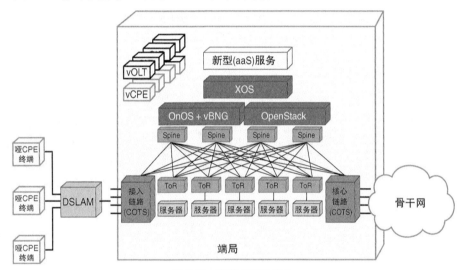

图 5-34 宽带 CORD 架构

CORD 解决方案解决了当前各种应用领域（如有线、移动、商业 VPN 服务、IoT[Internet of Things，物联网]以及云等）所面临的相似挑战，可以满足各种新的不断增长的服务需求，快速实现各种创新服务。凭借 SDN 和 NFV 的技术优势，CORD 为网络提供商们提供了一种极具扩展性且兼具技术与业务优势的创新平台。

5.6 本章小结

本章介绍了 SDN 的基本概念及其在不同网络领域的优势及应用案例，着重分析了 SDN 协议和 SDN 控制器的相关内容，特别是 SDN 与 NFV 之间的关系，详细讨论了两者之间的协同工作方式，并以 CORD 项目为例解释了两者的协同与支持关系。

本章最后以图 5-35 为例总结了各组件之间的互操作关系，可以看出，SDN 与执行网络功能的物理设备及虚拟设备进行协同工作，而 NFV 则与物理基础设施以及托管在上面的 VNF 进行协同工作。位于顶层的应用程序则执行端到端的服务编排功能，并与 SDN 控制器及 NFV 进行交互。

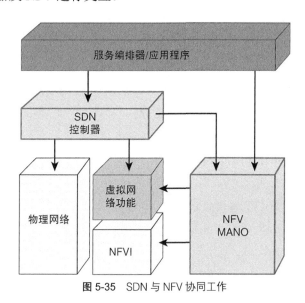

图 5-35 SDN 与 NFV 协同工作

5.7 复习题

为了提高学习效果，本书在每章的最后都提供了复习题，参考答案请见附录。

1. 下面哪一项是 SDN 南向协议？

    a. OpenFlex、OpenFlow 和 XMPP

    b. OSPF

    c. C ++

    d. Ruby

2. SD-WAN 降低了企业客户的运营成本。这句话是否正确？

    a. 正确

    b. 错误

3．SDN 强制要求网络使用单个集中控制器。这句话是否正确？

   a．正确

   b．错误

4．下面哪种协议可以将路由策略从中心服务器分发到边缘路由器以进行流量分流？

   a．MPLS

   b．IS-IS

   c．NetFlow

   d．BGP-FlowSpec

5．CORD 项目的哪些组件负责提供网络的可编程性、灵活性以及扩展性？

   a．OSPF 和 NetFlow

   b．Python 和 HTML

   c．SDN 和 NFV

   d．带有 COTS 硬件的 Java 和 C ++

6．SDN 需要 NFV 才能运行。这句话是否正确？

   a．正确

   b．错误

7．下面哪种技术可以将网络设备的控制平面与转发平面相解耦？

   a．NFV

   b．SDN

   c．NetFlow

   d．虚拟化

8．下面哪一项是实现 SDN 的方法？

   a．通过 API 实现 SDN

   b．通过 NFV 实现 SDN

   c．通过云实现 SDN

   d．SD-WAN

9．CORD 是下面哪种首字母缩写？

   a．Central Office Re-Architected as Data Center

   b．Classic Office Redesigned as Data Center

   c．Classic Open Reconfigurable Data Center

   d．Central Office Range Distribution

第6章

融会贯通

前面已经详细介绍了 NFV 的设计、编排以及部署等重点内容，同时还讨论了 SDN 的基本知识，本章希望将这些内容贯穿在一起，分析这些组件协同工作以实现 NFV 部署方案时所必须完成的一些重要工作。本章的主要内容如下。

- NFV 部署方案的安全机制。
- 启用虚拟化网络功能以协同实现网络服务。
- 虚拟网络可编程性的实现情况及细节信息。
- 虚拟化环境中的性能影响及挑战。

6.1 安全考虑因素

如果仅从体系架构的角度来看，那么 NFV 的安全性问题已经在第 3 章中解决了。本节将重点讨论如何结合 SDN 及应用程序来解决 NFV 的安全性问题，对于这种动态应用环境来说，必须将安全措施设计成能够快速响应安全威胁并实现高水平的健壮性。对于 SDN、NFV 以及应用程序等 3 个区域来说，不仅要为每个区域部署安全策略，还要为这 3 个区域部署公共安全策略，这样才能保障网络安全。图 6-1 给出了需要为虚拟化网络中这些区域考虑的一些安全因素示例。

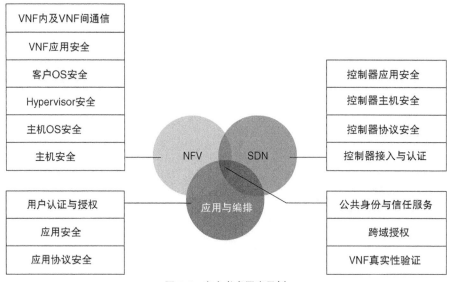

图 6-1　安全考虑因素示例

接下来讨论一些必要的基本安全措施。

- **VNF 内及 VNF 间通信**：VNF 之间的通信流量存在两条路径，其中一条路径位于同一台服务器内部，使用虚链路。另一条路径位于服务器之间，使用物理基础设施。需要针对这两种情况为 VNF 内部及 VNF 间通信定义相应的安全措施，以确保流量的安全性。

- **NFV 基础设施**：需要及时更新主机 OS（Operating System，操作系统）、Hypervisor、固件以及 BIOS 的安全补丁，以封堵基础设施的安全漏洞。必须对来自外部的基础设施访问行为加强安全防控，防范 TCP（Transmission Control Protocol，传输控制协议）同步攻击、大流量 DDoS（Distributed Denial of Service，分布式拒绝服务）等攻击行为。

- **SDN 协议安全性**：需要保护从 SDN 控制器到 NFV 基础设施的流量。必须采取适当的安全措施，部署安全加密及授权策略。例如，虽然 OpenFlow 并不强制要求将安全性作为必需字段，但是使用 TLS（Transport Layer Security，传输层安全性）模式却可以为交换机或终端设备访问控制器提供设备认证措施，而且还能以加密格式保护控制器与交换机之间的控制协议消息，以防范窃听和中间人攻击。

- **SDN 控制器安全性**：由于 SDN 是运行在主机或 VM（Virtual Machine，虚拟机）环境中的应用程序，因而可以利用 NFV 基础设施中描述的安全措施来加强主机或 VM 的安全性。对于 SDN 应用程序来说，需要评估这些应用程序的脆弱性并采取适当的安全措施。以 ODL（Open Daylight）控制器为例，由于该控制器是一种基于 Java 的应用程序，因而必须评估和修补 Java 的所有安全漏洞，这样才能确保 ODL 控制器免受攻击。

- **用户和管理员授权策略**：必须对由计算基础设施、VNF、编排器、SDN 组件、Hypervisor 以及应用程序组成的多域体系架构定义用户及管理员授权策略，这些域中的每一个域都可能属于不同的管理或操作组。如果 NFV 基础设施需要为客户托管基于租户的网络，那么就必须合并处理这些租户的身份认证及授权操作，从而提供必需的安全性以满足客户的访问策略。
- **公共安全策略**：由于多个域存在紧密交互关系，因而单个用户可能需要以不同的权限访问多个域。这样一来，就要求安全策略必须适应这种灵活性，如 SSO（Single-Sign-On，单点登录）身份认证与审计。

6.2　服务功能链

网络中的流量在进入、穿越和离开网络时可能需要经历一系列网络功能，这些网络功能可能会因为与流量相关的众多设计因素的不同而有所不同，可以将网络流量所经历的一系列功能视为链接在一起的功能链，而且这些网络功能所构成的网络服务是通过这些网络功能的组合效果展现出来的，因而将这种安排数据包路径以特定顺序遍历这些网络功能的设计模式称为服务功能链，或者简称为服务链（见图 6-2）。为了体现转发路径，通常将图 6-2 中的类似折线图称为网络转发图。

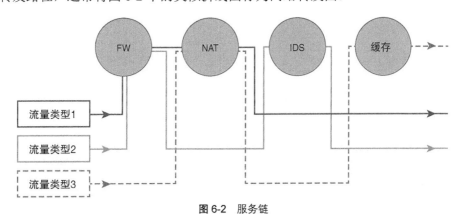

图 6-2　服务链

此前曾以移动网络为例介绍过服务链的概念，本节将详细讨论服务链架构的定义、实现方式以及 NFV 场景下的相关标准。

6.2.1 传统网络中的服务链

服务链并不是一个新概念，传统网络就已经通过网络设备的物理和逻辑连接实现了服务功能链，但传统网络非常僵化，如果要对基于流量类别的路径做出任何变更，或者添加（删除）任何新的网络功能块，都必须改变服务链，这在实际应用中极具挑战性。如果新的网络功能需要添加新硬件，那么就需要花费大量时间和资源来安装物理设备、配置传输链路。还有一种可能的方法就是采用叠加网络，特别是在硬件资源已经存在的情况下，通过配置叠加网络，对服务路径进行重路由，从而增加所需的功能块。虽然叠加网络可以解决服务链的某些物理网络限制，但是同样会增加配置复杂性，而且仍然依赖于底层的网络拓扑结构。以图 6-3 为例，本例利用二层 VLAN 为不同的服务链配置了两种类型的流量，无论采用什么方法来增加新的网络功能，都无法在网络运行过程中部署新服务。这样一来，不但会导致收入损失，而且会对供应商希望以更快、更灵活的方式满足云服务的规模部署带来严重限制。

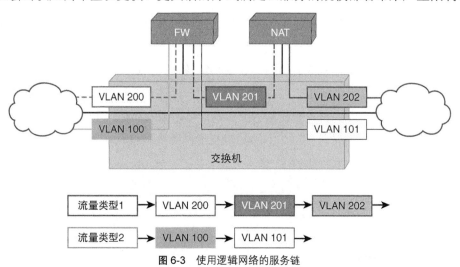

图 6-3　使用逻辑网络的服务链

采用物理或叠加网络技术实现服务链还存在另一个挑战，那就是无法提供应用程序级别的颗粒度、无法支持所有的传输介质或者实现不同叠加网络的互连，现有的叠加网络技术无法沿数据路径（中间节点或端节点可以利用数据路径来影响分组处理决策）携带应用程序级别的信息。

6.2.2 满足云扩展需求的服务功能链

对于能够在更短时间内适应业务变化以满足市场需求的敏捷而灵活的网络架构来说，需要能够支持新服务的 SFC（Service Function Chaining，服务功能链）架构，必须能够动态插入这些服务，而且对现有网络的干扰最小或者不会中断。考虑到业界正逐渐向虚拟化的方向演进，因而该架构还必须能够在虚拟网络、物理网络或混合网络上实现该目标。此外，服务功能链技术还需要携带来自应用程序的信息并能够解析它们。目前已经出现了满足上述需求的一些标准及用例，下面将详细讨论这些标准及用例。

为了能够以一种统一、兼容的方式在全网实现满足上述目标要求的服务链功能，IETF（Internet Engineering Task Force，互联网工程任务组）一直都在尝试定义一种服务链架构，在架构中定义了多种功能模块，在协同工作的情况下实现的服务链能够很好地满足云扩展需求以及前述目标。图 6-4 给出了该体系结构的高层视图以及相关组件，图中显示的各个功能模块都是逻辑功能模块，某些功能或全部功能可能由单一物理设备、虚拟设备或混合设备完成，下面将详细介绍这些组件的具体功能。

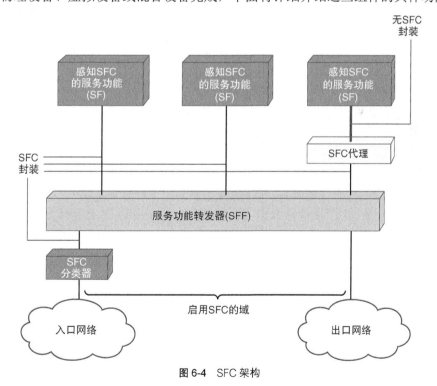

图6-4 SFC 架构

1. SFC 域

如果网络支持端到端的服务功能链功能且位于单一管理域下，那么 SFC 架构就将该网络称为启用了 SFC 的域（或简称为 SFC 域）。SFC 域拥有入口节点和出口节点，这些节点构成 SFC 域的边界。数据包进入 SFC 域之后，SFC 会对其进行分类并引导到正确的网络功能上，等到数据包离开出口节点时，会删除与 SFC 有关的所有信息，然后再将其转发给外部网络。因此，SFC 域只是整个网络的一部分，用于执行与特定服务相关的网络功能，同时具有相应的控制机制，能够根据规则选择需要遍历这些网络功能的流量。

2. 分类器

分类器（Classifier）的定义非常简单直观，就是对进入 SFC 域的数据进行分类。流量分类操作既可以很简单地以源端或目的端为依据，也可以定义很复杂的分类策略。分类器会在数据包中添加 SFC 报头，以确保流量能够按照分类规则（如服务策略或其他匹配条件）在网络中沿着正确的路径进行传送。

> 注：与所有策略一样，这里提到的策略也是一组规则，由匹配条件及匹配操作组成。SFC 场景下的策略可以匹配网络层中的信息，然后再根据匹配情况决定应该对数据包执行哪组网络功能。由于匹配规则还能匹配应用层信息，因而 SFC 的流量路径确定机制非常灵活和精细。

3. 服务功能（SF）

SF（Service Function，服务功能）是对数据包执行网络服务或网络功能的逻辑功能模块。SF 可以与应用层或以下的各层进行交互，可以包含防火墙、DPI（Deep Packet Inspection，深度包检测）、高速缓存或负载平衡等各种服务。

在理想情况下，执行该服务功能的设备支持 SFC，也就是说能够理解并处理 SFC 报头。不过该 SFC 架构也允许不支持 SFC 的 SF，即该 SF 无法处理携带 SFC 信息的数据包，此时就需要通过服务功能代理（Service Function Proxy）来处理进出该不支持 SFC 功能的 SF 的 SFC 数据包。

4. 服务功能路径（SFP）

SFP（Service Function Path，服务功能路径）是 SFC 域内定义分类流量路径的规范信息。以城市公交线路为例，如果乘客乘坐了前往特定路线的公共汽车，那么就会经过确切的车站和路径, 乘客也可以根据需要在中途的某个车站下车, 然后再搭乘不同线路的联程巴士。同样, SFC 也不是一个严格定义所有跳的线性链, 可以仅定义部分跳, 也可以根据需要将流量灵活调整到新的流量路径上。图 6-5 以图形方式解释了 SFC 路径的概念。

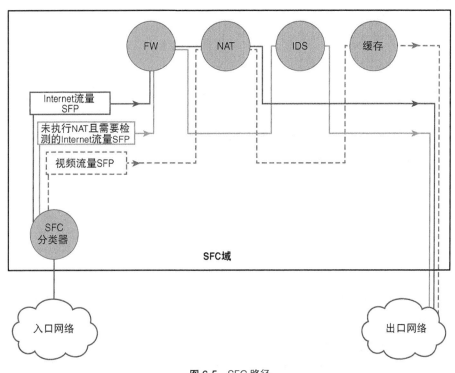

图 6-5 SFC 路径

5. 服务功能链或服务链（SFC）

SFC 就是关于网络服务的完整拓扑结构以及与该流量路径相关联的参数或约束条件的逻辑抽象, 因而 SFC 并不是一个逻辑功能模块, 而是有关 SFP、SF 以及 SFC 域等逻辑功能模块的统一视图。仍然以前面的公交线路为例, 可以将 SFC 视为城市内所有区域的所有公交车站及公交线路运行图, 而 SFP 则是其中的某一条公交线路。

6. 服务功能链封装

分类器识别出需要转发到服务链路径上的流量之后, 会在数据帧中添加额外的报头信息, 这个额外的报头就是服务功能链封装。目前存在多种可能的封装报头, 三层 VPN

以及 SR（Segment Routing，分段路由）等叠加网络技术都能实现服务链封装功能。

这些叠加技术都依赖于 IP 网的存在，IETF 正在推动基于 NSH（Network Service Header，网络服务报头）的新 SFC 封装格式的标准化工作，该标准能够与各种不同的底层网络协同工作。有关 NSH 的详细内容将在本节后面深入讨论。

7. 重新分类与分叉

分类器对 SF 报头的标记操作基于数据包进入 SF 域时的可用信息，不过有关数据包的某些最新信息（尤其是基于路径中的 SF）可能需要修改路径并将流量转移到其他路径上，此时就要用到中间服务功能，对数据包进行重新分类，进而更新或修改 SF 路径。这些信息会导致更新数据包中嵌入的信息，或者更新数据包的 SF 报头，或者两者兼而有之。我们将这种导致新路径的 SFP 更新称为分叉（Branching）。例如，如果防火墙 SF 的规则要求每天特定时段发起的流量不能去往游戏服务器，那么就会将这些流量发送给家长控制功能。

8. 服务功能转发器（SFF）

SFF（Service Function Forwarder，服务功能转发器）负责查看 SF 报头并确定携带该服务报头的数据包的转发方式，以确保该数据包能够遍历指定的网络服务。数据包经过服务功能的处理操作之后，会被发送回 SFF，由 SFF 将数据包转发给下一个网络服务。与其他功能模块一样，SFF 也是一个逻辑单元，可以驻留在服务功能之内，也可以位于外部的 ToR（Top of Rack，架顶）交换机。一个 SF 域可以拥有多个 SFF，图 6-6 为 SFF 功能的操作示意图，图中的 SFF 将两种不同的分类流量发送给不同的 SF，由 SF 处理完之后再返回给 SFF。与前面的图 6-3 相比，图 6-3 利用 VLAN（Virtual LAN，虚拟 LAN）叠加技术实现了类似目标，但是对于这种情况（即服务链所要完成的工作）来说，其配置过程非常复杂且难以跟踪，我们只要利用 SFC 架构并使用分类器、SF 报头以及 SFF，即可轻松实现上述目标。

9. 服务功能代理（SF Proxy）

如果网络服务无法处理服务功能链信息，那么只要将 SF 代理放在进出该服务功能的流量路径中，就能保证该 SF 仍然是 SF 域的一部分。SF 代理会删除服务功能报头，然后根据 SFC 报头信息将解封装后的流量发送给服务功能，处理完该服务之后再将数据包送回 SF 代理，由 SF 代理重新插入服务功能报头及路径信息，并将流量转发给 SFF 以进行后续操作。这种方式的缺点是服务功能只能执行本地网络功能，而不能执行任何可能会影响后续 SF 路径变更的操作。

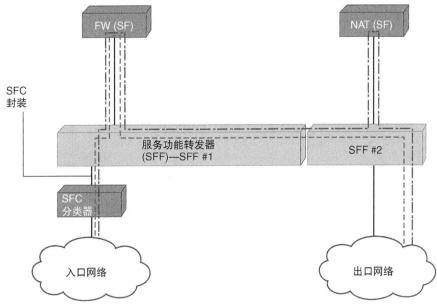

图 6-6 SFC 域中的 SFF

10. 服务功能控制平面

服务功能路径由负责服务叠加路径的服务功能控制平面构建，这种叠加路径可以是为数据包提供静态流的固定路径，也可以是基于网络部署特性的动态路径，还可以是静态路径与动态路径的组合。服务功能控制平面支持分布式模型和集中式模型，集中式模型中的集中式控制器被称为服务功能控制器。

11. 服务功能控制器

SDN 的概念非常适合于 SFC，可以在集中控制器中定义服务路径，以抽象网络信息并通过应用层及集中式控制功能应用策略。实现该功能的逻辑模块称为服务功能控制器。对于支持 SDN 的网络来说，SF 控制器能够与 SDN 控制器集成在一起。

6.2.3 网络服务报头（NSH）

NSH（Network Service Header，网络服务报头）为 SFC 的封装提供了协议标准，该标准由 IETF 管理并得到大量供应商的支持。NSH 主要包括两大组件：第一个组件负责提供流量流在网络中采用的服务路径的信息，第二个组件以元数据的形式携带与净荷相关的附加信息。应用程序及高层协议可以利用 NSH 的元数据组件沿服务路径发送信息，该信息对于服务路径选择的决策进程以及可能需要对数据包执行的其他特殊处理都非常有用。

NSH 协议报头包括 3 个部分：基本报头、服务路径报头以及上下文报头（见图 6-7）。

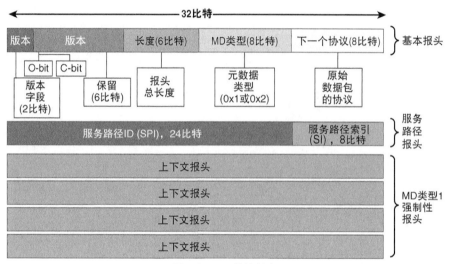

图 6-7　NSH 协议报头

1. 基本报头

基本报头是一个 4 字节报头，包含以下字段。

- 2 比特版本字段，保留字段，目的是与未来版本实现向后兼容。

- 1 比特 O-bit 字段，该字段表示数据包是否包含 O&M（Operational and Maintenance，操作与维护）信息。如果 NSH 报头中的 O-bit 置位，那么就应该由 SF 和 SFF 检查该数据包的净荷。

- 1 比特 C-bit 字段，该字段表示报头的后面部分至少有一个包含了关键信息的 TLV（Type-Length-Value，类型—长度—值）。该比特的作用是简化数据包解析程序或硬件，只要简单地查看 C-bit 是否置位（而无须解析 TLV 数据）就能确定是否存在关键 TLV 信息。

- 6 比特字段，保留给将来使用。

- 6 比特长度字段，表示 NSH 报头的长度。

- 8 比特字段字段，保留字段。用于定义所用的元数据类型或选项。目前 NSH 定义了两种类型的元数据：类型 1 和类型 2。NSH 类型 1 元数据的报头格式固定，有助于服务转发操作以维护可预测的转发性能，而且还便于硬件的最佳实现，所有的 NSH 实现都必须支持该类型元数据。第二种选项就是类型 2 元数据，类型 2 元数据采用可变长度，可以携带自定义信息，如应用程序级别的侦听器、TLV 等，协议希望 NSH 实现支持类型 2 元数据。基本报头信息仅标识元数据类型，有关元数据信息本身的内容则位于其他报头字段。
- 基本报头的最后 8 比特用于标识数据包的原始协议。截至本书写作之时，协议允许的内部数据包协议值如表 6-1 所示。

表 6-1　　　　　　　　　　NSH 协议基本报头的下一版本字段

十六进制值	协议
0x1	IPv4
0x2	IPv6
0x3	NSH
0x5	MPLS
0x6 或 0xFD	截至本书写作之时未指定
0xFE-0xFF	试验用途

2. 服务路径报头

服务路径报头包含了服务路径的相关信息，是一个 4 字节报头，包括如下字段。

- SPI（Service Path Identifier，服务路径标识符）字段，是该报头的主要部分，使用了 32 比特中的 24 比特。SPI 唯一标识了数据包将在 SFC 域内使用的服务路径。如果以公交线路为例来解释服务功能路径，那么 SPI 就是公交车的线路编号。
- SI（Service Index，服务索引）字段，使用剩余的 8 比特来指示该数据包在服务路径中的位置。数据包每经过一个启用了 SFC 功能的节点，服务路径都会递减 1，因而查看 SPI 和 SI 值就能准确确定数据包所在的 SF。SI 的工作方式与 IP 报头中检测环路的 TTL（Time To Live，生存时间）值相似。

3. 上下文报头

上下文报头包含了由高层信息嵌入或者基于高层信息的元数据及其他信息。该报头的长度取决于所用的元数据是类型 1 还是类型 2，如果使用的是类型 1 元数据，那么就会在 NSH 报头中增加 4 个 4 字节上下文报头块；如果使用的是类型 2 元数据，那么该报头就可以是可变长度或者根本不存在。

4. NSH MD 类型

如基本报头所述，NSH 报头支持两种不同的 MD（MetaData，元数据）选项，而且上下文报头也会随着 MD 的类型变化而变化。对于类型 1 来说，上下文报头中的数据是不透明的，而且没有特定格式，包含在 4 个字段中的数据可以是该实现选择的任意元数据。NSH 标准建议但并不要求使用如下 4 个上下文报头字段。

- **网络平台上下文**：有关网络设备的信息，如端口速率和类型、QoS（Quality of Service，服务质量）标记等。
- **网络共享上下文**：网络节点可用的数据，传递给网络中的其他节点之后将非常有用。例如，与接口相关联的客户的信息以及节点的位置信息等。
- **服务平台上下文**：可以由网络节点使用的网络服务信息，这些信息可以与其他节点共享。例如，对流量实施负载均衡的哈希算法的类型。
- **共享服务上下文**：包含了对网络中实现网络服务有用的元数据。如果要对穿越网络的流量实施特殊处理（可能基于用户所购买的服务等级），那么就可以将该信息作为元数据嵌入报头，从而传播给所有启用了 NSH 功能的设备。

如果使用的是类型 2 MD，那么就可以存在任意数量的上下文报头（此时基本报头的长度字段将非常有用，因为此时的 NSH 报头的长度可变）。与强制性的类型 1 的上下文报头不同，NSH 标准为可选的类型 2 报头定义了特定格式（见图 6-8），采用 TLV 格式，其中，类型字段 8 比特，长度字段 5 比特，值字段 32 比特，保留字段 3 比特（供将来使用），另外还在报头的起始位置指定了一个 2 字节的 TLV 类别（Class）字段，TLV 类别字段的作用是指定 TLV 字段的类别，如 TLV 所属的供应商或正在使用的 TLV 实现的标准信息。

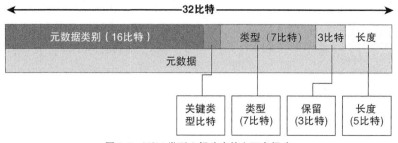

图 6-8　NSH 类型 2 报头中的上下文报头

类型字段的数值保持开放性，可以由具体的 NSH 协议实现来定义，不过其高阶比特具有一定的特殊意义，该比特表示数据包经过的节点都要处理和理解 TLV。因此，强制要求 SFC 必须理解类型字段数值为 128～255 的 TLV，类型字段数值为 0～127 的则可以忽略。

> **注：TLV**
>
> 术语 TLV 是 Type-Length-Value（类型—长度—值）的首字母缩写，广泛应用在各种网络协议中。按照定义，TLV 利用充当键的类型字段、可变长度的值字段以及表示值字段大小的长度字段来封装数据。这是通过协议传递可变长度键—值（key-value）对信息的一种通用方法。

NSH 报头位于原始的二层或三层报头与数据净荷之间（见图 6-9）。为了提供服务可见性、服务保障以及故障排查等功能，NSH 在报头中提供了 O-bit 以支持 O&M 功能。NSH 服务路径的设置可以采用分布式方式，每个网络节点都能定义服务路径，也可以利用集中式控制器实现集中式设置方式，由具有网络查看能力的集中式控制器定义服务路径，并通过分类器将 NSH 服务路径插入来自服务域的数据包。

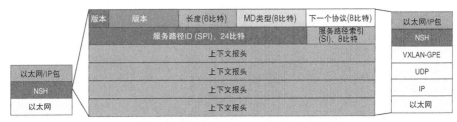

图 6-9 在数据包中插入 NSH 协议报头的示例

5. 元数据

SFC 的一个主要优点是能够以元数据的形式传送和使用应用程序级别的信息。从元数据的通用定义来看，术语元数据指的是与数据相关的信息集。对于 SFC 场景来说，元数据提供的是与穿越 SFC 域的数据有关的上下文信息。SFC 分类器的作用是在服务报头（如 NSH 上下文报头）中插入元数据，SFC 可以从高层协议中提取该信息（如 HTTP 报头或 URL 中的信息）。例如，分类器可以利用元数据根据不同的目的地来标记视频流量，将去往优选流媒体内容的流量放到高质量服务路径上。将元数据插入 SFC 协议报头之后，路径中的节点（SFF、SF 等）就会读取、处理和响应数据并执行适当的预定义操作。

可以采用不同的方法在服务功能链的组件之间交换元数据信息，常见方法如下。

- 带内信令，如 NSH、MPLS 标签以及分段路由标签等。
- 应用层报头，如 HTTP。
- 一致性带外信令，如 RSVP（Resource Reservation Protocol，资源预留协议）。
- 非一致性带外信令，如 OpenFlow 和 PCEP（Path Computation Element Protocol，路径计算单元协议）。
- 混合带内和带外信令，如 VXLAN（Virtual Extensible LAN，虚拟可扩展 LAN）。
- 带内信令

  如果元数据作为数据包的一部分携带在数据包中，那么就称为带内信令。此时的元数据可以是报头的一部分或净荷的一部分。图 6-10 所示为元数据信令流的示意图，网络服务报头就是一个带内信令的很好的案例。

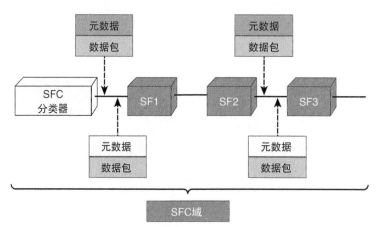

图 6-10   使用带内信令的元数据

- 应用层报头中的元数据

  应用层报头中的元数据可以在应用层报头中传输，只要能够使用该七层信息的服务功能就能使用该信息。使用应用层元数据的常见案例主要有 HTTP <meta>标记以及 SMTP 的 X 元数据，图 6-11 给出了 HTTP 示例。

- 一致性带外信令

  如果在独立信道中携带元数据信息并在不同的流中传输该数据（即使两个分组流都在同一路径上），那么就是一致的带外信令（见图 6-12）。FTP（File

Transfer Protocol，文件传输协议）是使用该类信令的典型示例，端口 21 用于控制信令，端口 22 用于数据传输。

```
$ telnet google.com 80
Trying 2607:f8b0:4004:80e::200e...
Connected to google.com.
Escape character is '^]'.
GET
HTTP/1.0 200 OK
Expires: -1
Content-Type: text/html; charset=ISO-8859-1
P3P: CP="This is not a P3P policy! See https://www.google.com/support/accounts/answer/151657?hl=en
for more info."
Server: gws
X-XSS-Protection: 1; mode=block
X-Frame-Options: SAMEORIGIN
Accept-Ranges: none
Vary: Accept-Encoding

<meta content="Search the world's information, including webpages, images, videos and more. Google
has many special features to help you find exactly what you're looking for." name="description">
<meta content="noodp" name="robots">
<meta content="text/html; charset=UTF-8" http-equiv="Content-Type">
<meta content="/images/branding/googleg/1x/googleg_standard_color_128dp.png" itemprop="image">
```

图 6-11 应用层报头中的元数据

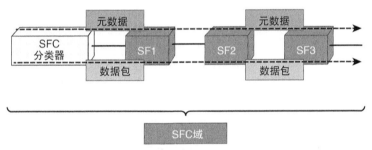

图 6-12 使用带外信令的元数据

- 非一致性带外元信令

  虽然前面的信令模式中的元数据是由与数据流不同的其他流承载的，但两个分组流的路径仍然相同。对于非一致的带外信令来说，元数据信令采用的是与数据流量流不同的路径。图 6-13 信令模型示例中的信令控制平面与节点进行交互并负责管理元数据。使用该类信令的常见案例主要有 BGP（Border Gateway Protocol，边界网关协议）、路由反射器、PCEP 以及 OpenFlow。

- 混合带内和带外信令

  网络的元数据信令可以是包含带内信令及带外信令的混合元数据信令。从图 6-14 可以看出，混合信令模型是带内模型与带外模型的组合，使用该类信令的常见案例有 VXLAN 和 L2TP（Layer 2 Tunneling Protocol，二层隧道协议）。

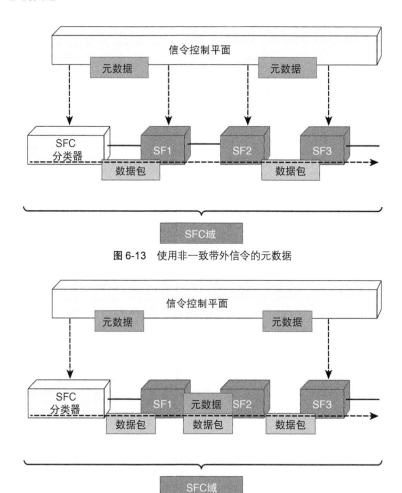

图 6-13   使用非一致带外信令的元数据

图 6-14   使用混合模型的元数据

6.2.4   其他 SFC 协议

如上节所述，虽然由 IETF 支持的 NSH 是 SFC 的新兴标准，但是可以采用多种方式实现元数据通信，因而可以通过多种协议来实现 SFC，包括一些存在很长时间的协议，如 MPLS-TE、VXLAN 或 SR-TE（Segment Routing Traffic Engineering，分段路由流量工程）。

图 6-15 给出了利用 SR-TE 实现 SFC 的示例，集中式 SDN 控制器在此充当 SFC，并通过 PCEP 与网络中的设备进行通信。SFC 分类器根据基于流量类型的预定义策

略，将 SR（Segment Routing，分段路由）标签栈附加到数据包中，携带 SR 标签的流量将被引导到执行指定功能（充当 SF）的设备（根据最外层标签）。SF 处理完数据包之后，将根据下一个 SR 标签将其引导到下一跳。如果 SFC 控制器确定 SF 的处理操作需要重新计算路径，那么就可以指示 SF 在现有标签栈上插入一组新标签。

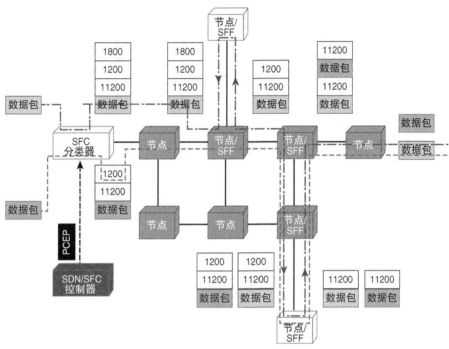

图 6-15　使用 SR-TE 的 SFC

6.2.5　服务链用例

服务链的好处是可以通过流量分类（基于高层协议信息）控制流量路径，网络设计人员、服务提供商以及最终用户都能从中获益。

对于网络设计人员来说，服务链提供了强大的流量控制机制，能够实现复杂且精细化控制的应用感知策略，提高网络使用效率，从而很好地适应每天不同时段、需求波动以及网络故障等需求场景。

企业可以使用元数据信息为用户提供非常精细化的服务等级，提供新型创新服务。可能的应用如下。

- 可以对家庭监控系统的视频流量进行分类，将这些流量发送到云存储或远程流式传输之前执行加密功能。
- 可以提供网络安全服务，将浏览器流量转向可识别和警告恶意软件的 DPI（Deep Packet Inspection，深度包检测）设备，而使语音、视频以及其他数据流量绕过 DPI。
- 服务提供商可以为 SD-WAN（Software-Defined Wide-Area Network，软件定义广域网）提供一种可选解决方案。对于 SD-WAN 解决方案来说，企业需要实现自己的 SD-WAN 解决方案并将其用于不同办公场所之间的通信，从而优化 WAN 链路。如果企业不希望维护自己的 SD-WAN 解决方案，但又希望达到相同效果，那么就可以让服务提供商通过 SFC 对流量进行分类，并根据目的端、源端、应用程序类型以及其他元数据信息对流量进行标记，通过该标记可以为流量建立不同的服务路径。
- 最终用户可以从上述应用示例中展现出来的新型灵活服务中受益。SFC 与 NFV 相结合，还允许用户按需修改他们的服务协议，利用服务提供商提供的服务门户，用户可以通过这些服务门户添加、删除或修改他们希望包含在服务包中的网络功能。

下面以家长控制上网服务为例来分析利用 SFC 概念创建、设计和部署新服务的方式。

- **需求**：该服务应该能够让父母限制其子女使用上网设备访问网络。
- **设计**：每种设备的浏览器都会发送标识 OS 版本以及硬件等信息的元数据，可以通过插件让浏览器发送额外的元数据，将上网设备的标识简化为儿童设备。服务提供商设计分类器，利用特定的元数据匹配策略来标记流量的 SFC 报头，将识别为源自儿童设备的流量路由给防火墙，而来自其他设备的流量则不需要经过过滤设备。
- **实施**：服务提供商提供服务门户，父母通过服务门户来指定可感知时间及目的地的过滤器，并定义可映射为不同服务策略的设备配置文件。

6.3　虚拟机通信方式

虚拟机或容器需要进行相互通信，包括同一台主机内部或者与主机外部的物理设备或虚拟设备进行通信。无论哪种情况，都需要用到网卡进行通信。第 2 章提到存在两种通信方式，一种是通过虚拟化接口，另一种是使用虚拟机的专用物理接口，当然，物理接口仅用于与主机外部的设备进行通信。但是，由于虚拟机所需的接口数量通常远大于基础设施可用的物理接口数量，因而就不可避免地需要用到接口级虚拟化机制。NFVI 层则负责执行该功能（当然也包括其他功能），包括可供虚拟机使用的 vNIC（virtual Network Interface Card，虚拟网卡）。虚拟机将这些 vNIC 视为真实的物理接口，利用这些接口在虚拟机外部发送和接收数据包。为了让虚拟接口具备可扩展性及部分交换功能，同时在不显著降低性能的情况下能够执行分组交换功能，目前业界已经提供了多种方法来实现这些功能，本节将分析其中的一些常见方法。

6.3.1　虚拟交换机

使用虚拟网桥是实现接口虚拟化的一种简单解决方案，但虚拟网桥的功能特性、可扩展性以及灵活性不足。为了解决功能特性不足问题，可以采用其他几种虚拟交换机软件进行虚拟机通信，以提供增强型交换功能，如 Cisco 的 Nexus 1000v、VMware 的 Virtual Switch（虚拟交换机）和 OVS（Open Virtual Switch，开放虚拟交换）。OVS 是开源交换机中较受欢迎的选择，不但可以运行在 Hypervisor 中，而且支持丰富的功能特性集（如支持 sFlow、NetFlow 和 OpenFlow），OVS 的广泛流行性使其成为 OpenStack 及其他虚拟机编排平台的默认选择。

该方法的问题是扩展到更高速率的接口时可能存在一定的性能影响。因为 Hypervisor 软件或内核必须承担从入口或出口队列读取数据包然后再将流量排队和分发到虚拟机或者从虚拟机向外分发流量的负担，这些操作会占用大量的 CPU 周期，使得该方法在可扩展性方面显得较为低效。此外，该方法还存在第 3 章中提到的虚拟化负担问题，特别是虚拟机直接在数据流量路径中运行带有 VNF 的网络功能时，这些问题将变得更加严重。由于虚拟化负担而导致的性能下降问题将会给端到端的流量造成直接影响。

前面提到的解决虚拟化负担的解决方案就是直通机制，即旁路 Hypervisor，vNIC 以一对一映射的方式与物理 NIC 进行直接通信，虽然这种方式能够避免虚拟化负担问题，但是会带来更严重的扩展性问题，因为该方法将一个物理接口分配给了一个虚拟接口。由于服务器通常都没有太多的物理接口，因而这样做会严重限制能够使用直通模式的虚拟机数量。此外，直通方式还存在客户 OS 设备驱动程序的支持问题（如第 2 章所述）。

6.3.2　SR-IOV

SR-IOV（Single Root Input/Output Virtualization，单根输入/输出虚拟化）有助于实现接口级的虚拟化，该规范提供了一种让单个 NIC 成为能够被主机 OS 使用的多个 NIC 的标准方式，解决了内核或 Hypervisor 的 NIC 虚拟化负担问题，并使用 NIC 的资源来管理接口虚拟化，大大减轻了主机 CPU 的压力。

> 注：准确而言，SR-IOV 可以多路复用任何使用 PCI（Peripheral Component Interconnect，外设组件互连）规范的输入/输出（I/O）设备，从而与多个系统组件进行连接。SR-IOV 由 PCI-SIG（Peripheral Component Interconnect Special Interest Group，外设组件互连特别兴趣组）负责创建并维护。

在 Hypervisor 或主机中实现网络接口虚拟化时，主机 CPU 会被到达 NIC 且需要读取和处理的数据包中断。主机处理完之后，还要将这些数据包分别排队到各自所属的虚拟机中并占有相应的虚拟 CPU 资源，这样就会间接影响主机 CPU，因为主机 CPU 需要处理从 NIC 读取队列并在虚拟机环境中再次处理这些数据包的请求。采用了 SR-IOV 之后，NIC 只要处理这些中断里的第一个中断即可，对主机 CPU 起到了屏蔽作用。首先创建多个虚拟接口，然后将这些虚拟接口作为一个物理接口呈现给上层（主机和 Hypervisor 等）。以 SR-IOV 术语而言，这些虚拟接口就是 VF（Virtual Function，虚拟功能），而正在起作用且执行实际物理接口功能的部分 NIC 则被称为 PF（Physical Function，物理功能）。请注意，不要将术语 VF 与 VNF（Virtualized Network Function，虚拟网络功能）相混淆，两者除了都与虚拟化技术相关之外，没有任何共同之处。

此时 Hypervisor 可以将这些 VF 接口作为 pNIC（physical NIC，物理网卡）提供给虚拟机（以直通方式进行连接）。这样一来，数据包到达物理接口之后，就不会中断主机 CPU，而是由 NIC 负责从链路上读取数据包并进行处理，然后使这些数据包到分配给目的虚拟机的虚拟接口中排队，这些任务全部由 PF 执行，而队列则属于 VF 的内存空间。为了使这些数据包在正确的 VF 中排队，SR-IOV 使用 MAC 地址以及 VLAN 标签等能够唯一标识正确 VF 的标识符。

图 6-16 给出了 SR-IOV 的实现示意图。

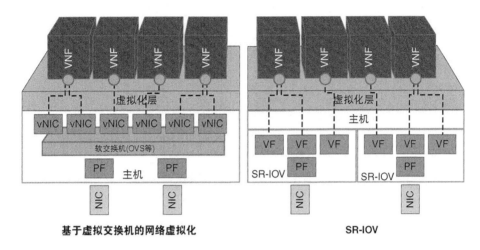

基于虚拟交换机的网络虚拟化　　　　　　　　　SR-IOV

图 6-16　SR-IOV 实现示意图（与基于虚拟交换机的网络接口虚拟化相比）

虽然 SR-IOV 将虚拟接口提供给了主机，但是并没有隐藏这些接口已被虚拟化了的事实。VF 仅用于在主机与 PF 之间移动数据，并不需要充当常规的 PCI 设备，因而主机、Hypervisor 以及虚拟机都需要支持 SR-IOV。例如，如果 Hypervisor 为虚拟机到 VF 提供了直通连接，那么 VNF 就必须理解它正在与不需要资源配置的仿真 PCI 设备进行通信。

SR-IOV 的一个缺点就是在 VF 与主机 CPU 之间采用 PCI 总线进行数据包交换，使用了服务功能链之后，数据包可能会在该路径上多次往返，使得 PCI 总线带宽成为制约因素。

6.3.3　直接内存访问

虚拟机之间的通信方式之一就是使用主机 OS 的共享内存空间，该技术将主机的部分内存预留给该用途，这些内存可供虚拟机访问。虚拟机可以读写该存储空间，并将其视为 PCI 设备，因而该内存位置充当了虚拟机双向发送数据包的数据链路。

该方法打破了虚拟化的隔离原则，因为此时虚拟机使用的内存空间是共享空间，并不属于这些虚拟机，而是属于主机。此外，为了保证该机制的正常运行，要求 Hypervisor 必须支持该机制，如图 6-17 所示。

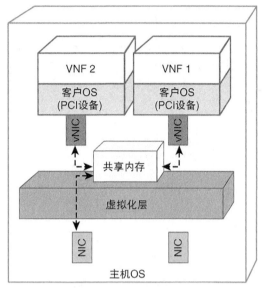

图 6-17　使用共享内存进行 VNF 通信

6.4　增强 vSwitch 的性能

上一节讨论的接口虚拟化方法背后的目标是为虚拟机提供可扩展的网络接口，并具备良好的转发性能。由于这些技术均源自服务器虚拟化领域，因而交换功能特性有限以及一定程度的性能下降（与原生的裸机性能相比）都是可以接受的，因为大多数流量都流向应用程序。但是对于 NFV 来说，由于这些接口位于数据路径中，因而其性能直接反映了 NFV 网络的性能。由于虚拟机需要执行特定网络功能，而且还位于数据路径中，因而接口吞吐量、时延、抖动等性能因素就变得非常重要，VNF 的接口性能略有下降都会影响整个数据路径并导致服务质量下降。同样，NFV 也能从为虚拟化层增加智能以实现服务链功能中获益。如果虚拟交换机能够理解服务链信息，那么就能充当 SFF 并极大地简化 VNF 之间的数据包路径，如图 6-18 所示。

在前面讨论的这些方法中，虚拟交换机方式的吞吐量最差，因为所有的负担均由软件路径承载，而软件路径并没有针对分组处理进行优化。SR-IOV 的吞吐量相对较好，共享内存方式获得的吞吐量在三者之中较好。但共享内存技术存在前面所说的安全问题，而且 SR-IOV 或内存共享技术都不是实现高级交换功能特性的最佳选择，而虚拟交换机的吞吐量虽然低，但却是实现这些附加功能特性的最佳选择。因此，在使用绑定了所需功能特性的虚拟交换机时，通常都会采取许多方法来提高性能。本节将讨论一些常见的可以增强基本交换性能的方法。

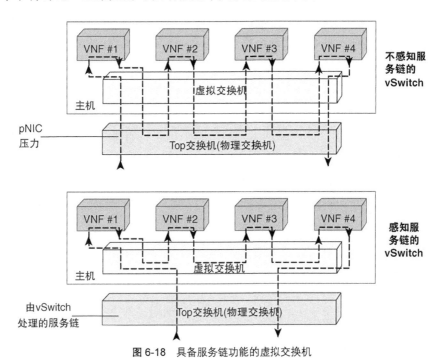

图 6-18 具备服务链功能的虚拟交换机

6.4.1 DPDK

软件（虚拟）交换机性能低下的主要原因是它们未经优化或设计用于处理和交换过高速率的数据包，而 DPDK（Data Plane Development Kit，数据平面开发工具包）则专门解决这个问题。在解释 DPDK 如何改善这种情况之前，需要回顾常规虚拟交换机存在的局限性。由于虚拟交换机对高速数据包的处理缺乏优化，因而导致数据包处理过程中的很多步骤都要用到 CPU，由于 CPU 需要处理多任务，因而其可用性（特别是超载情况下）会出现性能瓶颈问题。此外，虚拟交换机也无法高效使用系统内存，它们首先将数据包复制到内存缓冲区，然后中断客户端 CPU 并将数据包复制到客户端内存，最后再从 vNIC 将数据读取给应用程序。单纯的内存读写所产生的内存分配、去分配以及 CPU 中断等处理操作都会降低虚拟交换机的性能。

开发 DPDK 的目的是为软件处理数据包提供一种优化方式，DPDK 是由 Intel 公司创建的一组库函数和 NIC 驱动程序，最初发布于 2012 年年底。2013 年，Intel 将 DPDK 作为开源开发工具包提供给开发者社区，允许开发人员在软件交换机以及利用 DPDK 提供的微调能力的类似应用程序中使用这些库函数。虽然 DPDK 对任何希望使用它的软件来说都一视同仁，但是在 OVS 中的应用较为突出。使用了 DPDK 之后，OVS 的性能可以得到显著提升，通常将两者的结合称为加速 OVS 或 OVS-DPDK。

DPDK 用自己的库函数替换了 Linux 内核的内置数据平面，DPDK 的轻量级库函数采用了非常有效的内存处理机制，即利用环形缓冲区在物理网卡与使用了 DPDK 的应用程序（如 OVS）之间来回传送数据包，从而体改善了系统的整体性能。为了减少数据包读取所需的 CPU 中断数，DPDK 采用了周期性轮询机制，由系统内核定期轮询新数据包。如果数据包速率降至非常低的数值，那么就可以切换到中断模式而不是定期轮询模式。通过有效的缓存管理、优化的最少 CPU 中断数以及其他增强型功能，证实 DPDK 能够让 OVS 实现接近原生性能。但是，DPDK 的功能特性较少，没有自己的网络协议栈，主要功能就是完成数据包的处理和转发，DPDK 与实现网络功能的应用程序相结合（如 OVS-DPDK），就能提供丰富的功能特性和良好的转发性能。

6.4.2　VPP

上一节讨论了 DPDK 改善数据包转发性能的实现方式，通过优化 CPU 和内存使用率，DPDK 以串行流的方式处理数据包，每个数据包都按序通过网络协议栈功能，每次处理一个数据包，通常将这种处理方式称为标量处理（Scalar Processing）。VPP（Vector Packet Processing，矢量数据包处理）在 DPDK 之上提供增强型功能，以批量方式（而不是逐一方式）处理数据包，通常将这种并行或批处理方式称为矢量处理（Vector Processing）。一般来说，属于相同流的数据包极有可能以相同方式进行处理和转发，因而矢量处理利用了这种可能性，并通过批量处理数据包的方式实现了性能的额外提升。

VPP 使用的技术是 Cisco 的专有技术，用在 Cisco 的高端路由平台中（如 CRS 和 ASR9000 系列设备）。2016 年初，Cisco 在 FD.io（Fido）项目中将 VPP 技术开放为开源软件。VPP 与 DPDK 紧密结合并对 DPDK 进行了有益补充，能够运行在任何

x86 系统之上。由于 VPP 提供了非常好的网络协议栈，主要实现二层到四层功能，因而可以将其视为并用作高性能虚拟路由器或虚拟交换机。与高层应用程序协同，可以提供防火墙、全功能路由器（支持各种路由协议）以及负载均衡器等网络功能。事实上，VPP 声称拥有第一个具有网络功能的用户空间线速数据包转发交换机。

1. VPP 的工作方式

虽然有关 VPP 的实现及优化的细节内容已经超出了本书写作范围，但是对于高层次的研究工作来说非常有用。在数据包的标量处理过程中，数据包穿越转发协议栈时，可能会进行解封装、验证以及分段等操作，重要的是与转发表进行匹配，以确定是否应该转发该数据包并将其发送到高层进行进一步处理，或者只是简单丢弃。图 6-19 给出了两种不同类型的流所经历的处理阶段，每次调用处理进程时，都会经历以太网封装、标签交换或转发决策等处理阶段，调用 CPU 来处理数据包。每个经历该处理进程的数据包都要进行这些操作。VPP 将这些处理阶段称为数据包处理图（Packet Processing Graph），该图将应用于整组数据包。

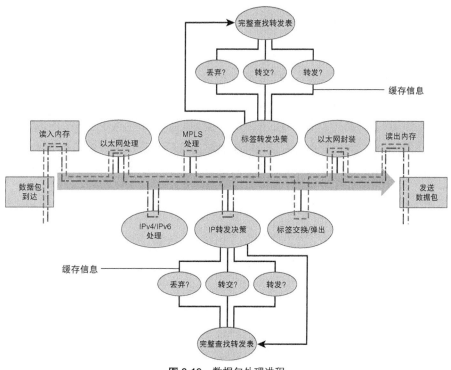

图 6-19　数据包处理进程

> 注：VPP 是一种高度模块化的软件，可以通过插件轻松增加额外的数据包处理图功能并集成到流中。由于 VPP 工作在用户空间中，因而使用插件或做出调整都不需要在内核级别进行修改，易于实现和添加。

2. VPP 与 FD.io

VPP 作为开源软件发布之后，Linux 基金会就采用了 Cisco 的专有代码并将其命名为 FD.io 或 Fido 项目。除 Cisco 之外，FD.io 的其他创始成员还有 6WIND、Intel、Brocade、Comcast、Ericsson、华为、Metaswitch Networks 以及 Red Hat。FD.io 同样采纳了其他成员的贡献，值得一提的是遵循 BSD（Berkeley Software Distribution，伯克利软件套件）许可的开源软件 DPDK 代码。通过大家的协力贡献，与 FD.io 打包在一起的还有很多管理、调试以及开发工具，同时结合 DPDK 以及 VPP 的转发增强功能，使得 FD.io 成为具有调试及开发能力的可用型虚拟交换机或路由器。请注意，在很多地方（包括本书）都将 FD.io 泛称为 Open-VPP 或简称为 VPP，因为 VPP 在 FD.io 代码中占有非常重要的作用。

3. 与 VPP 交互

VPP 的网络协议栈可以通过 VPP 发布的底层 API 进行访问，这些 API 可以由执行网络功能的应用程序进行调用。由于应用程序需要使用和管理 VPP 来执行数据转发操作，因而有时也用术语 DPA（Data Plane Management Agent，数据平面管理代理）来指代应用程序。FD.io 提供的 Honeycomb 代理就可以充当 DPA，同时还提供了 RESTCONF 和 NETCONF 北向接口，应用程序和控制器（特别是 ODL）则通过 NETCONF 接口（使用 YANG 数据模型）与 VPP 进行交互。图 6-20 给出了各种使用 VPP 的可能性。

4. VPP 的优势及性能

由于 VPP 是第一款内置转发及网络协议栈的用户空间高性能开源交换机，因而本书在前面花了大量篇幅来分析 VPP。由第三方独立机构进行的实验室测试表明，与 OVS-DPDK 相比，VPP 在性能方面带来了显著提升，接近虚拟化环境中的原生性能。图 6-21 给出了转发表大小以及数据包大小对吞吐量和时延的影响情况，从两者的对比可以很容易看出 VPP 的优势。

VPP 是一款 64 位应用程序，支持服务链及元数据报头字段，是 NFV 环境下的理想交换机。

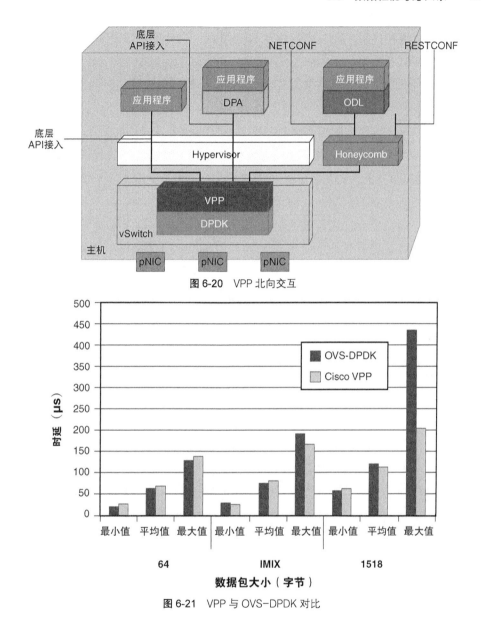

图 6-20 VPP 北向交互

图 6-21 VPP 与 OVS-DPDK 对比

6.5 数据性能考虑因素

虚拟化增加了一层开销，对实际吞吐量有一定的影响。前面曾经说过，虚拟化层会占用硬件的 CPU、内存以及 NIC 资源，同时还会创建供 VNF 使用的虚拟池。对于通常位于数据路径中的 VNF 来说，必须要对其数据包处理性能进行高度优化。虽然前面已经讨论了提高虚拟交换机及 vNIC 数据包处理性能的方法，但是这些还不足以实现 VNF 的高性能。在虚拟化环境中，CPU、存储以及内存资源使用方式的效率对于提升虚拟环境中数据路径的总体性能具有非常重要的作用。VNF 必须能够读取、处理、回写数据包，而不会成为数据包路径中的瓶颈。本节将简要介绍一些可用于优化虚拟机 CPU 及内存使用性能的方法，如果希望深入了解这些内容并对其他调节 VNF 性能的参数感兴趣，建议参阅相关书籍及网站。

在深入分析性能问题之前，需要强调的是，虚拟化环境不可能超越分配给它的资源。有时提升性能的唯一方法就是为虚拟机分配更多的资源（弹性），或者使用多个虚拟机副本以实现流量的负载分担（弹性和集群），其中，弹性机制由 NFV 的 MANO（Management and Orchestration，管理和编排）模块或高层应用程序进行管理和实施。本节讨论的优化机制是希望虚拟机能够以更有效的方式使用虚拟化环境并降低虚拟化开销，这些优化技术对于提升 VNF 的总体性能（包括吞吐量和时延）来说非常重要。

6.5.1   优化 CPU 利用率

大多数高性能服务器都使用多插槽、多核 CPU，如第 2 章所述，CPU 虚拟化之后，理论上可以将所有内核都分配给 VNF，使用该主机的另一个虚拟机也可以分配相同数量的内核，这样做毫无问题，因为 Hypervisor 可以管理 CPU 内核跨虚拟机的使用，但这样做可能会出现无法预测的 CPU 可用性问题，尤其是在某个虚拟机瞬时消耗大多数 CPU 资源时。对于依赖 CPU 可用性的时间敏感型应用（如数据包处理）来说，这种情况可能会导致抖动过大甚至丢包。

> **注**：讨论 CPU 优化技术时，应了解如下 CPU 术语。
> - **多插槽**：CPU 插槽就是 CPU 插入主板的电气连接器，多插槽系统允许在同一台物理主机硬件上使用多个物理 CPU。
> - **多核**：目前的物理 CPU 拥有多个独立的处理引擎或处理单元，这些处理单元就是内核，这些内核可以增加 CPU 同时执行的指令数。可以将这些内核视为处理一个或多个操作系统进程所需 CPU 指令的独立通道。

- **多线程（或同步多线程）**：该技术允许 CPU 内核同时处理来自不同应用程序线程的指令。利用 SMT（Simultaneous Multithreading，同步多线程）技术提高 CPU 内核利用率，通常能够大幅提升应用程序性能。Intel 采用自己的专有技术实现 SMT，并称为 HT（Hyper-Threading，超线程）。

Linux 用于检查可用 CPU 数、插槽数以及内核数的实用程序是 lscpu（是 util-linux 软件包的一部分），例 6-1 给出了该实用工具的输出结果示例。

例 6-1　在 Linux 中查看可用 CPU 信息

```
Linux:~$ lscpu
Architecture:          x86_64
CPU op-mode(s):        32-bit, 64-bit
Byte Order:            Little Endian
CPU(s):                32
On-line CPU(s) list:   0-31
Thread(s) per core:    2
Core(s) per socket:    8
Socket(s):             2
NUMA node(s):          2
<snip>
```

从输出结果可以看出，该系统是 32 CPU 系统（因为该系统拥有 2 个 CPU 插槽，每个 CPU 插槽都有 8 个内核），能够执行多任务，而且每个内核都同时运行两个线程。

> **注**：拥有 8 个内核及 2 个插槽的系统可以提供 16 个专用内核，主机操作系统或 Hypervisor 可以利用处理器的多任务功能，为系统提供更多的虚拟 CPU。如果这些 CPU 具备双线程能力，那么就可以认为该系统最多能够提供 32 个虚拟 CPU（2 个插槽 x8 个内核/插槽 x2 个线程/内核）。

如果希望提升 VNF 的性能，那么可以考虑如下常见技术。

1. 禁用超线程

启用 HT 或 SMT 技术可能会导致性能不一致，这是因为需要在线程之间逻辑共享物理内核。通常情况下，禁用 SMT 或 HT 可以让 VNF 获得更加平滑的数据包处理性能，因为此时的 CPU 无须在 VNF 与其他应用程序之间来回迁移，但这样做会降低系统的可扩展性（减少了逻辑 CPU 的数量）。不过在实际应用中也并非总能禁用 HT 或 SMT，因为该操作必须在服务器的 BIOS（Basic Input/Output System，基本输入/输出系统）中完成，这就意味着必须重启整个服务器。一种可能的解决方案是为 VNF 隔离 CPU 内核（利用命名空间或类似技术）并防止其他应用程序使用 VNF 正在使用的 CPU 线程。

2. CPU 绑定或处理器亲和性

将进程与物理进程绑定之后，Hypervisor 线程就不会在 CPU 之间来回迁移，从而实现性能的平稳性，并获得更好的内存缓存利用率。如果希望使用该技术，那么一定要注意将处理器的多个线程绑定到同一插槽上的 CPU。

3. 使用无中断内核

可以利用标志来编译 Linux 内核，让指定 CPU 内核执行相关任务，而不会因中断处理过程而减慢系统速度。很明显，这需要重新编译内核，而且无法在运行中的系统上执行。不过，如果要实现上述操作，那么使用无中断（Tickless）内核可以大幅提高 VNF 应用程序的性能。

6.5.2　优化内存利用率

CPU 在处理过程中需要频繁读写内存，高速内存可以确保 CPU 不会花费过多的周期等待从内存检索数据或者将数据存入内存。内存访问时间对于搜索和匹配已存储数据以及对已读取且正在等待处理的数据进行排队来说非常重要。例如，某些物理路由器使用 TCAM（Ternary Content Addressable Memory，三态内容寻址存储器）等专用高性能存储器来存储可搜索数据（如路由信息），但是如果 VNF 工作在通用硬件上且与其他进程共享内存，那么就无法获得相应的特权。

对于老式系统来说，处理器访问的是单一内存库，称为统一内存访问。拥有大量内存的多插槽、多处理器服务器将内存分成多个区域（也称为节点），这些内存区域与 CPU 插槽相配对，对于这种 NUMA（Non-Uniform Memory Access，非统一内存访问）技术来说，每个 CPU 在跨 NUMA 边界访问共享内存之前都会首先访问自己的本地内存（读写速度更快），只要将应用程序限制在 NUMA 边界内工作，就能有效提升系统性能。

6.6　虚拟化网络中的可编程性

本书一直在强调，为了充分利用 NFV 和 SDN 的技术优势，必须最大限度地利用网络可编程性来配置、管理和维护网络。这些技术以及开放软件架构的日益普及为可编程网络的实现奠定了坚实的基础，相关协议和方法已在前面做了详细介绍。本节将在使用 SDN 的 NFV 网络中整合这些信息，说明如何通过提高效率的应用程序来管理网络，并实现 SDN 和 NFV 的目标。

为了完整起见，下面将按步骤介绍如何在 NFV 网络的部署及操作阶段开发和利用虚拟化网络的可编程性。首先假设 NFV 基础设施组件（计算、存储及网络）以及提供连接性的底层网络已经部署到位，图 6-22 给出了 NFV、SDN 以及应用程序融合应用场景下的事件流程，图中列出的步骤旨在解释应用程序的参与方式以及完整的实现步骤。

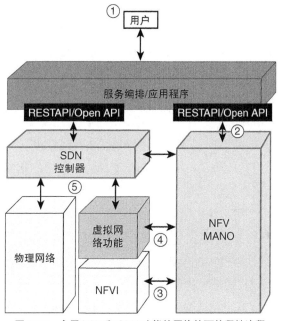

图 6-22　启用 NFV 和 SDN 功能的网络的可编程性流程

详细步骤如下。

- 第 1 步：从应用层启动网络设计和实现流程。应用层位于分层架构的顶层，与 NFV-MANO 及 SDN 控制器进行通信。

应用层可能只有单个应用程序，也可能包含一组可协同工作的独立的应用程序，这些应用程序承担服务编排器、网络监控和管理系统的角色。应用程序可以采用任何语言进行编写，只要能够使用 MANO 及 SDN 模块的北向协议进行通信即可，一般采用 Python、C++、Java 和 Go 语言，北向协议通常是由 SDN 及 MANO 工具开发者发布的 RESTAPI 或 Open API。

- **第 2 步**：应用程序根据服务描述，与 MANO 进行通信以实例化网络服务所需的虚拟机及 VNF。MANO 的各个功能模块已经在第 4 章做了详细介绍，如 VIM 与基础设施协同可以创建虚拟机，VNFM 则负责创建 VNF 资源等，这些模块通过 ETSI 定义的参考点进行通信。
- **第 3 步**：创建了 VNF 之后，利用 VLD（Virtual Link Descriptor，虚拟链路描述符）信息互连这些 VNF，VNF 的互连涉及虚拟交换机的编程问题。
- **第 4 步**：部署并连接了 VNF 之后，就可以为构成网络数据平面的虚拟网络服务创建拓扑结构。数据平面可以是纯二层网络、基于 VXLAN 的网络、基于三层/IP 的网络或基于 MPLS 的网络。至此网络就已经准备好执行各种功能，如防火墙、负载平衡、NAT 等。虽然该网络使用实际的物理网络（构成 NFVI）作为其底层网络，但该网络本身也可以用作服务层（利用服务功能链提供叠加式服务）的底层网络。
- **第 5 步**：此时的应用程序与 SDN/SF 控制器进行交互，并利用控制器根据已定义策略为流量部署相应的服务路径。从控制器到 VNF 的通信使用第 5 章介绍过的 SDN 南向协议，常用的就是 NETCONF、RESTCONF 以及 gRPC，也可以使用其他协议，如 Juniper Contrail 使用的 XMPP、PCEP、OpenFlow 或 Open API。

这样就完成了网络的初始部署阶段，此时的网络层已经完全可以提供服务，应用程序也可以承担网络监控角色，可以在不同的层面监控网络，如监控 VNF 的状态以及与功能相关的参数、监控 VNF 和虚拟机的状态以及监控基础设施等。可以对应用程序进行编程，以根据监控数据中的信息做出自主决策。接下来就以下例来说明这样做的好处。

- 可能需要更改流量路径来处理特定的流量流、带宽需求的激增或网络故障，这种改变流量路径的决策可以由应用程序中的逻辑完成，然后再通过 SDN 控制器传递给设备。
- NFV MANO 可以检测到导致 VNF 资源过载的需求增加（预期需求或意外需求），然后基于该信息触发 VNF 的弹性机制。虽然可以通过 MANO 的功能模块来完成这些工作，但是也可以由应用程序根据全局策略做出的决策来处理这些情况。
- VNF（或主机）代码错误可能会对网络造成潜在影响。如果应用程序能够以编程方式智能化地识别并修复错误，那么就可以自动修复差错状态并恢复或保护网络。

此外，应用程序还允许用户、OSS/BSS（Operational and Business Support System，

运营和业务支持系统）以及其他应用程序与其交互，并要求其更改网络服务、规模或拓扑结构。应用程序会将这些要求转换成明确的变更需求，然后再将指令发送给 MANO 或 SDN 以实现这些变更。

上述步骤不但解释了应用程序的作用以及可编程性在网络部署及网络操作过程中的使用方式，而且说明了在多个逻辑层中构建网络的方式。图 6-23 详细说明了这种逻辑分层概念，而且还显示了这些拓扑结构层次与 5 个阶段之间的关系。从图 6-23 可以看出，物理基础设施提供了拓扑结构视图并充当 NFV 的原始底层网络，NFV 网络创建于基础架构之上，呈现的是虚拟网络拓扑结构视图，这是一个全功能网络，所有的 VNF 都以期望的拓扑结构进行互连，从而提供相应的服务。最终用户并不关心 VNF 的互连方式，仅关心服务所提供的内容，显示的是虚拟网络服务视图。最后，如果部署了 SFC，那么就会将服务拓扑结构视为为流量提供一组不同服务（基于流量类型、元数据或其他高层信息）的逻辑网络，被实现成流量转发和处理策略，称为虚拟服务策略视图。

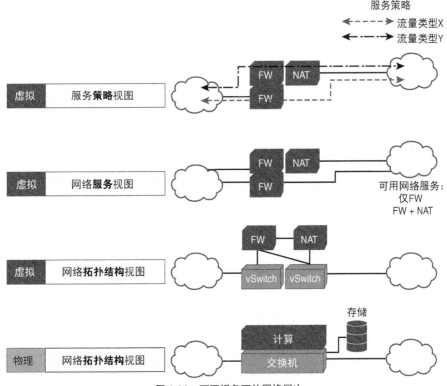

图 6-23　不同视角下的网络层次

6.7　本章小结

本章融会贯通了前面各章介绍过的所有重要概念，并将它们整合到由 NFV、SDN 以及应用程序组成的可编程、开放高效的网络当中。此外，本章还介绍了服务链的详细内容以及 NSH 的实现标准，并讨论了一些高级主题，如 NFV 的安全性以及 NFV 的性能优化等，这些知识对于 NFV 网络的设计与部署工作来说必不可少。

6.8　复习题

为了提高学习效果，本书在每章的最后都提供了复习题，参考答案请见附录。

1. 使用 SDN 设计 NFV 时，需要考虑哪些领域的安全性？

   a．VNF

   b．CPU

   c．NFVI

   d．OSS/BSS

   e．MANO

2. SFC 体系架构中负责添加 SFC 报头的是哪一项？

   a．服务功能转发器（SFF）

   b．DPDK

   c．服务功能（SF）

   d．SFC 分类器

3. 类型 1 与类型 2 的 NSH 元数据有何区别？

   a．类型 1 元数据的上下文报头是强制性的且大小固定，而类型 2 则大小不固定且可选。

   b．类型 1 元数据的上下文报头是可选的且大小固定，而类型 2 则大小不固定且强制。

  c. 类型 1 元数据的上下文报头是强制性的且大小不固定,而类型 2 则大小固定且可选。

  d. 类型 1 元数据的上下文报头是可选的且大小不固定,而类型 2 则大小固定且强制。

4. NSH 支持哪些内层协议?

  a. IPv4、IPv6、GRE、NSH 和 MPLS。

  b. IPv4、以太网、VLAN、NSH 和 MPLS。

  c. IPv4、IPv6、以太网、NSH 和 MPLS。

  d. IPv4、IPv6、以太网、NSH 和 GRE。

5. 服务功能链仅适用于 NFV 网络,而不适用于传统物理网络。这句话是否正确?

  a. 正确

  b. 错误

6. VPP 替代 DPDK 作为数据包转发性能优化技术。这句话是否正确?

  a. 正确

  b. 错误

7. 将 SR-IOV 用于虚拟机需要虚拟机和主机支持该功能。这句话是否正确?

  a. 正确

  b. 错误

8. 接口虚拟化的 3 种实现方法是什么?

  a. 虚拟交换机

  b. 虚拟机

  c. VPP

  d. DPDK

  e. 共享内存

  F. SR-IOV

9. 应用程序与 SDN 之间的通信通常采用哪种协议?

  a. REST API、Open API

  b. REST API、NETCONF

  c. OpenFlow、NETCONF

  d. Python、Java

10. 基础设施由谁管理？

    a. SDN 控制器

    b. SFC 控制器

    c. MANO 功能模块

    d. 上述全部

附录

复习题答案

第 1 章

    1. a

    2. c

    3. b

    4. b

    5. d

    6. a、c、d

    7. c

第 2 章

    1. a

    2. b、d、f、g

3．b

4．a、c、e

5．a、b、c

6．c

7．d

8．c

第 3 章

1．c

2．a、b、d

3．a、c、d、f

4．b

5．a

6．c

7．a

第 4 章

1．a

2．c

3．b

4．b

5．b

6．d

7．a

8．b

9. c
10. c
11. a

第5章

1. a
2. a
3. b
4. d
5. c
6. b
7. b
8. a
9. a

第6章

1. a、c
2. d
3. a
4. c
5. b
6. b
7. a
8. a、e、f
9. a
10. c